中国发展战略学研究会创新战略专业委员会

创新战略丛书

Knowledge Innovation Strategy

知识创新战略

李喜先 等 著

科学出版社
北京

图书在版编目(CIP)数据

知识创新战略/李喜先等著. —北京：科学出版社，2013.11
（创新战略丛书）
ISBN 978-7-03-039081-3

Ⅰ.①知… Ⅱ.①李… Ⅲ.①知识创新-研究 Ⅳ.①G302

中国版本图书馆 CIP 数据核字（2013）第 264053 号

责任编辑：郭勇斌 卜 新／责任校对：胡小洁
责任印制：徐晓晨／封面设计：无极书装
编辑部电话：010-64035853
E-mail：houjunlin@mail.sciencep.com

科学出版社 出版
北京东黄城根北街 16 号
邮政编码：100717
http://www.sciencep.com

北京厚诚则铭印刷科技有限公司 印刷
科学出版社发行 各地新华书店经销

*

2014 年 1 月第 一 版 开本：720×1000 1/16
2021 年 7 月第三次印刷 印张：16 3/4
字数：328 000

定价：98.00 元
（如有印装质量问题，我社负责调换）

总　　序

李喜先

　　创新是社会系统的各个层次必不可少的。迄今，已经在许多领域出现了创新思想、创新模式等，并发展为系统的创新理论。创新系统是在人类精神活动中不断生成的复杂系统，是由众多创新要素如各种观念、原理、规律、方法、制度、程序等相互作用而形成的概念系统。凡系统都必然有其结构和功能，并在不断地演化着。

　　实际上，创新的思想、理论和精神已遍及社会的许多领域，各类"创新"纷繁，以至成为最频繁出现的术语之一。元创新（met-innovation）乃创新之首、创新之创新、起支配作用的创新，即研究创新本身而认识创新规律性的创新，从而是指导如何创新的高一层次的创新。相对地，在各个层次上，在各个类别中，都存在着自身的元创新。其中，最关键的是国家层次上的元创新。

　　应该强调，一切创新皆需要自由、自主，才能充分发挥主体的创新精神；一切创新皆需要奇异构想、非常规思维，才能超越常规的思维方式，产生新的思想和理论；一切创新皆隐含着"风险"，但其中蕴涵着成功的契机；一切创新皆应包容失败，而不包容不创新。特别是，要坚持科学与人文精神的融合，即坚持科学人文精神。

　　在未来，要在中华大地上再创辉煌，就要创建崭新的知识型、智慧型国家，这是世代中华儿女要为之奋斗的极其复杂而艰巨的崇高事业。要实现这一宏大的愿望，必须在元创新层次上发生革命性的变化，才能指引和规范各类创新，才能形成有层次结构的"协同创新"。惟其如此，才能在整体上塑造出创新的中华民族。

前　言

我国在各个层次上都需要创新，即要创造出前所未有的新事物、新价值，以充分地发挥中华民族的创新能力。中国发展战略学研究会创新战略专业委员会的宗旨：强调在国家战略层次上的创新，将"创新与战略"融合，着力于研究创新战略思想、理论和观点等。为此，要聚集优秀学者，集萃其思想精华。

2004年，本专业委员会创立后，在中国发展战略学研究会和挂靠单位中国科学院学部工作局的支持下，进行学术活动，并将论文精选，系统地扩展，形成专著性丛书，以持续并深化学术交流。

本书，分上篇、中篇、下篇，共14章。

作者（按姓名笔画排序）

李喜先	（中国科学院原科技政策局研究员）	总论，第2、10、11章
吴乐山	（军事医学科学院科技部研究员）	第4、9、12、14章
武夷山	（中国科学技术信息研究所研究员）	第6章
金吾伦	（中国社会科学院哲学研究所研究员）	第8章
胡　军	（北京大学哲学系教授）	第1、3章
董光璧	（中国科学院自然科学史研究所研究员）	第5、7、13章
雷二庆	（军事医学科学院科技部研究员）	第4、9、12、14章
魏瑞斌	（安徽财经大学副教授）	第6章

中国发展战略学研究会创新战略专业委员会
2013年11月15日

目　　录

总序（李喜先）
前言
总论 ·· 1
  0.1　知识的定义、分类和作用 ·· 1
  0.2　知识创新的战略意义 ·· 7
  0.3　知识创新的战略目标 ·· 10
  0.4　知识创新的战略举措 ·· 11
  参考文献 ·· 12

上篇　战略思想

1　知识创新是理性进步的结晶 ·· 15
  1.1　理性进步是知识创新的源头 ·· 15
  1.2　怀疑精神推动知识创新 ·· 21
  1.3　好奇心是知识创新的内在驱动 ······································· 25
  1.4　跨学科交流是实现知识创新的平台 ································· 28
  参考文献 ·· 31

2　元知识的重大意义 ·· 32
  2.1　一般系统的等级性 ·· 32
  2.2　知识系统的等级性 ·· 34
  2.3　元知识的普遍性 ··· 37
  2.4　元知识是知识之高层次知识 ·· 39
  2.5　元知识产生巨大的力量 ·· 42
  2.6　元知识创新的决定性意义 ··· 45
  参考文献 ·· 48

3 知识创新改变世界进程 ·········· 50
3.1 知识是近代世界变迁的原动力 ········· 50
3.2 知识促进社会变革 ············ 55
3.3 知识主导未来社会 ············ 56
参考文献 ····················· 61

4 知识创新的进化观念 ············ 62
4.1 知识创新进化观的理论基础 ········· 62
4.2 知识体系创新的进化机制 ·········· 67
4.3 知识创新模式的进化路径 ·········· 71
4.4 知识创新生态类型的分析 ·········· 75
4.5 知识创新的未来发展前瞻 ·········· 80
参考文献 ····················· 83

5 知识创新与知识自由 ············ 84
5.1 自由主义传统中的知识自由 ········· 84
5.2 枢轴时代中国的百家争鸣 ·········· 87
5.3 中世纪阿拉伯的百年翻译运动 ········ 89
5.4 启蒙时代法国的百科全书派 ········· 92
5.5 信息时代的知识自由 ············ 95

中篇 战略目标

6 增加国内知识总量 ············· 101
6.1 国内外知识测度研究概述 ·········· 102
6.2 国内知识总量及其测度 ··········· 115
6.3 国内知识总量测度实证分析 ········· 120
6.4 本研究的不足与未来展望 ·········· 126
参考文献 ····················· 127

7 知识价值观的演变 ············· 132
7.1 社会中轴转换原理 ············· 132

7.2 苏格拉底的命题——知识的道德观 ·· 134
7.3 中国的科举制——知识的权力观 ·· 136
7.4 知识产权制度——知识的经济观 ·· 137
7.5 走向生态文明——知识的生存观 ·· 140

8 揭示知识特性 ·· 145
8.1 知识的含义 ··· 146
8.2 知识的价值 ··· 148
8.3 知识的基本特性 ··· 150
8.4 知识特性的新扩展 ··· 153
参考文献 ·· 156

9 人的能力充分发展 ·· 158
9.1 充分发展能力的核心内涵 ··· 158
9.2 充分发展能力的战略价值 ··· 163
9.3 充分发展能力的根本途径 ··· 168
参考文献 ·· 174

10 迈向知识主义社会 ·· 175
10.1 从人类史洞察社会发展趋势 ··· 175
10.2 资本主义社会必将衰亡 ··· 182
10.3 知识社会必然迈向知识主义社会 ··· 187
10.4 知识阶级必然建立起知识主义社会 ··· 189
参考文献 ·· 191

下篇 战略举措

11 知识创新的方法、政策和对策 ·· 195
11.1 知识创新的方法 ··· 195
11.2 知识创新系统工程方法 ··· 204
11.3 知识创新的政策和对策 ··· 209
参考文献 ·· 211

12 建立自由开放的知识交流平台 ·················· 212

12.1 知识交流平台的概念、分类、作用 ············ 212
12.2 知识交流平台的性质与特征 ·················· 216
12.3 知识交流平台的建设与完善 ·················· 221
参考文献 ··· 228

13 知识创新的相关环境：历史的检视 ·················· 229

13.1 意大利：科学革命与文艺复兴 ·················· 230
13.2 英国：从科学革命到工业革命与宗教改革 ········ 233

14 建设全民终身学习的学习型社会 ···················· 238

14.1 学习型社会的历史必然 ······················ 238
14.2 学习型社会的目标任务 ······················ 242
14.3 学习型社会的建设要点 ······················ 249
参考文献 ··· 254

总　　论

李喜先

人类何以要创新？知识为何需要创新？何以可能创新？中国为何更需要知识创新？知识创新战略能够成为国家战略的核心吗？未来高级社会朝向何方才是合理的、合人意的？究竟何种社会制度能优于资本主义社会制度？

我们要研究知识创新战略，就要涉及知识的定义、分类和作用等基本概念，知识创新的定义，知识在下一个高级社会中的中介作用，建立起理论系统，包括战略思想、战略目标和战略举措等基本部分。

0.1　知识的定义、分类和作用

0.1.1　知识的几种定义

首先，我们要讨论知识的定义。一般，定义是揭示概念内涵的逻辑方法，通常采用实质定义和语词定义。

0.1.1.1　知识是证实了的真的信念

胡军在所著《知识论》一书中，对知识的定义进行了综合性的深入研究。首先，他指出：传统观念认为，知识是真的信念，知识是以真命题表达的；现在，一些哲学家却从信息的意义来定义知识，认为知识就是正确的信息。这就使知识论的研究具有了现代的意义。其次，基于"信念、真和证实"3要素的构成论的观点，他提出了传统知识的定义："知识就是证实了的真的信念。"（Knowledge is justified true belief.）[1]在这3要素中，还包含3种证实理论，即基础主义、连贯主义和外在主义证实论。他认为，哲学家们对传统的知识构成论取得了相对一致的看法。但是，传统的知识构成论及其定义遇到了挑战。

1963年，埃德蒙德·盖蒂尔（Edmund L. Gettier）提出，还要加上第4要素，即不能有假信念等。盖蒂尔还认为，知识必须是不可错的。盖蒂尔所持这一观点，就和笛卡儿（René Descartes，1596~1650）一样，混淆了经验知识与逻辑知识之间的区别。因为，逻辑知识不可错，而经验知识可错。接着，哲学家们还提出知识精确定义的可行性问题等。最后，胡军认为："给出知识的充分必要的条件是绝对不可能的,但对知识给出一个最低限度的条件或定义,应该说是可行的。"[2]《知识系统论》一书,引用了这种观点。

0.1.1.2　知识是信息经过进一步修饰成含义较广的结论

阿尔文·托夫勒(Alvin Toffler,1928~　)认为,知识的定义极多,就像自认知识渊博者有一箩筐一样,更可悲的是当"符号""象征"或"图像"等字样都开始取代语言的正式沟通地位时,就发觉这团迷雾更加难解。尤其是,克劳德·香农(Claude Shannon)和沃伦·韦弗(Warren Weaver)在定义"信息"时,只注意发展电脑科技的用途,却完全忽略这两个字的语义学意义和沟通的内容。托夫勒在《权力的转移》(Power Shift)一书中,论及了知识与信息、数据之间的关系,从中也给出了知识的含义:"一般说来,往后章节中出现的'数据'代表彼此不大连贯的'事实';'信息'则代表经过整理、分类的数据;而'知识'则是信息经过进一步修饰的含义较广的结论。"[3]

0.1.1.3　知识是经验上证实了的和逻辑上一致的预言

社会学家罗伯特·金·默顿(Robert King Merton,1910~2003)认为:"科学制度的目标是扩展被证实了的知识。为达到此目标而使用的技术方法给出了知识的相关定义:经验上证实了的和逻辑上一致的预言。"[4]

0.1.1.4　知识是人类精神产物的世界,称为世界3

英籍奥裔哲学家卡尔·雷蒙德·波普尔(Karl Raimund Popper,1902~1994)系统地提出3个世界理论。他认为,宇宙是多层次倏忽进化的,可以把多样化的宇宙现象分为先后出现的3个亚世界:首先,世界1存在,即先存在无机界,而后出现有机界和生命;其次,世界2在新的层次上突现(emergence),即精神现象突现;最后,世界3在更高层次上突现,即文化现象突现。世界2导致了世界3,也就是说,世界2创造出了世界3——人造物世界3,即人类精神产物的世界,这个世界称为世界3,就是人造的客观意义的知识。他进一步强调:"我们说的是通过说或写而传达出信息所具有的世界3的意义。"[5]

0.1.1.5　知识是意识化、符号化和结构化的信息

对复杂系统进行定义,要采用生成论、系统论的观点,对知识定义就应持此观点。其一,我们要强调知识是在精神世界中生成的,即在头脑中的意识化、概念化。其二,知识整体突现,即整合生成为复杂系统,就必然是由众多相互联系的要素形成有层次结构的庞大系统,从而具有结构化、系统化的特性。其三,在

主体上，知识总是要采用符号形式表达出来，才能进行交流，从而具有符号化的特征。其四，知识能从头脑中转移出来，正是以信息系统为载体，从而具有客观实在性，才能使事物之间发生普遍联系。简言之，"知识系统就是典型的意识化、符号化和结构化的信息系统"[6]。

我们倾向于定义（0.1.1.5 节）。

在《知识系统论》第 10 章中，胡作玄对知识的几种定义进行了综合：①经验主义的观点。知识是被证实为真的信念。②理性主义观点。知识是语境中的信息。③实用主义观点。知识是基于经验的理解。④社会学观点。知识是可以交流和分享的经验或信息。⑤构成主义观点。知识虽由数据和信念构成，但可以认为是对于局势、关系、偶然现象更为扩大的理解，以及基于给定领域或问题的（明显的或隐含的）理论和规则。[7]

王众托在《知识系统工程》一书中，也涉及了知识的定义。他认为，知识是信息、经验、价值观与洞察力的组合，它能对新内容进行评价和吸收。其中引用的若干定义有参考价值。

0.1.2 知识分类

上面讨论了知识定义。接着，与其紧密相关的就是知识分类。在逻辑学中，分类又称划分，即把属概念（上位概念）分为若干个种概念（下位概念）的逻辑方法。其中分类的标准是分类的依据，标准不同，分类就不同，同一个分类只能是一个标准，否则就会引起混乱。

分类反映了人们对于某类对象的认识水平，决不是简单地进行任意增减排列。实际上，分类本身就形成一门学科，即分类学，如动物、植物分类学等。知识分类来源很多，在历史上主要是哲学和科学。近年来，知识分类增多了新的视觉和观点，如从知识经济、知识管理、知识工程以及知识社会等角度出发，出现了新的知识类型。这样，就使得知识更加条理化、系统化，特别是，未来的新知识也能纳入其中。在《知识系统论》第 10 章中，胡作玄对知识分类有系统的、深入的论述。按照不同标准，我们对知识进行如下基本分类。

0.1.2.1 个人知识与组织知识

按照本体论的观点，是罗素的分法，知识可分为个人知识与组织知识两类。归根结底，知识由个人创造，离开个人，组织无法产生知识。然而，在集体、群组和企业等组织中，通过交流就能将个人的知识综合在组织的知识网络之中，也可以说是在组织层面"放大"的由个人创造的知识。特别是，在创新活动中，就需要综合各种知识，使之转化为组织知识，才能变成生产力。

0.1.2.2 意会知识与言传知识

按照知识管理的观点，公认是波兰尼（M. Polanyi）的分法，知识可分为意会知识与言传知识两类。类似有多种表述。意会知识（tacit knowledge），包含经验、技巧、诀窍等；暗默知识，指与特定情境相关的个人知识，难于形式化、也难于交流的知识；隐性知识；非编码知识；不可交流的知识。言传知识（explicit knowledge），主要以语言文字表达出来的知识，通过书籍、报纸、光盘等载体进行交流和保存；编码知识（codified knowledge），因可编码输入计算机而得名；形式知识或显知识，即可以传递、交流的知识。

0.1.2.3 主观知识与客观知识

按照知识论的观点，主要是波普尔的哲学思想，知识应分为主观知识与客观知识两类。最初，知识都是主观的，即主观意义的知识，波普尔称为世界2，包括精神或意识的状态，因而是与认识者不可分离的主观知识。但是，大量的主观知识世界2具有很强的个人特性，包括价值观和眼界，很难甚至根本不能通过语言表达和传递。其中，一些富有个性的因素也就遗失掉了，另外一些不能转化，只有掌握这类知识的人才能亲自使用。这正如波兰尼指出的那样："我们所知道的比说出来的要多。"世界2在人类获得知识的过程中起着极为重要的作用，只有经过复杂而艰苦的转化，即人类的创造，才能转化为客观意义的知识，波普尔称为世界3，指思想的客观内容的世界，被抽象为没有认识者或没有认识主体的知识，具有可交流性，表现出自主性，从而具有客观实在性。特别是，在世界2与世界3之间发生相互作用，导致相互转化：世界2导致世界3，而世界3反作用或反馈于世界2。

0.1.2.4 事实知识、原理知识、技能知识与人力知识

按照与经济相关的观点，即经合组织（OECD）的文件《以知识为基础的经济》（知识经济）引用的观点，可分为4类。这些分类都建立在一种狭窄的知识概念基础之上，必须满足知识有价值、与生产过程有关、与产业的形成有关，是经济形成不可或缺的生产要素等。

（1）事实知识（know-what）。知道是什么的知识，如关于历史事实、经验总结等方面的知识。

（2）原理知识（know-why）。知道为什么的知识，指通过研究而获得关于自然界、人类社会和思维发展规律性的知识。

（3）技能知识（know-how）。知道怎么做的知识，主要指关于技能、诀窍方

面的知识,即如何做事情的知识,知道如何操控事物。

(4) 人力知识(know-who)。知道是谁的知识,指关于谁知道什么、谁知道怎么做的知识。

0.1.2.5　元知识与专门知识

按照知识的层次,可分为元知识(meta-knowledge)与分门别类的各种专门知识。专门知识是各个领域的众多知识。元知识则是指有关知识的知识,泛指一种高层次的知识。也就是说,元知识是指如何能够充分地激发和利用专门知识的知识,其运行占有优先的地位,而专门知识的运行是在元知识控制之下进行的。从抽象意义讲,在一个大的知识处理系统中,存在多个知识层次。其中,仍然要明确,哪些是该层次的专门知识以及较高层次的元知识。

0.1.3　知识创新的定义

0.1.3.1　创新与创造的异同

创新(innovation)和创造(creation)存在着内在的联系,有一定的共性:都有目的性,强调首创、超常和求新,要追求价值和效益。

创新强调理论、思想、方法、技术和手段等的变革。在理论层面上,创新对应于"守旧";创造强调实践活动或行为,创造对应于"前所未有"。创造是基础,创新依赖于创造,只有通过创造才能实现。

早在1912年,经济学家约瑟夫·阿洛伊斯·熊彼特(1883~1950)从经济发展理论中引申出创新理论。他认为,创新就是经济发展,是建立一种"生产函数",即在一定时期内,在技术水平不变的情况下,生产中所使用的各种生产函数的数量与所能生产的最大产量之间的关系。它可以用数理模型、表格或图形来表示。假定 $X_1, X_2, \cdots, X_n$ 依次表示某产品生产过程中所使用的 n 种生产要素的投入数量,Q 表示所能生产的最大产量,即增值,则生产函数可以写成以下的形式:

$$Q = f(X_1, X_2, \cdots, X_n)$$

该生产函数表示在既定的生产技术水平下生产要素组合 $(X_1, X_2, \cdots, X_n)$ 在每一时期所能生产的最大产量为 Q。在经济学分析中,通常只使用劳动(L)和资本(K)这两种生产要素,所以生产函数可以写成:$Q = f(L, K)$。

这就是说,把一种从来没有过的关于生产要素和生产条件的"新组合"引入生产体系。他进而指出,创新是一个"内在的因素",是"来自内部自身创造性的关于经济生活的一种变动"。

0.1.3.2 知识创新的定义与释义

我们认为，知识创新（knowledge innovation）是通过对事物的研究而获得新知识的精神活动，即从人类大脑活动中转移出新知识的过程。在波普尔3个世界理论的意义上，即世界2导致新的世界3的活动。知识创新也可以建立一种"知识创新函数"，即用数理模型来表示，有多种形式，通常采用输入与输出之间的激励与响应的关系：

$$y(t) = f(x_1(t), x_2(t), \cdots, x_n(t); c_1(t), c_2(t), \cdots, c_m(t)) + F(t)$$

其中，$y(t)$表示输出，即知识创新的结果，如新发现、新理论等，从而新增加价值；$x_n(t)$表示输入的多种创新要素，即各种激励因素，如各种问题和难题、各种观测事实、各类科学概念、怀疑精神、好奇心、奇思构想等内生因素；$c_m(t)$表示社会环境参量，即创新所需的自由空间、资源等，这在长时间里也是变量；$F(t)$表示外力，即强迫力或他组织力，如战略举措、政策和对策等。当多种创新要素、社会环境参量和外力达到最佳组合时，可以实现知识创新最优化，即函数可以达到极大值。

知识创新的目的在于，追求新发现，探索新规律，创立新学说，创造新方法，积累新知识。一些学者提出，知识创新有多种多样相异的定义，这多基于竞争，并考虑到战略上的需求。

2005年，Mireille Merx-Chermin 和 Wim J. Nijhof 在"Factors Influencing Knowledge Creation and Innovation in an Organization"一文中定义："知识创新是一个过程，在这个过程中，有价值的思想被转变成会给组织、客户、员工和其他所有利益相关者增加价值的新形式。"

0.1.4 知识系统的中介作用

人的生命存在具有两种属性：一是一切生物都具有的自然生命，二是只有人所特有的文化生命。因此，人的文化生命就起着主导作用，规定了人的本质，从而决定了生命存在的意义。人的生命活动既要适应自然界，也要改变自然界，然而这都不是像动物那样直接进行的，而是要不断地创造、发展人的文化世界来实现。这个文化世界被德国哲学家恩斯特·卡西尔（Ernst Cassirer，1874~1945）称为"符号宇宙"。他独树一帜地把人定义为"符号动物"，并在《人论》一书中强调："人不再生活在一个单纯的物理宇宙之中，而是生活在一个符号宇宙之中。"[8] 这个"符号宇宙"即符号系统或知识系统。因此，人就生活在符号系统——知识系统之中。

0.1.4.1 以知识系统为中介联系自然界

人类祖先出现在更新世。现代科学，特别是人类学等，经过长期的研究证实，人类从动物进化而来，进而从灵长类分化出来。其中，一个"小系"走上了人科进化的道路。在更新世，地球上存在4次大冰期和3次间冰期，这引起剧烈的自然环境变化，迫使所有的动物必须适应新的环境，与自然界直接地发生作用。同时，人类祖先已具有相对发达的大脑，从而产生了适应环境变化的智力，以至超越本能地、有意识地与自然界发生关系，出现了各种人造事物，即创造文化的活动，形成了"文化适应性"。在坦桑尼亚奥杜瓦伊峡谷（Olduvai Gorge）发掘出的能人使用的石器，称为奥杜瓦伊文化，这标志了人类的开端。

此后，人与自然界发生联系，无论是适应自然界还是改变自然界，都不是直接而是间接进行。这样，就必须有中介才能发生作用，而人创造的文化世界就起着这种中介作用。因此，可以说，从适应自然界，进而到改变自然界，都只能以知识系统为中介来实现。人类为求生存和发展而创造知识，并不断地创新、扩大知识，完善知识结构，以适应复杂多变的生存环境，从而形成生物适应性。

0.1.4.2 以知识系统为中介建立起社会关系

人与社会的关系，必须靠知识系统才能建立起来。人总是生存于一定的社会关系之中，而这种社会联系和社会组织，是靠人的文化世界，即只有以知识系统为中介，才能建立、发展和完善起来。人对自我本性的认识也要以知识为基础，而人对自我本性深刻的、全面的认识，则必须不懈地进行知识创新。人就是运用不同的符号创造文化，而且只有在创造文化的活动中才能成为真正意义上的人，从而才能获得真正的自由。人的本质就是无限的创造性活动，因此，与其说人是社会的动物，倒不如说人是文化的动物。

在文化进化中，人转向了认识自我，只有认识人的本质或本性，即认识文化的人，才能适时地开辟通向新文明的道路。在现代社会中，我们居住的这个星球上的各种人群、各个民族、各个国家的联系日益密切，日益复杂，尤其下一个高级社会中，我们总是要生活在知识世界之中。因此，我们就要不停地创造出大量的高质量知识；而且，知识不断地更新，许多知识会变得陈旧，以至会消失掉，这就迫使我们要不断地进行知识创新。

0.2 知识创新的战略意义

战略思想是整个的（全局性的）长远谋划，即总体谋略的理论基础。

这一思考，主要是将国家创新战略继续展开，并进一步深化。更重要的思考还在于，继续深化应朝着知识创新的方向前进，这是国家创新战略思想的核心所在。

0.2.1　知识创新战略应成为国家创新战略的核心

在人类社会发展史上，知识起着重大的作用。在现代社会中，知识已成为推动社会发展的巨大力量。尤其是，在下一个高级社会中，知识必将起着主宰或支配作用。

从史实判定，对于世界上发展中国家或落后国家，究其落后的根源，就在于缺乏基于知识的发展；反之，若要追上并超过发达国家，其最佳的战略选择莫过于确立起知识创新战略，即要使国民继续知识化，以达到高度知识化。这就是说，要使人均知识量和国内知识总量（gross domestic knowledge，GDK）（包括数量和质量）进入世界前列，进而上升到高级智慧水平，成为知识型、智慧型国家。因此，知识创新战略应成为国家创新战略的核心，是知识创新战略之本。

0.2.2　从知识创新升华为精神文化创新

知识创新也可以隐喻（metaphor）为知识进化，即不停地生成新知识。这要凭借理性思维的力量，因而必须有相应的思维方式创新。最后，我们要上升到精神文化创新。

在哲学上，有多种知识论，对知识的性质、价值等进行了系统研究。在西方文化中，理性一直占据重要的地位，以至认定"知识是理性思考的产物"，如启蒙时代的核心思想就是："理性高于信仰。"康德在总结启蒙思想中，就追问：知识何以可能？如果可能，那么是如何可能的？知识始终是思维或理性的产物，因而应注意到理性思维是形成知识的源头活水。因此，要进行知识创新，就需要思维方式创新，培养和提高理性思维能力。

首先，我国最需要精神文化创新。在中国，封建制度（包括领主制和地主制）始于公元前11世纪，一直延续至20世纪，长达3000多年。在世界范围内，中国进入封建制最早，而结束时间比欧洲晚几百年。在古代，中国虽创造了灿烂的文化，但由于长期存在着封建文化，致使在近代文明时期就走向衰落。自秦汉建立了统一的封建帝国之后，形成了特色的封建文化。其中，儒学文化占据中心地位。特别是，实行"罢黜百家，独尊儒术"政策以来，儒学就上升为官方正统哲学，并被历代统治者作为一个"符号"或"工具"来利用，以致演变为具有保守性的国家意识形态，在近代封建制的基础上，国家沦为半殖民地，中华民族受尽凌辱。

虽然我国曾出现五四新文化运动，但在诸多精神文化要素上的创新远不及伟大的西欧文艺复兴运动。也就是说，在历史上，我们就没有经历过思想启蒙、革新运动的洗礼，以致精神文化创新缺失，不能使中华民族思想早日觉醒。现在看来，我们应进行历史反思，才能达到高级的认识形式；只有弥补缺失的精神文化，才能有文化再觉醒。这就是说，要在中华大地上实现"新的文艺复兴"，再唤醒国人。

0.2.3 知识创新充满自由创新精神

实质上，知识创新是极其复杂的精神性创造活动，因而必须坚持怀疑精神、批判精神，特别是自由创新的精神。自由是人的本性，只有坚持自由创新精神，才可能最大限度地甚至无限地实现知识创新。伟大的科学家爱因斯坦非常强调自由创新精神。他认为，外在的自由和内心的自由是科学进步的先决条件，科学理论的逻辑基础，即基本概念和基本原理，是人类精神的自由创造，是人类理智的自由发明，知识和自由是不可分割的双翼。

我国近代衰落的史实是辨析中国传统文化的重要依据。长期以来，中国人的自由精神，特别是自由创新精神受到了压抑，使得我们创造的知识量对世界的贡献甚少，我们基本上是引用或享受西方近现代创造的知识产品。

因此，知识创新必须渗透着自由精神，才能激发人的全能，造就永续的智慧源泉。思想创新、文化创新都要超越国界、超越权力和金钱枷锁；辨析传统文化，主要靠现代人；知识创新、思维方式创新，更要靠具有自由创新精神的现代人。

0.2.4 元知识创新的重大意义

元知识是有关知识的知识，是高一层次的知识。大量史实表明，元知识水平和元知识创新能力能导致知识的富有，决定着国家的前途和命运。

"元"有"头"等含义，与英语"met(a)"对应。亚里士多德研究自然界现象的著作被编纂为《物理学》，超感觉的抽象对象的研究编在其后，称为《形而上学》(*Metaphysica*)。"met(a)"与《周易·系辞》中"形而上者谓之道，形而下者谓之器"的命题有相同之处，中国严复按此译作形而上学。后演变为普遍的"元"层次概念，凡以"元"概念命名的学科和理论等，就是以某一学科或理论自身作为研究对象，而进行高一层次的研究所形成的学科或理论，称为元学科或元理论。元哲学就是以哲学自身作为研究对象的高一层次的研究所形成的哲学，元科学就是"科学的科学"，元知识就是关于知识的高一层次的知识。

托夫勒在《权力的转移》一书中，多处强调知识和元知识的重大意义。他认为："知识的分配比武器和财富的分配更不平等。因此知识（尤其是有关知识的知识）的重新分配就更加重要。它能导致其他主要资源的再分配。"[9]

波普尔在《科学知识进化论》一书中也强调了元理论、元问题的重要性。他认为，元问题处在更高的层次上，为研究一个问题，形成新问题，生出深层的新意，在不同层次上，并不存在着共同的问题。[10]

我们强调，元知识创新就是指"关于知识的高一层次上的知识创新"。这一高层次的创新也就是深层次的创新，从而更有新价值，且更为复杂。也就是说，元知识创新必须在总体上研究知识创新本身的一般理论，认识到，知识创新的一般规律性何以能形成最有效的各类知识创新？各类知识创新之间的相互关系是什么？……这正如揭示激光现象的形成一样，大量的分子何以协同行动，发出巨大的能量。我们就要研究众多知识创新何以产生"协同创新"，何以能形成一个民族或国家的巨大创新能力。

0.3　知识创新的战略目标

战略目标是能够实现的战略目的，即涉及全面而长远的目标，具有全局性、客观性、综合性、相对稳定性和阶段性。知识的进化不断地递进，永无止境。构想知识创新战略阶段目标，首先要确定指标体系：创建人均知识量和 GDK（数量和质量）指标体系；达到"初级知识化"① 的目标或某种单一目标，如"知识竞争力"② 等，其时间尺度一般都要以 10~20 年计；国民"继续知识化"③ 的长远目标，短则半个世纪，长则一个世纪，乃至需要更为久远的时间。

尽管我国已成为世界第二大经济体，但我们不能满足于指标 GDP，而要追求更难达到的、更高的精神财富指标 GDK。我国要提高国民素质，实现现代人社会化的基本要求，必须实现知识现代化；要真正实现生产方式的转变，关键在于提高知识水平。而且，富有知识是提高精神文化的基础，是现代文明社会的标志。

现在，按照社会系统变迁的新理论和大趋势，我们可以认定，尽管现在世上存在着多种社会形态，但真正能够优于资本主义社会的下一个高级社会必定是以

---

① 初级知识化是社会化的基本内容，是实现知识化的第一个层次，使国民具有基本知识，掌握实用技能。

② 知识竞争力是与经济学紧密相关的指标，类似经济学中的创新概念，引进新的生产函数，建立投入与输出的关系，即用于知识生产的资本投入与产出的关系。

③ 继续知识化是指在实现初级知识化后，已获得和掌握的知识中一部分已陈旧，需要更新和知识创新。

知识为支配力量的知识主义社会。创建这类社会尽管有先后和其他条件,但都将围绕着知识运转,这是世代都要为之奋斗的世纪工程,而知识创新将最有效地加速这一进程。

0.4 知识创新的战略举措

战略举措是贯彻战略思想和实现战略目标所采取的对策和方法,包括基本政策引导等。同时,还要付诸战略实施。

0.4.1 营造"创新基因"富集的人文-社会环境

自然环境控制着万物生长。同样,人文-社会环境决定着知识发育、生长和创新。因此,知识创新首要的战略举措莫过于营造"创新基因"富集的人文-社会环境。可以说,真正营造这种环境的典范首推犹太民族。犹太人是举世闻名的最具知识创新意识与能力的人,也是世界公认的很优秀的聪明人。

我国要创建适宜知识创新的人文-社会环境的历史使命极其艰巨,这要祛除盘根错节的封建专制文化,如官场文化、集体世袭文化、血亲文化等,更要创造出前所未有的崭新文化——科学人文文化,才能形成新的价值观,才能引导大众追求知识,才能潜心于知识创新。这样,与其说是"以人为本"的观点,不如说要深化到"以知识为本"的核心观点。

0.4.2 立法实施全民终生教育

教育是直接获取基础知识的最有效途径。教育能使民族、国家兴起,这已被大量事实证实。由于知识更新迅速,许多知识就会变得陈旧起来,以至一经创造出来后便过时了,甚至丢失了。因此,我国应立法确保国民享受终生教育,这是知识创新的基础。

0.4.3 采取国家知识创新系统工程方法

知识创新战略举措就在于,要在国家层次上大规模、持久地进行,即国家知识创新工程化。在知识创新活动中,中国科学院首先实施了"知识创新工程",取得了很多经验,在全国产生了很大的影响。不过,这被称为"试点工程",还只是在技术层面上的举措,即知识创新"工程化",是一种可能有效的系统工程方法。由于当时对知识的概念不太清楚,提出的"知识创新"实际上局限于科学创新。因此,要依照国家知识创新战略的整体构思,才能完满地实现。

参 考 文 献

[1] 胡军. 知识论. 北京：北京大学出版社，2006：66.
[2] 李喜先，等. 知识系统论. 北京：科学出版社，2011：17.
[3] 阿尔文·托夫勒. 权力的转移. 吴迎春，傅凌译. 北京：中信出版社，2006：13.
[4] 罗伯特·金·默顿. 社会理论和社会结构. 南京：译林出版社，2008：712.
[5] 波普尔 K R. 科学知识进化论. 纪树立编译. 北京：生活·读书·新知三联书店，1987：367.
[6] 同 [2]：16.
[7] 同 [2]：138-139.
[8] 恩斯特·卡西尔. 人论. 甘阳译. 上海：上海译文出版社，2005：35.
[9] 阿尔温·托夫勒. 权力的转移. 刘红，等译. 北京：中共中央党校出版社. 1991：491.
[10] 同 [5]：385.

上篇　战略思想

1　知识创新是理性进步的结晶

胡　军

1.1　理性进步是知识创新的源头

在两千多年来的哲学史上，绝大部分哲学家都明确地指出，人的本质是由理性、情感、意志、本能等共同构成的。柏拉图就是这样来看人的。从这样的角度来审视人类的本性应该说是正确的，也是合乎人所具有的本质规定的。无疑，缺失了上述人性中的某一项，我们就不可能是健康的人。但是，我们需要注意，柏拉图等对人性的这一看法仅仅是就人之所以为人本身而立论的。

如果现在稍微换一个视角，那么我们对于人性就会略有不同的看法。这一视角要求我们就人与动物之间的本质差异来进行比较研究，来突出并审视人到底具有什么样的与动物相区别的本质特征。这样的比较使我们能够清楚地发现，动物与人一样，也具有情感、意志、本能等。而且，动物的情感、意志、本能等很有可能比人类达到了更高的程度。这一比较也使我们明显地注意到，动物之所以区别于人类，就是它们不具有只有人才赋有的高度发展的理性。或者说，高等动物中那些最接近于人类的种类，虽然可能具有某些类似于人类理性的要素，但它们根本缺乏只有人类才具有的概念思维的能力。可见，正是理性这一本质属性将人类与动物区别开来。也正因为有了理性，所以人的情感、意志、本能在很大程度上也就大大不同于动物。这一认识导致了古希腊思想家将对智慧的追求或爱智慧看作是人之所以为人的本质。爱智慧的希腊文是 philosophia。philo 是爱，而 sophia 则是指智慧。因为爱智慧首先是而且也只能是理性追求的目标。我们在其他动物身上根本看不到这样的理性追求。

在苏格拉底看来，智慧有两种。一种是人的智慧。人的智慧是有限的、局部的智慧。另一种是神的智慧。神的智慧是无限的、超越的智慧。苏格拉底指出，在神的智慧面前，人的智慧是微不足道的。所以在他看来，哲学家应该追求的不是前一种有限的、局部的智慧，应该追求的是神所具有的无限的、超越的智慧。显然，这一智慧只有神才具有。将神的智慧设定为人追求的目标无疑首先是理性的。可以说，设定一个长期执著追求的目标，在本质上就是理性的要求，而且只能是理性的要求。

然而，对神的智慧的追求是一个无限而漫长的过程，所以这样的追求过程不只是理性的，也需要高昂持续的激情与强烈的内在冲动，更需要坚强的意志。在这里，正像在任何其他地方一样，理性需要得到激情和意志的积极支持和密切配合。我们运用语言可以分开来说这三者，但是在实际生活中，它们却是始终紧密地融合在一起，相互消长，共存共荣的。所以苏格拉底、柏拉图等希腊哲学家经常花费很长的时间思考哲学等相关问题。他们正是用强烈的激情和坚忍的意志来执著而坚定地追求着神的智慧。

显然，对神的智慧的追求不是任意地进行的。一旦将对神的智慧的追求设定为自己一生追求的神圣目标，能够用来实现这一目标的方法论也就基本上得到了确定。在此我们尤需注意的是，古希腊哲学家追求神的智慧的方式不同于我们所谓的悟或体悟。他们追求神的智慧的方式是几何学的方法。科学史告诉我们，几何学在古希腊得到了长足的发展。毕达哥拉斯、苏格拉底、柏拉图、亚里士多德、欧几里得都是当时著名的几何学家。几何学在古希腊的充分发展，竟影响了代数学在古希腊的发展。我们在古希腊的教育内容"四艺"中始终可以看见几何学的巨大而持久的影响。所谓"四艺"，就是指几何学、算术、音乐与天文学。古希腊人必须在初等、中等教育中经受长达几乎十年的这类教育，其中的优秀者才可能获得机会进一步研究 philosophia。柏拉图学院的门口就写着这样几个字："不懂几何学者，请勿入内。"可见，进入柏拉图学院的基本条件就是，你必须懂得几何学。

为什么？我们都知道，几何学是一门证明的科学。在几何学中，结论固然重要，但得出这样的结论的明确完整的论证过程更为重要。因为至少在几何学中，结论就蕴涵在过程之内。只要证明的过程是充分的、明确的、完全的和有条不紊的，我们就能在其中找到所需的结论。正是在这样的方法论指导下，《柏拉图对话集》讨论了我们今天哲学界关注的几乎所有的问题。我们更需要注意的是，这些对话关注的是讨论的过程或论证的过程，而结论却不是很清楚。我们仔细阅读《柏拉图对话集》中的许多篇章，如《泰阿泰德篇》《美诺篇》等讨论什么是知识或美德是否是知识等问题，讨论到最终结论时，却发现往往在结论还未出现时，苏格拉底与学生就结束了讨论。因为他们都认为，没有必要再往下讨论了。他们讨论的过程很详尽。可能是过程已经蕴涵结论，所以大可不必费心去寻找什么结论了。证明的过程一定要是明确的、完全的、充分的和有条不紊的，而答案却是开放的。对这种严谨细致的证明正是理性最本质的特征。

这样的对话过程实质上就是寻求知识的过程。充分的、明确的、完全的证明或证实或求证过程是必需的。人不是神。神是无限的，而人却是有限的、渺小的。有限的渺小的人在追求神的智慧的漫长过程中当然不可能得到神的智慧，但通过这样的方式你能够得到知识。所以，知识的一个核心要素就是充分的或完全的证实或证明。现代知识论讨论最多的就是证实或证明的环节。尽管争论激烈，看法不一，但在必须重视证明或证实或确证这一点上是共同的。

当然，我们在此必须注意的是，能够得到明确完整论证的东西往往是很有限的。对于绝大部分领域内的问题，如人生的意义、上帝的存在等论题，我们很难做出明确的、完整的论证。即便那些已经得到过明确详尽论证的东西，也会不断出现新的问题。然而，人的理性进步的一个重要标志就是不断地追求确定性。我们处在从不知到知，从知之甚少到知识不断增长完善的漫长的求知过程之中。人类文明所以能够不断进步，主要是那些能够得到论证或证实的知识始终在起着推动的作用。

正是在这样的文化基础上，亚里士多德在其《形而上学》一书中就明确地概括道："求知是人的本性。"可以说，这一思想最好地概括了西方哲学主流学者关于人的基本看法。它也正好可以用来说明为什么在西方哲学史上知识论的研究似乎成为了显学，竟出现了如此众多的知识论著作，几乎可以说是汗牛充栋。

其实在中国古代，荀子也说出了类似思想。他说："凡以知，人之性也。可以知之，物之理也。"（《解蔽》）但遗憾的是，对于这一观念，荀子并没有进一步做过系统深入的阐述。更为重要的是，包括荀子在内的儒家学者缺乏明确系统的方法论，如古希腊时期从毕达哥拉斯、苏格拉底、柏拉图、亚里士多德、欧几里得等所热衷的几何学的方法。更为遗憾的是，即便像荀子这样关于求知的粗浅看法在中国古代的思想传统中也没有得到应有的重视。于是，儒家思想过于强调人性中道德伦理的层面的立场得到了片面而长足的发展，而没有充分认识到理性知识在德性涵养中的作用。而且由于在表述思想时不刻意运用形式化的方法和艺术，所以中国古代思想在一开始就走上了一条不同于古希腊哲学的思考道路。我们的传统思维方式不可能引申出知识论的研究模式，当然也就更谈不上知识创新。要走上知识论研究的模式，要创新知识，必须在我们的文化中大力培植进行系统深入理性思考的能力，能够进行理性的对话，要注重推导、证明的过程。总之，知识创新的第一个条件就是要在我们自己的文化系统中重视知识论的研究，要格外强调对获取知识过程的确证或论证。只有经过充分、明确、系统论证的思想或知识才有可能在技术上得到落实，从而影响或推动人类的前进。

这里，我们要将几乎生活在同一时代的孟子与亚里士多德做简单的比较，以彰显中国传统文化与古希腊文化之间的异同，并借此认识到要在我国推进知识创新过程必须走的路径。

孟子要比亚里士多德早出生一年，即出生于公元前385年，亚里士多德出生于公元前384年。他俩文化学术背景上的差异导致其思想与思维方式之间有着本质上的差异。他们的研究领域也完全不一样。如《孟子》一书讨论的东西只涉及伦理和政治的部分内容。要注意的是，伦理学、政治学不是孟子创设的，而是亚里士多德。亚里士多德创设的学科和研究的领域涉及伦理学、政治学、诗学、物理学、形而上学、动物学、植物学、逻辑学、几何学、天文、音乐等。我们只要浏览一下《亚里士多德全集》中文版细目，就能够知道他是一位百科全书式的学者。《亚里士多德全集》共十卷，前九卷目录如下：第一卷《工具论》，第二卷《物理学》《论天》《论生成和消灭》《天象学》《论宇宙》，第三卷《论灵魂》《论感觉及其对象》《论记忆》《论睡眠》《论梦》《论睡眠中的征兆》《论生命的长短》《论青年和老年》《论生和死》《论呼吸》《论气息》，第四卷《动物志》，第五卷《论动物部分》《论动物运动》《论动物行进》《论动物生成》，第六卷《论颜色》《论声音》《体相学》《论植物》《奇闻集》《机械学》《论不可分割的线》《论风的方位和名称》，第七卷《形而上学》，第八卷《尼各马可伦理学》《大伦理学》《优台谟伦理学》《论善与恶》，第九卷《政治学》《家政学》《修辞术》《亚历山大修辞学》《论诗》《雅典政制》《残篇》。

通过上述比较，我们就能够比较清楚地认识到我们通常所说的理性的一个基本内涵：我们能够将自己关于外在对象的经验提炼或上升为知识的理论体系。这应该是理性的本质属性之一。人类就是凭借理性这一能力在漫长的认识史上逐渐地形成各种关于自然和社会的学科。如果这样的理解是正确的，那么一个文化系统在其历史发展中没有能力将自己丰富的经验内容提炼或上升为知识的理论体系。于是，我们不能说，这一民族具有很强的理性能力，或者他们的理性思维能力没有得到充分的发展。

我们尤需注意的是，孟子与亚里士多德两人研究领域相差甚大，研究方法更是完全不同。如孟子从性善推出仁政，亚里士多德却将伦理的善与国家的善区分开来。个人的善是伦理学研究的对象，国家的善是政治学研究的对象。后来的马基雅维利、马克思·韦伯在这一问题上也与亚里士多德持基本相同的思想立场，认为政治从来都不是以道德为依据的。他们尖锐地指出，评判国家治理成功与否的标准完全不同于个人的道德意识或持守的精神境界，这两者之间不能说完全风马牛不相及，但其间牵涉到的关系应该是极少的。国家治理需要一整套基本上不同于个人心性修养的理论和方法。到了现代社会，我们甚至发现，这两者之间不但不同，甚至出现本质上不同的发展趋势。因为极小规模的家族式管理模式基本退出了历史舞台，超大型的公民社会已经在中国出现。如果以德治国是历史上对国家管理者的要求，那么现代国家管理者首先需要注意的是依法治国，而不是以德治国。我们很容易发现，在现代社会中，以德治国与依法治国经常是发生冲突的。更为重要的是，所谓的以德治国很难在实际生活中得到操作，而依法治国却完全不一样。

其实，亚里士多德与孟子之间最大的不同在于，亚里士多德尤其关注思维学科及其方法论本身的研究，西方逻辑学科就诞生于他的手上。在亚里士多德看来，要著书立说、要论辩，首先要注意的是如何使我们的思维遵循一定的推导的规则。更令人惊讶的是，亚里士多德已经自觉地将思维的形式与思维的内容严格地区别开来，并制定了严格的三段论推导规则。而孟子则从来不关心此类问题。孟子以好辩而闻名于历史，但他的辩论不能够自觉地遵循一定的思维规则，更无思维科学的指导。更为重要的是，他从来就没有思维或论辩必须遵守一定规则的自觉意识，于是也就仅仅满足于以其情感和气势取胜。由于缺乏严格的思维规则的指导，孟子的论辩过程经常是自相矛盾的。只有在思维学科的系统指导下，我们才有可能将各种研究对象提炼或上升为学科知识体系；否则，是绝对不可能的。

讨论至此，我们也就能够明白所谓理性的另一个基本内涵，这就是人的理性能够为自己思维的活动制定严格的思维科学，从而使自己的思维活动及其内容严格按照逻辑规则进行。亚里士多德的《工具论》表述的就是关于人的思维的科学规则。亚里士多德的逻辑学在人类文明史上发挥了极其伟大的作用。康德就曾惊叹道，两千年来，亚里士多德的逻辑学既没有前进一步，也没有后退一步。能否形成关于人的思维的系统严密的思维科学，成为我们衡量文化系统理性发展高度的一个显著标志。

在亚里士多德看来，人与动物之间的本质区别，就在于人具有理性，而理性能力的鲜明特征就在于求知。面对纷繁复杂、变化无穷的宇宙，好奇心就驱使着人类不断地询问："为什么？"这种询问方式似乎仅仅反映了人类特有的好奇的本性。然而，对知识要素的分析告诉我们：正是这种"为什么"的问题及其对之所做的回答才构成了知识要素中最重要的部分。知其然不是知识，知其所以然才能构成知识。这种形式的询问冲动是人类理性最初表现，也是形成人类才有可能具备的知识的根本动力。显然，它本身还不是知识。然而正是这种形式的询问表现出来的好奇的本性才是人类所具有的自我意识的表现，因为只有处在自我意识中的人才能发出这种询问。可见，正是这种形式询问的意识倾向才最终在人与动物之间显现一道不可逾越的巨大鸿沟。

人的理性能力在漫长的历史中得到了高度的发展。作为理性结晶的知识急剧膨胀，迅速传播。今天，知识甚至已经成为主宰整个社会、整个世界的最主要的力量。我们人类的知性在今天已经发展到可以运用知识的理论将种种关于人的情感和意志组织成知识体系的程度，心理学就是这方面的显著成果。如本来是与人的感觉或感性的密切相关的美和审美意识都可以运用知性的力量将其提升为知识的体系，如美学。不仅如此，中世纪后期教父哲学的最大贡献就在于明确地指出，上帝不仅是信仰的对象，而且是理性的和知识研究的对象。托马斯·阿奎那的《神学大全》就因以五种方式来论证上帝的存在而著名。现在看来，他对上帝存在的论证不仅是错误的，而且是很荒谬的。但不可否认的是，正是这些教父哲学家的努力促进了神学体系的诞生。

其实，在英国产业革命之后，从其基本的方面说，整个世界就是在相关知识指导之下发展和进步的。我们历史上不重视对知识的研究，结果就是我们的现代化建设基本是走着发达国家早走过的道路。

人是知、情、意的综合存在，但人的知性的过度的发展在很大的程度上改变或扭曲了人本来就有的情感和意志。人的知识体系有可能使人的情感更细腻、更深沉，使人的意志更坚强，更坚忍不拔；或者是相反。不管怎么样，人类的知识体系越是发展，它对人类的影响也就越大。这是不可否认的历史事实。

这种求知的本性为人类开辟了通向只有人类才能拥有的知识领域的道路，开辟了人类文明生活的全新方向。人不只是凭借本能、感官的功能去生活。人主要是凭借理智来适应环境，以争取生存的机遇。人类适应环境的主要手段是根据不同的环境而相应地调整和完善自己的知识结构。知识结构越完善、越有普遍性，人类就越能适应环境、改造环境。知识结构的不断完善是人类不断进步的标尺。因此，可以毫不夸张地说，人类的每一次重大发展都是知识结构的调整和完善的结果。知识是人的产物，而知识又反过来塑造人、诱发人的更多的需要。在现代社会，只停留在对自然形态的物体加工已越来越不能满足人类发展的需要，于是合成材料应运而生。新材料的出现完全是人类知识系统的物化，它们是知识产品。它们与自然形态的物体、与对自然形态的物体加工后的产品已有性质上的不同。人类不仅要求生存，而且要求发展。人类求发展的可能性完全依赖于知识系统完善的可能程度。人类文明的发展都是知识结构更新的直接结果。

从这样的维度来审视人的本质，我们可以说，人就是知识的存在。这里，知识不仅指自然科学知识，而且指关于伦理、艺术、神话、宗教等方面的知识。

知识都是以命题语言表述的符号系统。知识系统是关于自然、社会和人自身的普遍性原理。人们是根据知识系统去生活、去发展的。不同的知识系统赋予人们不同的价值观和意义理论。

人生活在知识系统之内，而不像动物那样直接生活在物理宇宙之内。人类在思想和经验之中取得的一切进步都表现为知识结构的更为系统和更为精巧、细致。人的知识系统进展多少，自在的自然世界也就相应地退却多少。人是通过知识系统来看待一切的。人通过知识系统来看待外部世界时，人实质是在同自身打交道；人在反省认识自我时，实质是在运用已有的知识系统来认识、分析自我。

因此，人不能直接地认识自然，也不能直接地达到那个赤裸裸的自我。除非凭借知识这个中介，否则我们就不能看见或认识任何东西。在这种意义上，我们可以进一步说，我们所掌握的知识系统的性质决定着我们对自然的性质、对社会的性质、对自我的性质的看法。从一个无神论学者的眼光所看见的一切显然要不同于从一个虔诚的基督教徒的眼光所看到的世界。由于人注定要从一定的知识系统来看待自然和自我，因此对人的自我本性的研究也就必须以知识的本性为基础，为转移。

当我们来到这个世界时，我们并不是走进了一个空无一物的真空世界。我们走进了知识系统的世界。理性的成熟只不过意味着我们已自觉地意识到我们已生活于一定的知识网络之中，只不过意味着我们已能自如地运用既定的知识系统来看待一切。当我们意识到自身理性的成熟时，我们已不可自拔地深陷于知识系统的网络。

自由是人的本质。其实，自由只不过是人自觉地运用知识系统来说明自我及外在的一切，并超越自我的种种限制和割断外在的一切束缚的能力的实现。自由并不是意志的任性。自由实现的程度完全依赖于我们所掌握的关于自然、关于自我的知识系统的深刻性和普遍有效性。一个毫无知识的人（如果有这样的人）是决计享受不到真正的自由的。人的本性倾向于最大限度的自由，这种良好的愿望，实质是由我们关于人的本质的知识系统所激发起来的，并且似乎也只有通过知识才能获得。由于知识的作用越来越重要，我们可以这样说，人类需要通过知识获得自由，通过知识获得解放。在古代，嫦娥奔月的自由畅想只能通过想象得到间接的实现，而现在人类登上月球早就成为了现实。

然而，任何人在现实中真正能享受到的自由都不是绝对的自由，因为我们所拥有的知识系统永远达不到尽善尽美的程度，人类的知识系统处在永远的进化途程之中。这个进化的途程绝无终点可言，因为任何关于终点的知识都是一个有限的事实。而且我们只能凭借知识来获取某种程度的自由的情况也决定了任何自由都是有条件、有限度的。只要是人，我们就不得不生活于知识世界之内。这就是人类的不自由。然而，我们注定要在知识世界之内探讨，生活这一事实并没有在根本上否定人有选择知识系统的自由。然而，这种对知识系统的选择的自由也是渊源于既定的知识结构。人类所拥有的知识使自身从自然、自我获得了解放和自由，但同时又层层地束缚于知识的网络之中。人可以自豪地说自己是知识的主人，但不得不承认自己也是知识的奴仆。

1.2 怀疑精神推动知识创新

知识创新的实质是，我们要以新的知识系统来代替旧的知识系统。于是，我们必须首先对传统已有的知识进行无情的考问或彻底的怀疑。如果是这样，那么我们会碰到如下两个问题：①究竟什么是知识；②到底有没有知识，或者我们是否拥有知识。如果你对第二个问题持否定的态度，那么你就是站在怀疑论的立场上。在你看来，既然没有知识，所以什么是知识的问题当然也不在你的视野之中。但在这里，我们似乎不得不陷入一种理论的怪圈。因为如果你否认知识这一事实，理论上就蕴涵着这样一个前提，即你知道究竟什么东西可以叫做知识。因为你连什么是知识都不知道，你又怎么可能怀疑知识的有或无？如果你知道究竟什么东西可以称作是知识，那么你就无从怀疑到底有还是没有知识这样的东西。但知识论发展的历史却又十分清楚地告诉我们，要给知识下一个具有普遍性的定义是一个非常困难的问题。怀疑论者因此往往质疑知识论可能成立的理由。知识论在历史上与怀疑论有着剪不断、理还乱的这种纠缠不清的关系。一部知识论发展的历史就是怀疑论发展的历史。或者，可以更具体地说，正是怀疑论在历史上不断地推动着知识或认识的发展与进步。

我们的学校教育很不重视怀疑论的作用，不提倡问题意识，不重视不同的意见。更为重要的是我们高校的学科分布，尤其是文科的学科设置注重的只是文献资料的查证，没有对学科理论及其方法做深入系统的研究。表面上，似乎是，我们不注重怀疑论的立场与思想，是由于我们过度地坚持可知论的哲学立场，以为只要通过努力，我们一定能够掌握或了解世界的性质和事物运行发展的客观规律。其实细究我们的历史观，就可以清楚地知道，事情完全不是这样的。我们的文化史上既没有怀疑论，也不主张可知论。因为这两种主张都是落在了知识论的立场之内，所以我们只得另外寻找没有充分发展的怀疑论的理由。

我想，我们的文化史上之所以没有充分发达的怀疑论主要是由于以下历史原因。首先，我们的先贤及其现在的不少学者不相信历史是不断进步的，是后来居上的。在他们看来，历史发展的方向逐步地倒退与堕落。因为，他们确认，历史上的黄金时代是夏、商、周三代。于是，夏、商、周三代的文化在这些学者的思想中自觉或不自觉地形成了挥之不去的历史情结，总是魂牵梦萦，要追忆三代之魂与慧。在现代思想家中，这样的历史观也不少见。中国传统思想在原始儒家、道家和佛家之后是在逐步衰退。孔子就有过这样的"三代"概念。他曾经感叹："甚矣，吾衰也，久矣不复梦见周公。"又说："周监于二代，郁郁乎文哉！吾从周。"孔子的理想是继承三代的政制，所以他总是强调自己是"述而不作"。不能说孔子没有自己的创制，但这样的创制却是在三代，尤其是在周公的旗号下进行的。自汉代孔子被追奉为圣人之后，他的言行也就自然成为了金科玉律。经学盛行于汉代后，独立著述的传统基本消失，学者都是在"经书"的范围之内运思。经书也就成为正统或主宰，后世学者所能做的就是注疏经书。即便有新意，也不敢自立门户，另讲一套，而只能用注疏的形式委婉地表达自己的另类想法。我们可以清楚地看见，在这样的思想环境下，系统的怀疑论根本不可能出现，更谈不上发展了。我们尤须注意的是，历史上屡次出现的古文经学与今文经学之间的争论。今文经学家们试图在解释儒家经典时表述或贩卖一些自己的零星看法，此种做法却遭到了古文经学家们的严厉批判。我们的学术史上占绝对统治地位的是古文经学，乾嘉时期的学者更是以注疏传统经典为自己的唯一神圣使命。他们进而以此严厉地批判持守今文经学立场的学者。

历史上，正是怀疑论推动了知识的不断创新。你发现的东西与传统的理论越远，就与获得诺贝尔奖的距离越近了。

一切学术的进步发展似乎要依赖于怀疑的精神或方法。如果对一切都熟视无睹，习以为常，那么思想就会陷于停顿，变成一潭死水。为学贵在于有疑。疑则有进。怀疑精神当然是哲学研究的必要条件。没有怀疑精神，就不可能有真正的哲学思想，就不可能有真正的学术研究，也就不可能有真正的知识创新。怀疑的精神是哲学思想不断进步的基本动力。强烈的怀疑精神可以促使思想的解放和进步。

在思想历史上，知识论的研究与怀疑论的挑战是形影不离、相伴而行的，是一对不可须臾相离的伙伴。可以说，怀疑论者的思路就是知识论研究的思路，正是知识论的研究促进了怀疑论的兴起。同样怀疑论的勃兴也推动了知识论的不断进展。正是基于这样的考虑，我们应该重视对怀疑论的研究，考察怀疑论在知识理论发展历史中所扮演的角色和曾经发挥的历史作用。

在知识论的研究中，怀疑论同时起着两种不同的作用：一种是积极的作用，另一种是消极的作用。

细究哲学发展的历史，我们可以看到，怀疑论的积极作用表现在如下几个方面。

（1）怀疑论在哲学发展的历史中是推进知识论研究的主要力量。比如，对认识主体的知觉现象的研究就是因为怀疑论的逼问才不断地深入和细致。在生活中，我们格外地看重亲眼所见的种种事物。所谓的"眼见为实，耳听为虚"就形象地表达了这样的看法。但是，怀疑论者挑战这样的看法。他们指出，眼见未见得是实。比如我正在阅读一本书。我们，至少我本人对此深信不疑。我在看书，是我本人的阅读经验。对于他人的阅读，我们可能怀疑，因为他极有可能眼睛看着书，而心里却在想着别的事情。在这样的情况下，根据我们对阅读的理解，他不能算是在阅读。但对于我本人正在阅读一事，只要我的精神是正常的，我是深信不疑的。但怀疑论者并不这样看。因为我的阅读经验本身就充满着种种困惑。因为极有可能这种阅读经验是在梦中进行的。梦中的阅读经验显然是虚假的，不真实的。它不同于清醒状态下的经验。于是问题现在变成了这样的了，即我究竟该怎么来辨别清醒和做梦。梦和醒之间有无本质的区别？如有区别，我们根据什么标准进行划分？问题还在于，有没有这样的标准供我们在梦和醒之间做出区别？如果有这样的标准，那么它们是如何确立起来的？确立的过程是否合法、合理？

当然怀疑论不只是对我们的知觉现象提出种种的挑战，可以说在知识论所涉及的所有问题方面，我们都能看到怀疑论者的不断晃动的身影。如在什么是知识、知识的证实等问题上，怀疑论者也提出了不少有益的挑战，促使知识论的讨论更细致、更深入、更系统。

（2）知识论领域中的怀疑论化解了哲学研究和知识论探讨中的独断论和专断的作风。怀疑论的挑战清楚地表明，任何类型的知识都不可能具有清楚明白、确切无疑的性质，都不可能得到绝对的证实。知识是相对的。怀疑论的正确还表现在它确认，人的认识能力是有限度的，他绝对不可能把握关于世界、社会和人类发展的一切知识或所谓的绝对真理。在历史上，正是休谟的怀疑论让康德从知识论的独断论梦境中惊醒，使他写出了不朽的哲学名著《纯粹理性批判》，推进了知识论的进步。

（3）我们可以清楚地看到，怀疑的进行并不是任意进行的，而是能够"说出道理"，或者用我们惯常的说法就是，你要怀疑，是可以的，但你必须给我一些理由，而且是充分的理由，让我能够相信你的怀疑是有理由的，而不是胡乱地瞎说一气。这就是，怀疑需要充足的理由。比如，笛卡儿说，之所以要怀疑，是因为有许多偏见妨碍我们追求真理，是因为老师传授给我们的知识可能是不真实的，是因为我们的感官可能会欺骗我们。可以看出怀疑论的思路就是知识论研究的思路。其间的区别只在于，知识论的研究应该从正面说，知识是有的，知识应该是什么，检验知识的标准是什么，等等。怀疑论者却从不同的方面或负面指出，你们说的都不对，这不是知识。

（4）在怀疑论者看来，根本就不存在什么圣人，不存在什么永久不变的真理或教条。一切理论只具有相对的合理性。任何行动和理论是否具有合理性不能经由权威或圣人来认定，而必须通过理性法庭的严格审视。

怀疑论者坚决地反对和怀疑一切关于事物本性的普遍性原理。但是他们的反对和怀疑远远不是停留在反对和怀疑本身，而是要努力去开创一种新的和更可靠的研究方式。为了追求知识创新，我们必须将所有那些可能被怀疑的事物怀疑一遍。即便是圣人的言论或经典的名言也都在怀疑或批判之列。在哲学研究的领域内，正如其他的学术领域一样，我们都应该采取这样的批判的和怀疑的精神。但在此，我们必须注意，在生活中，我们不能采取同样的普遍怀疑态度。笛卡儿就是这样规劝我们的,他说:只有在思维真理时,我们才可以采用这种普遍怀疑态度。因为在人事方面,我们往往不得不顺从大概可靠的意见,而且有时我们纵然看不到两种行动中哪一种概然性较大,我们也不得不选择一种,因为在摆脱怀疑之前,往往会错过行动的机会。

怀疑论固然有推进知识论进步发展的积极作用,但也起着巨大的瓦解或消解知识论的作用。知识论首先是关于经验事实的知识。这就是说,知识是认识主体通过一定的渠道、方法或途径获得的关于外部世界的知识。但是,怀疑论者认为,外部世界不是我们能够直接达到的,我们所能够直接得到的是自己的感觉经验。因此,贝克来指出,物是感觉的复合。物质世界因此被化解掉了。主客体也因此而两极化,留下了一道永远也不可能填平的鸿沟。而且认识主体的感觉经验也因为怀疑论者的挑战而变得问题丛生,遍地荆棘。如上所述,感觉经验的性质就是剪不断、理还乱的一团乱麻。比如,对知识的定义,在哲学史上很长的一段时间内是有定论的,即证实的真的信念是知识。但怀疑论者指出,证实的信念未见得是知识,等等。以至于我们现在可以说,由于怀疑论的挑战,知识论研究领域中所有的问题似乎都没有定论,都充满着激烈的争论。正是怀疑论对知识论的这种破坏性作用使有的哲学家不无悲观地指出,知识论应该终结,只有知识论才能解决的问题,知识论却一筹莫展、毫无办法。

怀疑论上述的积极作用和消极作用都在提醒我们,对怀疑论不应该取消极的不屑一顾的态度,而应该认真深入地研究怀疑论在历史上提出的种种难题,迎接怀疑论的诸多挑战,我们才有可能获得知识方面的进步或创新。

1.3 好奇心是知识创新的内在驱动

学习哲学的人都知道,哲学源于惊讶。所说的惊讶就是对于某些新鲜的事物或思想感到前所未有的崭新感觉或者强烈的内在冲动。从心理角度说,人对过于熟悉的事物或长处的环境都一般都表现出熟视无睹的心态,毫无新奇的感觉。在这种境遇之下,思想的或知识的创新缺乏内在的驱动力。过分熟悉的环境在大多数的情形之下,只能形成思想的麻木不仁。在这样的背景之下,思想的创新根本是不可能的。从心理角度说,一般而言,思想或知识创新的源头就在于我们对某些东西的不可抑制的好奇的冲动。正是这种好奇的冲动强烈地驱使我们执着地探求隐藏在现象背后的奥秘。我们可以爱因斯坦的学术生涯来说明这一点。一直以来,困惑我的问题就是,为什么爱因斯坦能够在其一生中对人类做出那么巨大的贡献?仅在1905年,26岁的爱因斯坦就写了6篇重要文章,其中5篇发表在著名的《物理学年鉴》上,在物理学上引起了一场意义非常重大的革命。他引进了光量子假说，解释了布朗运动，提出了测量分子大小的新方法，揭示了质量与能量的关系，他的狭义相对论彻底改变了人们关于时间、空间、物质和能量的传统看法。上述的这些思想在物理学和人类认知世界的历史上都具有划时代的意义。对于爱因斯坦所取得的伟大成就似乎没有人会质疑，但爱因斯坦之所以能够成功的原因是一个人人感兴趣且仁者见仁、智者见智的重要话题。

研究爱因斯坦的书籍简直可以说是汗牛充栋，我不是研究爱因斯坦的专家，再加事务繁忙，不可能去细细阅读这些研究性的书籍，所以爱因斯坦的成长道路对我而言始终是一个谜。但近期我阅读了一本关于爱因斯坦的画传《一个真实的爱因斯坦》。该书以文字和图片简略而又形象地向我们展现了爱因斯坦多姿多彩的一生。阅读该书，使我对爱因斯坦能够取得如此伟大成就的缘由有了比较深入的了解。

爱因斯坦并不是一个早慧的天才，在中小学阶段也似乎没有"神童"的表现。按照常规的看法，从他的记忆力、反应速度等方面来看，他的表现也并不突出。没有考上大学，后来在一所州立中学补习一年。在那里得到文凭之后，他被推荐上了一个我们现在称为专科院校的苏黎世联邦工学院。

他虽然学习成绩不错，但不是一个好的学生。他在中小学时就不喜欢死记硬背的重复学习，让他感到厌烦。而且，他向老师公开表示了这样的厌烦，所以老师与他不可避免地经常发生冲突。上了大学，由于学校没有开设让他感兴趣的理论物理学课，因此他就经常逃课。他是靠着同学的上课笔记来应付每学期的期末考试。看来，学校教育在爱因斯坦的成长道路上似乎并没有起到什么积极的影响或作用。

有不少人认为，爱因斯坦的天赋来自其父母。但爱因斯坦本人却反对这种说法。这就使爱因斯坦的成长道路显得更为扑朔迷离了。

如果学校教育和家庭遗传都不是成就爱因斯坦的主要原因，那么究竟是什么造就了爱因斯坦？他不喜欢学校教育，但他在某些方面确实有过人之处。这就是他具有非凡的自学能力，善于思考，自小就生活在技术世界之中，动手能力特别强。他虽然经常逃课，但在大学期间，他的大部分时间都是在物理实验室里工作。直接观察与接触实验让他着迷。所以他的大学时代是以自学和关注实验而著称的。

他否认自己的天赋遗传自父母。他本人坚信，是好奇心、顽强的信念和坚忍不拔的毅力使他最终实现了自己的梦想。这三者固然都很重要，但对爱因斯坦来说，始终保持好奇心似乎更为重要。

看他的传记，我们知道，在青少年时期，爱因斯坦有过两次"惊奇"，将他最终引入了奇妙的科学世界。第一次惊奇是在爱因斯坦四五岁时，他从父亲手里接过了一个作为生日礼物的罗盘。就是这个小小的简单的仪表深深地吸引了他，他着迷于仪表内的指针为什么能够转动。第二次惊奇是在爱因斯坦12岁生日时，有人送给他一本欧几里得几何学教科书，这是另一个让他感到惊奇的学科，他称为"神奇的几何学小书"。这种"好奇"对爱因斯坦整个一生都特别重要，它成为反思的出发点，因而也成为他从事科学研究的动力。爱因斯坦在《自述》中如此写道："一定有什么东西深藏在事情背后……（我们的）思维世界，在某种意义上，就是对惊奇的不断摆脱。"正是这样的好奇心促使他长期不断地顽强自学，这成就了爱因斯坦，使他能够深入了解宇宙最深处的奥秘。他自己认为，自己没有特殊的天赋，只有强烈的好奇心。他甚至指出，谁要是体验不到这样的好奇心，也不再有惊讶的感觉，他无异于行尸走肉，他的眼睛是模糊不清的。

应该说，爱因斯坦对于自己成功的解释并不就是爱因斯坦成为爱因斯坦的充分理由。但好奇心确实是引导人们走向成功的一个必要条件。爱因斯坦本人承认，"神圣的好奇心"带他走入物理科学世界。好奇心是人生而具有的。但随着年龄的增长、社会习俗的束缚和功利心的滋长，人们的好奇心却在逐渐地减弱，以至于见怪不怪，习焉不察。爱因斯坦的过人之处，在于他始终保持着一颗童心，对任何事物都怀有强烈的好奇心，打破沙锅问到底。

当然，要保持好奇心的长盛不衰，既需要外在的宽松环境，也需要内在的精神自由，这是驱动力。此种外在的宽松环境的形成当然是种种因缘凑合而成的，但毋庸讳言，爱因斯坦倔强的性格、深深的孤独感、独立的个性等为他自己造就了一个相对宽松的环境。但他更看重的是内在的自由。他认为，科学的发展以及一般的创造性精神活动的发展，还需要另一种自由，这就是内在的自由。这种精神上的自由在于始终使自己的思想不受社会公认的权威和社会偏见的束缚，也不受一般哲理的常规和习惯的束缚。这种内在的自由是大自然赋予的一种珍贵礼物，也是值得个人追求的一个目标。他指出，社会和学校应该营造很好的环境来促进这种从事科学或学术研究所不可少的内在的精神自由，至少不应该去干涉内在的心灵自由的发展。社会和学校应该鼓励人们去做独立的思考，支持此种精神自由毫无阻碍的发展，思想的知识的创新才有可能。

为什么爱因斯坦能够取得那么伟大的科学成就，是一个不可能有完满答案的问题。爱因斯坦之所以成为爱因斯坦，是由种种因缘合成的。正如爱因斯坦本人反复强调的那样，好奇心引领爱因斯坦走进神奇宇宙的最深处奥秘。

爱因斯坦所具有的强烈好奇心，我们也可以在其他科学家及哲学家身上清楚地看到。可以说，正是好奇心强烈地驱使他们走进学术研究的领域，并取得优异的成就。

1.4 跨学科交流是实现知识创新的平台

第一，由于我们传统文化中没有研究知识或知识论的理论传统，所以也就相应地没有分科治学的学科设置。这种分科治学模式其实在《柏拉图对话集》中便已见端倪。因为我们可以清楚地看见，《柏拉图对话集》中的每一对话都集中而详尽地讨论一个题目。亚里士多德已经很明显地有了分科治学的学科设置思想。此种分科治学的模式基本完成于近代的欧洲大学。受西方文化的影响，近代以来我们逐渐地抛弃了书院的模式，而创设新式学堂，开始知道分科治学对于促进学术进步和知识发展的益处。人类学术思想发展的基本动力来自如下两个方面：①强调系统的知识论研究；②分科治学传统的流传及其设置，引导学者可以在专门领域内对自己擅长的知识体系进行独到深入的研究。

分科治学曾在人类历史上极大地促进了知识的进步与发展。知识的急剧膨胀和迅速传播就最为鲜明地说明了这一点。在过去的十年中，信息数量数亿倍地增长，经历传播和淘汰。知识与信息增长或淘汰的速度极大地改变着我们生活于其中的社会与世界的性质。

但我们也必须清楚地看到，知识与信息的过度膨胀带来的负面效应。这就是，过于琐细的分科设置只能培养和造就大批拥有某一领域内专精知识的专家，但绝对不可能出现知识创新人才。几年前，美国大学出现跨学科交流的创意和计划。无疑，这样的创意和计划是符合学术进步和知识创新的新趋势的。但在国内高校，由于现实利益的考虑，由于无人在理论和政策上关注大学和研究机构的学科设置及构成，无人过问或在意这类改革高等教育的大问题。因此我们现在的大学体制和研究机构遵循的仍然是早期传入中国的过度的分科治学的原则，出现了研究中国文化的不懂西方文化、研究西方文化的对中国文化没有兴趣、研究传统的与现代产生隔阂的现象；培养了大量具有某一领域内精深知识的专家学者，却创新乏力；学术视野狭窄，缺乏跨学科的方法论视野和知识方面的训练；只知学习、记诵经典，丝毫没有问题意识和怀疑精神，更谈不上思想或知识的创新。

当务之急就是要在分科治学的基础上力图打通各学科的界限，综合中西文化各自的优长之处，推陈出新，建设中国新文化。此种学科综合的目标就是将以哲学理论为基础来综合人文学科、社会学科、文理、理论与技术等；强调相近学科即人文学科（文史哲）之间的融合，哲学、文学与历史等学科之间本来就有着密切的关系，可以设计将这些相近的人文学科放进一个大学院的体制之内；突出文理之间的交叉，强调文科的学生要有自觉学习一门自然科学或科学史的兴趣；理科学生学习文科；重视跨学科之间的融合，如艺术与科学之间的交流与融合。

音乐、绘画等本就与数学、几何学、物理学等有着天然的关系（如爱因斯坦五岁前后就学习拉小提琴，以后也经常与其他科学家举行室内器乐四重奏）；理论研究人员与技术人才交流与合作（爱因斯坦的一生就是理论研究与实验技术很好融合在一起的一生）；鼓励与加大对跨学科的研究项目与学术会议的投入与资助；提倡设置和建立跨学科的学会；加强与国外学术界的交流。

但是强调跨学科研究，不是完全否认分科治学的重要性，更不是说分析方法已经是弊端丛生、完全过时，要回到我们传统完全不分科的思维模式。相反，分科治学是学术研究的基础。在此基础之上形成的各种深入系统的知识体系，才是未来跨学科交流与创新的基础。舍此，绝对不可能有任何思想或知识体系创新的可能。所以没有相应的分科治学，也就不可能有学科之间的综合与创新。

第二，我们的文化素来没有注重学理或理论或元知识研究的传统。尤其是1840年第一次鸦片战争后，我们始终认为自己文化之所以在西方面前溃败，是由于我们的物质文明不行。所以，长期以来，张之洞的"中学为体，西学为用"的思想主导着国内的思想界和学术界，没有看到西方物质文明的"用"背后有着两千多年漫长的科学理论研究成果的积累。西方之"用"的背后是有其体的。正是在这种片面的认识指导之下，自1861年开始的洋务运动至今，我们的社会看重的只是技术或工艺，很少有人去从事深奥的系统理论研究。殊不知，技术正是由学理或知识体系作为支撑的。要在国内积极提倡知识创新，就必须改变此种重术不重学的局面，加强和鼓励研究机构和民间对理论或知识的研究。

第三，要根本改变目前高校和研究机构的投入方式。政府很重视高校和研究机构的建设，但是目前的投入方式难见成效。因为这种投入方式完全与知识创新的模式背道而驰。建议：①要重视对基础学科、理论研究的投入。②基础学科、理论研究的投入不应采取课题或项目制，而应普遍改善此领域内全体研究人员的研究条件，应将相当比例的研究经费、购书款项、开会差旅费等放进个人工资结构内，而不是采取报销制（政府要积极引导有关部门对研究人员的工资结构做系统的调查，使我们的工资结构逐步地趋于合理化）。此种投入方式可以极大地降低甚至取消高校和研究机构内行政过度干预学术研究的现状，为教师和研究人员提供宁静而安全的研究环境。③目前盛行的课题或项目制度已经弊端丛生，极大地干扰了本就不是很清静的校园和研究机构。而且课题或项目制度只注重开题的审核，没有对课题或项目过程和终端成果的严格审查程序。其结果是，重大项目或课题虽有大量的经费投入，但其终端成果绝大部分是毫无新意。而且这种研究制度也在很大程度上对研究人员的心理、道德等造成极大的负面作用。更为严重的是，近30年来，这种课题或项目制度催生出的科研成果数量极大，但就其质量而言，绝大部分是很平庸的，有的甚至是拼凑而成，毫无新意。所以这种课题或项目制度对于我国的知识创新不但无益，而且有极大的害处。坚决反对将研究人员人为地分割为三六九等，如长江学者、跨世纪人才、新世纪人才、百千万人才工程、特聘教授等。这样的人才投入模式不但无益，而且有极大的和极多的弊端。扩大了教师收入之间的巨大差距，就是其中最为明显的一个弊端。这就极其不利于研究队伍的整合与团结。④要坚决反对急功近利的硬性科研指标评价体系，此种评价体系不但无助于我国的知识创新，而且会损害、耽误、阻碍知识的进步与创新。此种硬性评价指标实施多年以来，催生的是只有数量而毫无新意和质量的平庸学术出版物。哈佛大学哲学系的罗尔斯在20世纪50~70年代长达20年的时间里几乎没有任何东西发表。有人曾经质疑，此人在哈佛大学哲学系到底干什么？如果采纳我们的评价指标，哈佛大学早就应该开除罗尔斯。但是当时哈佛大学人文学院的院长是坚决反对我们当下津津乐道的评价指标，这样的评价体系所能做的就是扼杀学术天才。他清楚地看到了罗尔斯潜在的学术能力，不但没有开除，而且一有机会就给罗尔斯加薪。正是哈佛大学这样的学术氛围遂使罗尔斯于1971年出版了至今享誉国际学界的哲学名著《正义论》，1993年出版了《政治自由主义》。

第四，近30年来，由于大学及研究机构的合并，我国目前的大学和研究机构规模不断扩大，研究人员与学生数量随之激增。另一方面，我国大学及研究机构的管理能力及水平相当滞后。这两者之间已经形成了极大的张力。此种情形极其不利于中国学术的繁荣与知识的创新。根据目前我国大学及研究机构的超大规模，要完全去行政化根本就是行不通的。过分的行政化确实严重干预了学术研究。但目前完全去行政化，会使大学及研究机构失去相当的依托。因为毕竟学术研究与高校的管理之间是有着一定的区别的。强调教授治校，未必适当。现在急需的是改变行政管理的模式，即大学及研究机构所需要的管理必须奠基于学术发展和繁荣的基本规律，遵循思想自由、学术至上的原则。我们更要认清，目前大学及研究机构管理的主要方式是意识形态的管理模式。此种主导模式强调的只是思想上的统一，以为思想上统一了，行动上也就统一了。殊不知，此种以意识形态为主的管理模式阉割自由思想的能力及其知识创新的可能性。两者之间完全是背道而驰，南辕北辙，风马牛不相及。所以高校及研究机构内的意识形态管理模式必须逐步退出，让位于以学术思想研究为主导的管理模式。

第五，大学本科教育模式、中小学教育模式亟须改革，要采取跨学科式的教学模式，理、工、人文学科、社会学科等学科之间的分科治学在历史上曾经极大地推动了学术的发展与繁荣。但是，我们不得不看到，此种分科治学的传统也使当前的学术界或高等学校在学科之间做硬性的区分，遂使知识难以创新。所以，我坚决主张，要适当打破文科、社会科学与理科、工科的划界，主张文科学生要选修理科，反之亦然。所有的学生都应该有比较系统和深入的人文、艺术、体育等方面的训练与素养。我们的大学教育体制目前最大弊病是学科设置的不合理，过于琐碎，分化太细，尤其是文科中的某些系科设置是有不少弊端的。如哲学院系学科分为马克思主义哲学、中国哲学、西方哲学、美学、伦理学、逻辑学、宗教学、科学哲学。这样的设置违反了划分标准必须统一的原则，更诱导人们只注重历史典籍的研究，而不注重对哲学问题及中国现实社会问题的研究。所以建议哲学学科的划分要以统一的标准进行，即划分如下的学科：形而上学、知识论、美学、伦理学、宗教学、科学哲学和逻辑学。学者可以从中国哲学、马克思主义哲学或西方哲学的进路来就上述各学科涉及的问题进行研究。更应该注意的是目前文科的学科设置中只注重学术史的研究，而从不重视对问题的研究。哲学系培养的是哲学史方面的人才。中文系只看重文学史的知识、文字写作能力和对文学作品的感悟能力。历史系也是如此。这样的学科设置至多只能培养专家或技术人员，不可能培养出具有知识创新的人才。因此，这样的学科设置当下必须改变。教学模式不应是灌输式的，而应是对话式的、讨论式的、启发式的；要注重过程式的教学模式，不要过分强调结论或结果。更要培养和爱护学生的想象能力和对熟悉的事物或不熟悉的事物的惊奇感或好奇心。

参 考 文 献

[1] 罗素. 西方哲学史. 北京：商务印书馆，1963.
[2] Toffler A. Power Shift. Bantam, 1990
[3] 梯利. 西方哲学史. 北京：商务印书馆，1995.
[4] 胡军. 知识论. 北京：北京大学出版社，2006.
[5] 李喜先，等. 国家创新战略. 北京：科学出版社，2011.
[6] 理查德·布瑞德利. 哈佛规则. 北京：北京大学出版社，2009.
[7] 方在庆. 一个真实的爱因斯坦. 北京：北京大学出版社，2006.

2　元知识的重大意义

李喜先

凡系统都具有等级层次性，知识系统也具有等级层次性。其中，元知识是知识之高层次知识，是对知识深刻反思的产物。即只有当知识系统发展到一定历史阶段时，才能真正形成元知识，并有多种表现形式。元知识更能产生巨大的力量，因此只有掌握元知识，才能真正掌握巨大的力量。元知识创新具有决定性的战略意义。

在国家层次上，元知识主要是指治理国家的高层知识，包括建国方略、建国大纲、总方针、总政策、国家大法、总战略思想、价值观念、精神文化等，具有巨大的力量和价值。只有元知识创新转变成为民族的智慧、升华为精神文化，一个民族才能繁荣昌盛。只有以元知识的智慧治理国家，一个国家才能真正掌握自己的前途和命运。

2.1　一般系统的等级性

2.1.1　凡系统都具有等级性

一般系统具有一系列基本性质，包括整体性、稳定性、有序性、相关性、相对性、适应性、动态性和等级性等。因此，等级性（hierarchy）只是系统的基本性质之一。有时，可以说成层次性或递阶性，也可以说成等级化（hierarchization）。

系统由一定的要素经过自组织而形成，这些要素是由低一级要素组成的子系统，而系统本身又是高一级系统的组成要素，这样一层一层地分层产生，从而形成系统的等级层次。简言之，任何一个系统是高一级系统的一个要素，而任何一个系统的要素又是低一级的系统，即系统等级层次具有相对性。自然界演化出来的各种系统，如物质系统、社会系统、思维系统，以至人工系统、符号系统等，都具有等级层次或等级秩序结构。贝塔朗菲在《一般系统论》一书中，非常重视等级秩序理论。他认为："等级秩序的一般系统理论显然将是一般系统理论的重要支柱。"[1]在多层次系统中，下层系统可分为性质不同的两类：一类是子系统，另一类是分系统。子系统是基于系统的构成成分而定义的层次，每一子系统也有自己的结构和功能，即子系统的诸要素之间存在着分布关系和活动关系；而且，在理论上，一个系统可分成无穷多个等级，即分成层次不同的无穷多个子系统，然而在实际考虑所研究的问题时，只分成一定数目的等级后，就不能或不必细分。分系统是基于系统的构成活动而定义的层次，每一分系统有自己的结构和功能；而且，在原则上，系统的分系统也有无穷多个等级。

在系统的形成、保持、运行和演化过程中，等级层次结构都是最合理或最优的组织方式。西蒙和罗森用数学证明，分层次、分阶段形成系统比由要素直接形成系统成功的概率要大、速度要快，而且能够发展到相当稳定的程度，足以经受住环境的干扰和破坏，这就是等级层次存在性的内在原因，系统愈复杂，发展的阶段和层次愈多。同时，系统在演化中还存在着时间结构，即存在时间节律、周期运动等；还有一些系统呈现时空混合结构，如树木的年轮、化学振荡、化学波等。

2.1.2 系统的等级层次理论

等级层次性是系统本身的规定性，是系统各要素在系统结构和功能中表现为多层次状态的一种普遍特性。一般系统由元素质到系统质的根本飞跃不是一次就能完成的，而是经过一系列部分质变实现的。每发生一次部分质变，就形成一个中间层次，也就有一次新质的提升，直到完成系统的整体层次。层次的划分与部分的划分不同，在一个系统中存在必要的一系列层次，其中的某一层次是不可或缺的，若缺了这一层次，其他层次就无法存在了。部分的划分则不同，不同部分之间是相互独立的，少了某一部分，其他部分还会存在。

现在，人类对物质系统具体形态的等级层次有深入的认识，在时空尺度上向两极延伸：①在空间尺度上，从10^{-15}厘米的粒子世界到10^{28}厘米的"物理宇宙"，如在物质结构中存在的链条：夸克、基本粒子、原子、分子、聚集态、行星系、恒星系、银河系、总星系。若缺了原子层次，分子层次就无法存在了。②在时间尺度上，从小于10^{-23}秒的短暂过程到200亿年的宇宙年龄。

朴昌根在所著《系统学基础》一书中，系统地阐述了系统的等级性理论。若将向下的等级序列和向上的等级序列综合成一个统一的系统等级序列，就可以得到系统等级序列的总模式：

要素 → 子系统(n等级) → 系统 → 超系统(m等级) → 总系统

实际上，在研究具体系统中，要根据不同情况划分等级。这主要考虑系统的性质、研究目的、研究条件等因素，以决定如何划分。在生物系统中，林奈较早的分类等级包括纲、目、属、种4级，现在就增加为界、门、纲、目、科、属、种7级。还在每一级之下，都插入一个亚级，如亚界、亚门、亚纲、亚目等。进而，可分为 8 个等级：生物大分子、细胞器、细胞、器官、个体、种群、群落和生物圈。在社会学中，就不需要考虑人体内部结构等级；但在医学中，就要考虑人体内部的精细结构了。

2.2 知识系统的等级性

知识系统是人类创造的意识化、结构化和符号化的信息系统，有着极其复杂的等级层次，而且其划分的原则或标准也很复杂。

2.2.1 知识系统等级层次划分标准

在历史上，知识系统等级层次划分有两类：其一，根据主观认识能力。人类的认识能力极其复杂，在认识过程中发生相互作用，因而必须考虑其综合效应。其二，既要根据客观的认识对象，又要考虑主观的认识能力。然而，在现代知识系统中，这二者之间存在着复杂的关系，即人的认识能力与认识对象之间存在着相互作用：如相对论把观测者引入被观测的物理系统，随着观测者的相对速度或相对加速度不同而观测结果也不同；量子力学表明，因观测需要物质与能量的传递而导致被观测的客观对象不同于自然存在的客观对象，不存在与观测无关的纯粹的客观对象。因此，知识系统是相对独立的复合系统。

特别是，以知识系统的抽象化程度为基准，划分等级层次，将同一的或相似的抽象化程度知识归于同一结构等级，然后根据研究对象层层细分等级。

2.2.2 知识系统等级层次的特性

生物的演进顺序有先后，人类世系有辈分。知识系统的生成和发展也有"辈分"，从而形成了等级层次。在知识系统中，依抽象化程度的顺序排列成等级层次。

2.2.2.1 历时性中呈现知识系统等级性

人类的认识随着时间之矢不断地发生变化，即具有历时性。因此，认识的结果所形成的知识系统就是动态系统，在时间结构中呈现等级结构，以至一些哲学家把知识的发展隐喻为"知识树""知识河"。

17 世纪，法国哲学家笛卡儿在所著《哲学原理》一书中，将人类的全部知识比作一棵树，由 3 部分构成：其一，形而上学，即认识论和本体论，比作树根；其二，物理学，即自然哲学，比作树干；其三，各门具体科学，主要指医学、力学和伦理学，比作树枝。这样，就表明了哲学具有最高的等级；而树枝上结出了果实，以此表明各门具体科学的重要地位。直接的察觉，在于枝端的果实；而深层的思索，归根于树根。19世纪，法国哲学家、社会学家孔德（Auguste Comte，1798~1857），是实证主义的创始人。他认为，他建立的实证哲学是知识进化的必然结果，把知识发展的三阶段看作是实证哲学的基本主张，是他发现的一条根本规律。知识发展的三阶段包括：神学阶段、形而上学阶段和实证阶段。他认为，无机和有机的现象包括5门基本科学，它们经历三阶段的速度和达到实证阶段的时间不同，发展的顺序为：天文学、物理学、化学、生理学和社会学。晚年，他在社会学之后加上伦理学。进而，他根据人类的进步受理性指导的观点，断定社会进步史主要是人类思想史，知识发展的三阶段也就是社会发展的三阶段。20世纪，英国科学史家李约瑟（Joseph Needham，1900~1995）把知识隐喻为河海，认为不同民族创造的知识正像江河一样奔向知识的汪洋大海。

2.2.2.2 抽象化程度呈现知识系统等级性

"抽象"一词源自拉丁文 *abstractio*，意指分离、排除、抽出，就是对大量材料和事实的一种取舍，排除表面因素，抓住必然的、本质的因素，以达到对事物普遍的、系统的和深入的认识。因此，抽象主要指一种思维活动，特别是理性思维活动，而理性思维活动又只有在抽象中才能实现。认识的深化在于思维愈趋抽象，而知识的发展在于思维沿着抽象性阶梯不断前进，理论与经验的距离愈趋遥远。认识的深化要归结为思维抽象性的发展，以至海森伯曾将其表述为"抽象结构的展现"[2]。实质上，这在于思维对于经验具有相对的独立性，也就是说抽象性在于思维的纯粹性。实际上，在认识中，个别经验对思维不起作用，只有经验总体在起作用，而思维达到的抽象程度越高，这种作用就越小。爱因斯坦强调，思维有着"对于感觉经验的逻辑独立性"[3]。以致他认为："没有经验基础就很难发现真理。但是，如果我们探索得愈是深入，我们的理论所包罗的范围变得愈是广大，那么，在决定这些理论时，经验知识所发挥的作用就愈小"[4]

科学抽象是指正确的抽象，包括两个不同的阶段，前后相继，依次递进：由感性具体到抽象，再由抽象上升到思维具体或理性具体。这构成了科学抽象的全过程，终点是思维具体或理性具体。这样，按照抽象化的程度形成知识系统的等级系列。在19世纪之前，具有3层等级结构：①哲学、数学；②自然科学、社会科学；③工程技术。在现代时期，基本上形成5层等级结构：①哲学、数学；②系统科学；③自然科学、社会科学、人文科学、思维科学；④技术科学（工程科学）；⑤工程技术。

抽象化程度最高是哲学，由爱和智慧两词组成，意为爱智慧。在古希腊，最高的智慧是神的智慧。神学被视为至高的知识，《圣经》是一切知识的本源。

亚里士多德将知识分为：①理论科学，包括第一哲学、第二哲学（即自然哲学）和数学；②实践科学，包括政治学、伦理学和理财学；③创作科学，包括各种工艺技术及音乐、医学等。他把第一哲学置于高于一切科学地位的科学，指专门研究"存在"本身以及"存在"凭借自己的本性而具有的那些属性的科学，比第二哲学更抽象、更普遍、更根本。

在抽象化程度上，数学与哲学处于同一等级层次。数学是研究量的科学，即研究思想事物的抽象的科学；而哲学研究思想事物是抽象的纯粹概念，用抽象概念来研究世界，从质的侧面解释世界，哲学抽象的内容和普遍性大于数学抽象的内容和普遍性。朴昌根认为，在波普尔意义下，一切经验科学都具有可否证性，然而哲学和数学就不具有可否证性。

在抽象化程度上，系统科学次于哲学和数学，但是高于其他具体科学。系统科学也被称为横断科学，其基础理论成为系统学。虽然，系统科学仍有一些形而上学的抽象性，但与经验科学相同，因而具有可否证性。

近代科学时期，英国哲学家培根（Francis Bacon，1561~1626）依据人类理性的能力提出了知识系统的等级结构。他认为，人类理性的能力包括记忆能力、想象能力和判断能力，相应地有3类科学：历史学、诗学和哲学。如下表所示（刘仲林在所著《现代交叉科学》中引自《不列颠百科全书》：百科全书史分类简表）。

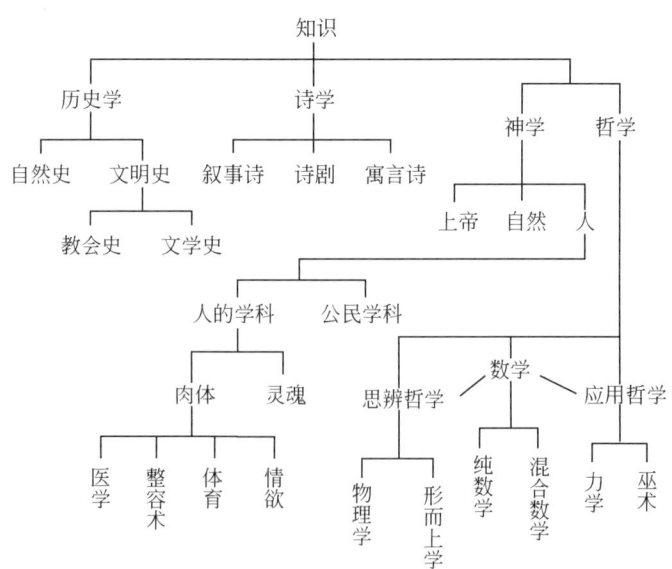

2.3 元知识的普遍性

2.3.1 元研究概念

笔者在《论元创新》[①] 一文中，已涉及元研究，这里再作增补。

在汉语中，"元"字有"头""第一""居首""起端"和"根源"等含义。在英语中，"met(a)"有"元""后""超越"等含义。古希腊时期，对于亚里士多德在吕克昂学院用的讲稿，继承人安德罗尼柯整理，把研究自然界现象的著作编纂为《物理学》，把超感觉的抽象对象的研究编在其后，称为"后物理学"或"物理学之后"，英文即 meta（后）+ physics（物理学）。中国曾将后者译作玄学，即深奥玄妙之学、玄远之学。唐宋以后，中国古书的"玄"字、往往与"元"字混用互见。其实，"玄"字是正写，"元"字是替代品，是通用字，"玄""元"不分，或者"玄""元"同用。后来，清末学者严复始译作形而上学，因按其本体论含义，具有超经验、超形体的意思，与《周易·系辞》中"形而上者谓之道，形而下者谓之器"的命题有相同之处，取其"形而上"三字，故译作形而上学（metaphysics）。

此后，"元"研究演变成为普遍的概念：凡以某一学科或理论自身作为研究对象，而进行高一层次或更抽象一层次的研究，称为元研究，其所形成的学科或理论，就称为元学科或元理论（metatheory）。

2.3.2 元问题是更高层次的问题

对知识的发展，波普尔有着独特的观点。他采取猜测–反驳法或试错法以解决问题的一般图式，即著名的4段论图式：

$$P_1 \rightarrow TT \rightarrow EE \rightarrow P_2 \rightarrow$$

这是用理性讨论探索真理和内容的图式，用处很广。其中，P_1（problem）是开始提出的问题；试验性理论（tentative theory，TT）是经过试探性的理论或假说；错误排除（error elimination，EE）是不断地消除错误，进行批判性检验；P_2 是问题情境，它通过老问题 P_1 的试验性理论解决，并排除错误，产生复杂客体，它逐步导致第二次尝试，提出新问题。这就是第一个循环，还可能引起新的问题 P_3，…，P_n。其中，P_n 是继 P_2 之后的一系列新问题，经逐步尝试后，如果猜测性理论被证明能够解释新问题，阐明出乎意料的更多的问题，就会得到令人满意的理解，并通过 P_1 与 P_n 之间的比较来衡量取得的进步。为此，波普尔提

[①] 李喜先. 论元创新. 中国科学院院刊，2003，（2）：135-139.

出:"只要我们试图诠释或理解一个理论或命题,甚至像这里讨论的等式那种普通的命题,我们实际上就是提出一个关于理解的问题;而这总要变成一个关于问题的问题,也就是说,一个更高层次的问题。"[5]进而,他强调:"这个理解问题是一个元问题(metaproblem):既是关于 TT、从而也是关于 P_1 的问题。相应地,为解决这个理解问题而提出的理论就是一种元理论,因为它是这样一种理论,其任务是发现每一特定情况下 P_1、TT、EE 和 P_2 实际是由什么构成的。"[6]

在探索事物时,总会遇到各种实际矛盾和理论疑难,存在各种各样的问题。善于发现问题,比解决问题更为重要。因此,提出问题就应是一切研究的起点,也是推动研究的契机。波普尔在《猜测与反驳》一书中强调:"科学和知识的增长永远始于问题,终于问题——愈来愈深化的问题,愈来愈能启发新问题的问题。"[7]

在不同层次上,要严格区分:科学家提出的问题是处于 P_1 层次要解决的问题;而科学史家要研究的元问题是处于理解问题 P_u 层次的元问题,即更高层次的问题。P_u 与 P_1,…,P_n 不同,必须区分 P_u 层次(元层次)的元问题与 P_1 层次(客体层次)研究的问题。总之,P_u 比 P_1 处于更高的层次。总体说来,不存在不同层次的共同问题。

2.3.3 元知识泛指高层次的知识

在《软科学知识辞典》条目中,关于元知识的解释:元知识就是泛指一种较高层次的知识。在专家系统的知识库中存储有关专家的许多直接知识,这是一种直接根据事实得出结论的知识。系统的推理机按设定的推理模式,根据已知事实,寻找相应的直接知识,逐步得出结论。但是,往往要求对推理过程加以控制。例如,有时要求精确推理,有时要求模糊推理;有时需要正向推理,有时需要反向推理。控制的一种办法是把对推理控制的过程用知识的形式加以表达,因而把这种知识称为元知识。元知识存储在知识库中,知识工程师可以根据需要调用,控制推理的过程。还有另一类重要的元知识,称为启发式知识,这是一些关于如何使用知识的知识。例如,"如果你想了解有关专家系统的常用名词术语,建议你首先浏览《软科学知识词典》中'有关专家系统技术'的条目"。这句话可以作为一条元知识。①

设计基于规则的专家系统,可以考虑设置元规则。元知识的设置一般是在领域知识及具体的系统中实现的。它起着减少搜索知识时间、确定知识使用的优先级、知识分类、知识项的宏观描述、控制知识的激发和运行等作用。元知识是高

---

① 王培智. 软科学知识辞典. 北京:中国展望出版社,1989:488-489.

层次的知识，不属于知识集本身。因此，元知识的知识表示的选择应单独考虑。元知识的运行占有优先的地位，而知识（如规则）的运行可以是在元知识控制下进行。

从抽象意义看，元知识概念属于启发方法的应用。在一个大的知识处理系统中，允许多个知识层次。在其中某些层次中，仍然要明确哪些是该层的知识及元知识。

2.4 元知识是知识之高层次知识

2.4.1 元知识是对知识的深刻反思

反思不同于直接认识，而是间接认识，在泛指的意义下与后思同义。主要指对感觉、表象中的内容加以反复思考的深刻认识，是连接知性思维和理性思维的桥梁，是通向探求真理的最高认识形式，从而具有很大的价值。因此，元知识是对知识本身的反思，进行再认识，研究知识的生成、性质、特征和各类知识之间的关系，研究方法和发展规律等。

1990年，黄顺基主编《科学论》一书，就是从多方位、多层次对科学进行系统反思，实际上就是从哲学的角度对科学进行反思。元知识是关于知识的高层次知识，它不同于纷繁众多的各类专门知识，尽管它们是必不可少的组成部分，然而它们必须在高层次的元知识的指引下，才能有效地发挥其作用。

2.4.2 元知识是知识系统发展到一定阶段的产物

当知识系统发展到一定的历史阶段时，各种形式的元知识开始形成。在知识发展的过程中，人类不断地扩展认识，进而对研究对象产生深刻认识，形成了各种理论——知识的高级形态，并发现各种理论之间存在着密切的联系，其发展有一定的内在规律性，为了揭示其理论的性质、发展的规律性，建立了多种形式的元理论或元科学，统称元知识。也就是说，对于各分门别类的专门化学科，只有当其发展到一定程度时，或者说发展到了相当成熟时，才可能产生出相应的元学科。因此，元知识是知识系统发展到近现代时期的产物，是在各类专门知识之上的高层次知识。以至一些哲学家认为，科学哲学不是把自身当作关于客观世界的知识体系，而是把它作为研究科学的本质及科学研究方法的元科学。它是与任何理论的不变特征、理论的概念本身、理论的意义本身有关的理论，是一切科学的元科学。

中国决策学开创者张顺江著作共14卷。其中，第一卷《元论》就提出了大学科方法论——法元论。他认为，法元论就是元科学，就是一门涉及自然科学、社会科学和思维科学领域的大学科,就是研究大学科的有力的"心用工具"。他强调现代大学科方法论的理论研究的重大意义:"目的之一在于面对当今知识爆炸的时代,如何使人们把握知识的知识、科学的科学,即智慧之学,提高人们的智慧,使人们不仅能尽快地把握知识,而且在此基础上进行原创和创新;目的之二在于面对经济全球一体化引起的文化冲击,消灭意念分歧产生的行为异端所引起的世界动荡。"[8]

2.4.3 元知识的多种形式

元研究导致元理论具有普遍的意义。元理论也称"元科学",即当一种理论发展到一定的历史阶段时,相应地就形成一种元理论。实际上,元理论就是对一种理论发展到一定的历史阶段的反思,从而达到高级的认识形式。一般,凡冠以"元"概念命名的理论都具有共同的特征。这样,元学科存在着多种形式,相继出现了元哲学、元科学、元数学、元政策、元决策、元创新、元方法、元伦理学、元美学等。现在选择其中几种,重点介绍。

2.4.3.1 元哲学

元哲学(metaphilosophy)就是以哲学自身的产生和发展进程及其内容为研究对象的高一层次的研究所形成的哲学,称为"哲学的哲学"或哲学学。首先,法国列斐伏尔在《元哲学导论》(1965)中使用该词。哲学家对哲学的研究对象常有不同的理解,尽管哲学已有几千年的历史,但仍存在"哲学是什么"这一问题,元哲学试图做出回答。这样,元哲学的研究有助于认识哲学的研究对象及其产生、完善、发展和演化的规律。

2.4.3.2 元科学

元科学就是以科学自身为研究对象所形成的科学,关于理论自身的理论,即"科学的科学"或科学学,亦称元理论,是现代科学整体化趋势的理论表现。1935年,"M. 奥索夫斯卡和S. 奥斯夫斯基正是用了'科学的科学'(science of science)这个术语,并且第一次把这个术语用于我们今天要使用的含义。(他们认为,这个术语是T. 科塔尔宾斯基教授在1927年创造的。)"[9]。1986年,徐纪敏在所著《科学学纲要》一书中,系统地考察了科学(自然科学、社会科学等)整体,就是研究科学本身的科学学。1998年,刘仲林在所著《现代交叉科学》一书中,深入地研究了元哲学、元科学、元学科等。特别是,在横断学科的基础上继续提升,就出现了以众学科为研究对象的"超学科",在许多情况下,与元学科等价,但超学科范围更广,以至可以包含元学科。一般,元科学要研究科学的起源、进化、性质、结构、功能和环境等；而且还要论证、发展科学理论并形式化，揭示科学理论自身的发展规律等。

2.4.3.3 元数学

在广义上，元数学是以数学的各个分支为研究对象，研究其可公理化或公理的协调性、可靠性、完全性、独立性和判定问题的学科。在狭义上，元数学就是指证明论（proof theory），研究数学证明的合理性，其目标是证明数学的无矛盾性。

一般，元数学是一种将数学作为人类意识和文化客体的科学思维或知识。进一步来说，元数学是一种用来研究数学和数学哲学的数学。元数学与数理逻辑休戚相关，因而这两者的发展也大同小异。19世纪初，"数学的数学"是由通常的数学分离出来的。20世纪前期，近代的证明论首先由德国数学家希尔伯特创立，有时将证明论与元数学（即基础数学）视作同义语。

2.4.3.4 元政策

一般，公共政策是指国家领导集团在一定的时空范围实现其意志或目标的行为准则，并往往表现为政府的政治行为。可以将公共政策分为元政策、基本政策和具体政策。

元政策也称总政策，即政策的政策，是政策的指导原则和指导方针。也就是说，是用于指导和规范政府政策行为的一套理论和方法，指导如何制定政策的高层次政策。在政策体系中，元政策是统率或统摄性的政策，对其他各项政策起指导和规范的作用，是其他各项政策的出发点和基本依据。因此，在政策系统或政策领域中，元政策处于最高地位，对其他政策具有指导的价值和意义。

2.4.3.5 元决策

决策与政策有着密切的关系。李喜先等在《科学系统论》一书中认为："政策不同于一般的决策，而是决策的指导方针；高层政策是下层决策的规范。"[10] 张顺江在所著《决策科学原理》一书中，对决策做出定义："决策是人对未来实践的理想、意图、目标、方向和达到理想、意图、目标和方向的原则、方法和手段所做的决定。"[11] 元决策本身既然是一种决策，那么应该有它的目标、准则、备选方案和选择方法。

元决策的目标就是一切决策任务所共有的目标，即提高决策的整体效能。进行元决策所采用的准则是对所有决策任务进行评判的共同原则，即决策有效性、决策及时性和决策结果可操作性。由此，元决策本身成为一个多准则决策问题。

2.4.3.6 元创新

2003年，李喜先在《论元创新》一文中，提出了元创新（met-innovation）概念。① 元创新乃创新之首、创新之创新、起支配作用或控制作用的创新，即指导如何创新的高一层次创新，就是"创新的高层次创新"。这一高层次的创新也是深层次的创新。为此，元创新必须从总体上研究创新的规律性、各个层次创新之间的相互关系。只有形成有层次结构的创新系统，才能充分地发挥其功能，使系统处于最佳状态。在创新系统中，元创新的支配作用犹如在协同学中的概念"序参量"（order parameter）所起的作用一样，其状态决定着系统的有序程度。在任何系统内部，对不同组分、要素、变量不加区分，即不分伯仲都一样地起作用，就不会形成有序结构的系统。因此，在一个系统中，只有形成能支配系统的中心部分，以引导和规范其他众多组分或要素的行为，使之协同动作，才能形成有序结构的系统，从而产生巨大的力量。

2.5 元知识产生巨大的力量

知识是人类创造的精神产品，随着社会发展起着越来越重大的作用，以致演变为权力的象征，并在"权力金三角"——暴力、金钱、知识的架构中处于中心的地位，扮演关键的角色。但是，知识的知识——元知识处于更高层次，产生更大的力量，从而对于社会发展和国家命运就具有决定性的意义。

2.5.1 知识在"权力金三角"中的中心地位

在人类社会进入阶级社会后，暴力或武力首先成为权力的象征；当进入资本主义社会后，金钱万能，金钱或资本就成为权力的象征；现代时期，尤其在下一个社会中，知识就上升为支配力量或控制力量，在权力金三角架构中，暴力和金钱都必须依赖于知识，即权力转向了知识中心。

在宏观层次上，人类社会变迁确实遵循着内在的规律性。迄今，人类经历的史实表明，没有任何一个国家或民族从铁器时代倒退回石器时代，没有任何一个国家从资本主义社会倒退回封建主义社会，没有任何一个国家从奴隶制社会跳跃到资本主义社会。

当权力因素进入人类社会，就把社会的运行状态彻底地搅动了，包括把原始

---

① 李喜先. 论元创新. 中国科学院院刊，2003，(2)：135-139.

社会中那种为共同利益而推动社会进步的动力机制彻底地打破了，以致引起社会利益结构的变化，形成了不同的集团或阶层。这样，暴力或武力演变为社会的控制力量，以致国家暴力成为权力的象征。

最早，14~15世纪，资本主义制度在地中海沿岸一带萌芽，但只有在1640年英国资产阶级革命取得胜利后，才标志着进入了资本主义时代。尽管在这近400年里，资本主义制度以迅猛的速度推动了社会生产向前发展，但马克思和恩格斯仍然揭露了资本主义社会的弊端：资产阶级占有全部生产资料，从而形成"生产社会化与资本主义私人占有形式的矛盾"。在资本主义发展的过程中，社会资本（又称社会总资本）运动有多种形式，成了控制力量，即成了权力的象征。

美国社会思想家托夫勒（Alvin Toffler, 1928~ ）认为，权力是一种有目的地支配他人的力量，知识即权力，而且成为权力的精髓。他在所著《权力的转移》一书中，系统地阐述了权力三种"法宝"——暴力、金钱、知识的演变和权力金三角的组合及其关系的暗地转变：在工业革命前的社会，暴力是权力的象征；在工业社会里，金钱是权力的象征，金钱高于一切；在未来的世纪里，谁拥有大量的知识，谁就能在未来的世界中获胜。正如丘吉尔所言："未来的帝国是建立在脑力上的。"而且，托夫勒还区分了权力的不同品质：暴力只能算是一种低品质的权力，金钱或财富可带来中级品质的权力，而最高级品质的权力则来自知识的运用。

今天，在知识化社会和知识化经济时代，在整个生产过程中，具有广泛的各类高质量知识的劳动者或知识工作者起着决定性的作用。知识要素已成为唯一的、关键性的、具有深远意义的资源，而传统的生产要素如自然资源以及资本等都已处于第二位、第三位。因此，只有高水平的知识运用于生产，尤其是用于生产管理、知识管理，才能提高生产效率，极大地提高生产力的水平，以至引发生产力的革命，导致经济高速增长。

2.5.2 掌握元知识才能真正掌握巨大的力量

在2.4节中，我们已经阐明，元知识是知识之高层次知识，是对知识的深刻反思，是知识系统发展到一定阶段的产物，是关于知识本身的知识，从而必然会激发出巨大的力量，产生最大的价值。按照知识的层次，可分为分门别类的各种专门知识和元知识。专门知识是各个领域内的众多知识。元知识则是指有关知识的知识，泛指一种高层次的知识，是指以知识本身作为研究对象而形成总体规律的、更加抽象化的高一级层次知识。也就是说，运用各类专门知识之上的元知识，即充分地激发和利用专门知识的元知识，如管理学，泰勒第一次把管理学知识运用于生产知识，引起了新的知识革命，以至在18世纪中叶至19世纪中叶的100年，工业革命成为世界的主流。这表明，元知识的运行占有优先的地位，而专门知识的运行是在元知识控制之下进行的。从抽象意义讲，在一个大的知识处理系统中，存在着多个知识层次。其中，仍然要明确，哪些是该层次的专门知识，哪些是较高层次的元知识。

17世纪，众所周知：培根的名言"知识就是力量"。他以现代的方式进一步加以阐述："人类获得力量的途径和获得知识的途径是密切关联着的，二者之间几乎没有差别。"[12]这一名言虽然一直影响至今日，但托夫勒指出："培根虽然在知识与权力上画了等号，却没有说明权力的品质，以及知识与另外两个因素之间的互动关系。"[13]

事实上，在权力金三角中，暴力只能算是"低级品质"权力，因为暴力的反作用相当大，它会逼得每个人都去买比别人更大口径的枪。武器竞赛的结果反而增加了人类的危险，以致引起灾难。相比之下，金钱或财富比暴力更有弹性，其用途既可正义，也可邪恶，因而算得上"中级品质"权力。在权力结构中，知识称得上"最高级品质"权力，因为知识具有一系列特性：取之不尽，用之不竭；知识可代替多种形式的资源，以至成为终极代替品；可以共用，不带来损耗；知识运用得当，可衍生出更多新知识。同时，知识可用于奖惩，节省资源，以最高效率去达到目标。特别是，知识通过与暴力、金钱两要素产生互动关系，则可组合成最佳的权力。

托夫勒在《权力的转移》一书中，多处提出了元知识的重要性："未来，如何使用或避免误用知识的问题会持续困扰企业和社会。他们不仅表现培根所言'知识就是力量'的名言，而且会反映更高层次的真理。那就是：在超象征经济①中，唯有掌握知识的知识，才是真正掌握力量。"[14]"当'知识的知识'也变成今日权力主要来源时，权力斗争也有了改变。"[15]

最后，托夫勒在书中再次强调："知识的分配比武器和财富的分配更不平等。因此知识（尤其是有关知识的知识）的重新分配就更加重要。它能导致其他主要资源的再分配。"[16]

在今日世界，财富分配不公，贫富差距很大，但知识的差距则更大。也就是说，财富引起的贫富差距比起拥有武器与没有武器、受过教育与文盲之间的差距来说，真算是小巫见大巫了！

---

① 托夫勒在《权力的转移》一书中提出的概念。他认为，全新的"财富创造体系"将带来权力分配的大改变。这套体系正是靠数据、创意、符号和象征意义的快速交换与扩散，这就造就了我们所谓的"超象征经济"（super-symbolic economy）。

2.6　元知识创新的决定性意义

2.6.1　元知识创新升华为国家智慧

古希腊时期，哲学家柏拉图在《国家篇》中探讨过治国的智慧。他认为，在一个理想国中有各种知识，然而要说这个国家有智慧、妥善的谋略，并不在于有木匠、铜匠和种地的知识，尽管这些人很多，却只有最少数的监国者、统治者的"治国知识"，才配称为真正的智慧。他以知识治理国家，甚至强调"哲学王"治是理想国的追求；后又在《法篇》中强调以法治国的极端重要性，只有法律高于统治者，国家才能得到拯救。

在人类史上，出现了精神文化最惊人的发展时期：希腊的极盛时期、西欧文艺复兴时期和现代时期（主要指19世纪末至20世纪）。这三个时期，是创造物质财富最多的时期。

实际上，西欧文艺复兴就是在精神文化中开启人类智慧的一场革命运动，就是元知识创新。它发掘、光大古希腊文化，树起理性主义和人文主义大旗，引起了科学革命、宗教改革、政治制度和经济制度变革，导致了整个欧洲的繁荣，影响遍及北美洲和大洋洲，创造了近代文明，从而具有伟大的世界历史意义。

可以说，真正善于铸造国家智慧的民族是犹太民族，他们是举世闻名的最具有知识创新特别是元知识创新的人，也是世界公认的很优秀的聪明人。如他们用3300多年的心血所铸成的智慧圣经《塔木德》（Talmud）就是永不枯竭的知识的源泉，这就是在元知识水平上的创新。

在美国，按1790年统计，主要来自欧洲的移民仅仅约392万人，但他们表现出反封建专制思想束缚的自由精神、民主思想、艰苦创业精神、求实精神和开拓进取精神，从而创造出美利坚民族崭新的精神文化，建立起法治国家，仅在200多年内就迅速地崛起。创新形成国内知识总量（gross domestic knowledge, GDK）若以获诺贝尔奖和专利数为标志，美国也是世界的超级大国。追根求源，这是元知识创新升华为国家智慧的显现。

2.6.2　元知识创新决定国家的前途和命运

元知识（meta-knowledge）是掌握何以有效地创造出新知识的规律性知识，是最重要的知识，是能产生巨大力量的知识，从而具有国家战略意义。本章开头强调，在国家层次上，元知识主要包括治国的高层知识，如建国方略、建国大纲、总方针、总政策、国家大法、总战略思想、价值观念、精神文化等，从而具有巨大的价值。也就是说，元知识创新是从总体上研究知识创新本身的一般理论，认识到知识创新的一般规律性，何以能形成最有效的各类知识创新，以及各类知识创新之间的相互关系等。这正如揭示激光现象形成的原理一样，我们就要研究，大量的微观粒子（原子、分子等）组成的粒子体系因对光的受激辐射而协同行动，以至发出巨大的能量。我们就要研究众多知识创新何以产生"协同创新"，何以能形成一个民族或国家的巨大创新能力。

只有这些主宰国家创新能力的元知识创新有了革命性的变化，才能汇聚广大民众的创新能力，形成巨大的力量，推动社会发展，导致经济繁荣。只有这样，才能在世上被誉为具有高度创新能力的创新型国家或民族。

2.6.2.1 元知识创新应成为国家战略的核心

在人类社会发展史上，知识起着重大的作用。在现代社会中，知识已成为推动社会发展的巨大力量。尤其是，在下一个高级的知识主义社会中，知识必将起着主宰或支配作用。

从史实判定，世界上一些发展中国家或落后国家追究其落后的根源，就在于缺乏基于知识的发展，从深层次上说，就在于缺乏元知识，更缺乏元知识创新，以致不知道如何改变国家的落后面貌。一些国家若自然资源富有，如石油、矿产丰富等，就卖自然界恩赐的天然资源，而变成依附型国家。有的国家只是步发达国家之后尘，或在器物层面上学点技术，引进些设备，如中国在鸦片战争后的洋务运动就是"范例"。这样一来，就不能根本摆脱落后的怪圈；反之，若要追上并超过发达国家，最佳的战略选择莫如确立起元知识创新战略，即要使国民知识化，并继续知识化[①]，以至达到高度知识化。这就是说，要使一个国家人均知识量和国内知识总量，包括数量和质量，进入世界前列，进而上升到高级智慧水平，以元知识治理国家，即用智慧的头脑管理国家，就能建成知识型、智慧型国家，后来居上。19世纪末，德国、日本兴起；美国从殖民地到超级大国，20世纪全面崛起。这一再证明，有了元知识创新，就能实现一个国家的快速发展、跨越发展。因此，元知识创新应成为国家创新战略的核心。也就是说，只有坚持元知识创新战略，才能从根本上改变一个国家的前途和命运。

2.6.2.2 元知识创新升华为精神文化创新

知识创新也可以隐喻为知识进化，即不停地生成新知识。这要凭借理性思维

---

① 初级知识化是社会化的基本内容，是实现知识化的第一个层次，使国民具有基本知识，掌握实用技能；继续知识化是指在实现初级知识化后，已获得和掌握的知识中一部分已陈旧，需要更新和知识创新。

的力量，因而必须有相应的思维方式创新。最后，要立足于元知识创新，实质上就是要上升到精神文化创新，才能改变一个国家的面貌。

在古代，虽然中国出现过灿烂的文化，并在公元前 1~15 世纪的漫长岁月里，在应用自然知识满足人的需要方面，胜过欧洲。但是，近代科学革命却未曾在中国发生。贝尔纳在《历史上的科学》一书序中提出："在西欧文艺复兴时期（明代初期）从希腊的抽象数理科学转变为近代机械的、物理的科学过程中，中国在技术上的贡献（指南针、火药、纸和印刷术）曾起了作用，而且是有决定意义的作用。要了解这在中国本身为什么没有相同的作用，仍是历史上的大问题。去发现这个滞缓现象的根本性社会和经济原因，是中国将来的科学史家的任务。"对这些难题作答，绝非易事。这不能仅仅从某一个方面来回答一个国家在漫长的历史时期落后的原因，这样，并未解决这些难题。为此，必须从社会根源、历史根源和认识根源进行反思，为何中国传统社会和传统文化向现代转型步履维艰？必须寻找中国传统社会和传统文化自身的缺陷，特别要从固化的宗法专制制度文化进行彻底反思。众所周知，华夏民族受儒学之影响最大最深，这必须从现代人对儒学文化长期所产生的正负功进行辨析。

历史上，我国就没有经历过思想启蒙、革新运动的洗礼，以致精神文化创新缺失，不能使中华民族思想早日觉醒。一些著名历史学家如斯塔夫里阿诺斯在所著《全球通史》中论及中国古代文明的优缺点，以及对近现代文明的影响。他认为，中国数千年的文明一直持续到今天，具有连续性和独特性。之所以如此，是因为：其一，它在地理上与人类其他伟大文明相隔绝的程度举世无双。在大部分时间里，四面一直被山脉、沙漠和辽阔的太平洋所隔断，在此情况下发展自己的文明。其二，庞大的人口有助于文明的连续性。其三，书面语提供了统一性和历史的连续性。其四，儒家学说提供了一种政治哲学，成为道德准则，注重伦理观而非某种法律制度，这是促成文明内聚性的最重要因素。另一方面，中国历史反复出现周期性的改朝换代，每一王朝开始，通常都能有效地统治国家。渐渐地，由于王朝统治者的腐化堕落和贵族集团与宫廷宦官之间的宫廷斗争，暗暗地破坏了中央权力，助长了官僚机构的腐败。共同的书面语推行近 2000 年国家考试制度——科举制度，即中国官员有效稳定的行政管理制度，这种考试集中于文学体裁和儒家正统观念。正是这一制度扼制了创造力，培育了一味顺从的性格。这些因素都解释了中国文明的稳定性和连续性。最后，斯塔夫里阿诺斯指出："假如在普通的时代，这种秩序和持久或许可看做是件幸事。但是，这些世纪却是一个生气勃勃的新欧洲正在崛起的世纪，是文艺复兴、宗教改革运动、商业革命、工业革命、法国大革命以及把自己的统治迅速扩大到全球的强大民族国家崛起的世纪。在这样的时代，稳定成了祸事，而非幸事。中国事实上也是相对静止的、落后的。不断变化和'进步'的观念,尽管那时在西方被认为是理所当然,但依然不合中国人的思想。"[17]

唤醒中华民族的新文化运动很晚才出现,这就是从鸦片战争前后才开始的萌芽,袁伟时将其后的发展分为 5 个时期,包括 20 世纪初期出现的短暂的五四新文化运动。虽然这次运动对推动中国的社会转型等方面起到了积极的作用,但在诸多精神文化要素上的创新远不及伟大的西欧文艺复兴运动。我国与发达国家的真正差距,表面上表现在器物层面上,而实质上在于缺乏以元知识治理国家,从根本上就缺乏自由、民主、法制思想。由于观念落后,导致社会制度上的落后,这是中国近代衰败的根源。以史为鉴,可以知兴衰。历史是斩不断的链条。迄今,我国宗法专制文化残余依然盘根错节,如官场文化、集体世袭文化、血亲文化等等,因而自由、民主、法制社会的真正形成还要经世代的努力奋斗。

目前,综合国力的竞争存在着新的趋势,即竞争领域不断地向前递推:从以前的军事推向经济领域,又推向科技和教育领域,目前再推进到国家决策和创新战略领域,特别是元知识创新的新领域。"治国知识"就是高层次的元知识,只有以元知识治理一个国家,才能使其沿着正确的道路发展。只有掌握元知识,不断地进行元知识创新,特别是把元知识创新升华为精神文化创新,才能掌握国家的前途和命运。

今天,我们更加认识到,只有元知识才能产生巨大的力量,只有元知识的巨大力量才能彻底地改变全球的权力格局。

参 考 文 献

[1] von Bertalanffy L. General System Theory. New York: George Braziller, 1968: 27-28.
[2] Heisenberg W, 周昌忠. 现代科学中的抽象. 世界科学, 1981, (10).
[3] 爱因斯坦. 爱因斯坦文集. 第一卷. 许良英, 范岱年编译. 北京: 商务印书馆, 1976: 345.
[4] Dukas H, Hoffmann B. 爱因斯坦谈人生. 高志凯译. 北京: 世界知识出版社, 1984: 32-33.
[5] 波普尔 K R. 科学知识进化论. 纪树立编译. 北京: 生活·读书·新知三联书店, 1987: 378.
[6] 同 [5]: 384.
[7] 波普尔 K R. 猜测与反驳. 傅季重, 等译. 上海: 上海译文出版社, 1987: 318.
[8] 张顺江. 元论. 北京: 当代中国出版社, 2003: 2.
[9] 贝尔纳 J D. 科学的社会功能. 桂林: 广西师范大学出版社, 2003: 2.
[10] 李喜先, 等. 科学系统论. 第二版. 北京: 科学出版社, 2005: 221.
[11] 张顺江. 决策科学原理. 北京: 当代中国出版社, 2003: 6.
[12] 同 [9]: 10.

[13] 阿尔文·托夫勒. 权力的转移. 吴迎春, 傅凌译. 北京：中信出版社, 2006：12.
[14] 同 [13]：82.
[15] 同 [13]：181.
[16] 阿尔温·托夫勒. 权力的转移. 刘红, 等译. 北京：中共中央党校出版社, 1991：491.
[17] 斯塔夫里阿诺斯. 全球通史. 北京：北京大学出版社, 2012：363.

3 知识创新改变世界进程

胡 军

3.1 知识是近代世界变迁的原动力

在公元前 8000~约公元 1780 年的英国工业革命的漫长历史进程中,世界上绝大部分地区似乎都处在以农业生产为基础的社会之中。农业社会主要是以家族生产为主体、以手工工具为主要工具的微型社会,与外界几乎没有什么联系,也根本不需要这样的联系,因为其生产的基本目的只是自产自销、自给自足。由于此种原因,也就演变出农业社会的另一个显著的特点,这就是一切都处在缓慢的变化与发展的进程中。

尤需我们注意的是,农业社会虽然有种种变化,甚或是激烈的变化,但是这些变化的一个显著特点是,它们都是奠基于经验或对基于经验的简单综合与粗浅归纳。如在早于古希腊文明的古代埃及和巴比伦的记录中,当地的人们已经积累了大量而丰富的经验,并已形成较有条理的测算,如度量的单位和规则、简单的算术、年历、对天象周期性的认识,以至对日食和月食的认识与测度。古埃及的耕地主要在尼罗河两岸。由于尼罗河定期泛滥,这就需要人们于尼罗河汛期过后重新丈量土地。于是,当地人们积累了大量有关丈量土地的经验。但是,当时的人们显然没有能力将这些经验及其规则上升为知识理论体系。科技史告诉我们,埃及人积累的大量的丈量土地的经验传入古希腊后,经过了几代学者的艰苦努力才逐步地形成了一门精密的知识体系,这就是几何学。

科学史告诉我们,首先有能力对这些丰富的经验内容加以理性的考察,并且能够极力探索经验各部分之间因果关系的,事实上也就是首先创立科学的,应该是希腊伊奥尼亚(Ionia)的自然哲学家。这种活动中最早也最成功的活动,是把丈量土地的经验规则(大部分是从埃及传来的)变成一门演绎科学——几何学。创始者相传是米利都的泰勒斯和萨默斯的毕达哥拉斯。300 年后,亚历山大的欧几里得才对古代几何学加以最后的系统化。[①] 我们可以清楚地知道,丈量土

---

① 丹皮尔. 科学史. 北京:商务印书馆,1987.

地的经验规则是不同于奠基于经验的几何学知识原理。

其实，在古希腊哲学家手里完成的不仅仅是几何学。我们只要粗浅地翻阅一下《亚里士多德全集》，就能够看见，古希腊哲学家能够创立的学科知识体系已经涵盖了很多领域，除了几何学，还有如政治学、伦理学、逻辑学、物理学、形而上学、诗学、修辞学、家政学、动物学、植物学等。当然，毋庸讳言，他们所创立的这些学科中包含着大量错误的甚至荒谬的见解，因为古希腊的这些思想家都比较忽视对外在事物的观察与研究，而完全沉湎于自己心灵的作用与理性思考的能力。当然，逻辑学除外，因为逻辑学毕竟是关于思维形式的科学，是人的精密思维的规则的知识体系。

这种能够将经验对象提炼上升为知识体系的能力是古希腊思想家所独具的。正是这种能力，使古希腊思想家为以后世界文化的发展与进步奠定了学理性基础。古希腊思想家的各种知识理论体系在世界学术发展的历史上产生过巨大的影响。至今，任何学者要想透彻地研究各种学术的历史，就不得不回到古希腊的典籍之中。

我们在上面已经指出，古希腊的思想家们过度沉浸于对自己心灵作用和理性思辨能力的开发与提升，从自己的思想深处构想种种知识理论体系，而基本不看重对外在世界的观察与研究。他们所建立起来的各种知识体系只在少数知识精英圈内传播，难于在社会产生广泛的效应。但正是他们在知识体系方面卓越努力的结晶为以后西方社会的发展与繁荣奠定了知识性基础。记得爱因斯坦曾这样来概括西方科学发展的内在要素："西方科学的发展是以两个伟大的成就为基础，那就是：希腊哲学家发明形式逻辑体系（在欧几里得几何学中），通过系统的实验发现有可能找出因果关系（在文艺复兴时期）。"[1]

其实，就历史进程而言，爱因斯坦所说的西方科学发展的两个基础是在极其漫长的历史进程中逐渐实现结合的。这一历史进程跨越一千五六百年的时间。

可以这样来理解，爱因斯坦所说的西方文明的上述两个基础就是西方近代以来社会快速发展的原动力。此中所说的两个基础：前一个是系统的知识理论的要素，后一个是精确的技术。需要我们注意的是，这里所说的精确技术实质上是根本区别于以经验为基础的技术，它是奠基于充分发展了学理性的知识体系。如果这样的理解没有错，那么这两者的关系就应该是学理性知识体系作为技术的基础。技术产品的出现虽然在一定的程度上依赖于丰富的经验，但是在本质上任何技术产品都是知识体系在技术方面的具体落实。尤其是精确的可控的实验都必须以已有的知识理论体系作为学理的支撑。系统的知识理论体系在可控的精确实验中得到具体的落实之后，所带来的结果就是整个世界随之产生了一个又一个巨大变化。对此变化可以有不同的价值评判。但我们却不得不承认，三四百年来，世界之所以接连不断地发生巨大变化的基础，就是因为知识的不断更新。可以说，知识与相关技术的结合正是引导近代世界发生变化的真正动力。

英国工业革命以来，已发生多次产业革命：第一次发生在18世纪末至19世纪中叶，以新的纺织机械等技术为特征；第二次发生在19世纪中叶至19世纪末，以蒸汽机、转炉炼钢和铁路为特征；第三次发生在19世纪末，以电力、化学工业和内燃机为特征。20世纪50年代以后，微电子技术、生物工程、宇航工程、海洋工业、新材料、新能源、计算机技术、通信技术、芯片技术等迅速发展，形成新的产业革命。上述的产业革命都是以相关的科学知识理论体系为其基础的。

关于英国产业革命形成的前提，历史学界似乎已有了共识。这就是说，产业革命之所以在英国出现，是因为英国当时在政治、经济、社会等方面为产业革命奠定了基础。但是产业革命之所以首先在英国出现，更为重要的原因是科学知识和技术的前提。

早期的技术主要是以经验为基础的。然而，随着以牛顿为代表的现代科学在英国出现，英国成为世界上第一个科学中心之后的一二百年间，知识有了极其快速的发展。只要粗粗翻阅有关16～17世纪的科学史，就能够清楚地知道，那时的科学知识的发展已达到了极其繁荣的程度，并在西方社会得到了较为广泛的传播。这就为科学知识与技术的结合提供了很好的平台。以科学知识为基础的技术从此以后就不断花样翻新，简直可以说是日新月异。我们的看法是，英国产业革命的真正基础是科学知识。

如果珍妮纺织机械的发明还是以丰富的经验为基础，那么蒸汽机的发明则完全奠基于科学知识理论。

蒸汽机的发明要有经济的和技术本身的长期积累，更存在一个从科学知识理论体系向技术产品转化的漫长过程。

科学史告诉我们，埃及亚历山大的数学家希洛曾经制作一台用蒸汽推动小球旋转的机器。希洛制作这台蒸汽机，相关的经验不可缺少，但是主要的依据是他自己关于蒸汽机的气体学理论。他著有《希洛气体学》记载了这一最早的蒸汽机的制作原理。后来意大利的达芬奇、法国技师科斯等也曾紧步后尘，不断地研制蒸汽机。上述过程为英国的瓦特研制蒸汽机奠定了基础。

瓦特出生于机械工匠的家庭，后来在苏格兰的格拉斯哥大学当教学仪器的修理工。正是在这所大学里，瓦特结识了几位著名的教授，如科学家布莱克和罗比森等。为了进一步改善蒸汽机，瓦特阅读了许多相关的科技发明的书籍，学习了牛顿的力学理论。当然他也经常抽时间去听布莱克教授的讲课。正是"布莱克的'比热'和'燃烧'的理论启发了他，使他认识到小蒸汽机单位容积比大蒸汽机要大,在冷凝后再重新加热汽缸所消耗的热量比例就大。同时布莱克的科学理论使瓦特懂得,在液体和气体之间发生物态变化时,温度不变但要大量吸热或放热,温度和热量是两个不同的科学概念"[2]。可见,瓦特对蒸汽机的改进不能说完全,但可以说主要是奠基于科学理论的研究和指导。所以结论就是:"蒸汽机的研制,实际上是从真空和大气压等科学理论研究入手的。真空和大气压强等理论导致了大气机的发明,大气机的改进和发展就成为名符其实的蒸汽机。"[3]

19世纪末,以电力、化学工业和内燃机为特征的工业革命更是以相关的科学知识为基础的。关于这一点似乎无需我们在此赘述。

20世纪最重要的科技成果之一是电子计算技术。电子计算技术毫无疑问首先必须以数学为其基础,因为人们的生活、生产和交换活动中有着大量的计算活动,随着计算活动的量越来越大、越来越复杂,这就历史地催生了电子计算技术的出现。1623年德国数学家什卡尔特最早提出了制造机械计算机的想法。第一台机械计算机是1642年法国数学家巴斯卡发明的。德国哲学家、数学家莱布尼茨对计算机的发明也做出了杰出的贡献。首先,他提出了直接进行机械乘法的设计思想,并于1671年制造了一台可以进行加、减、乘、除四则运算的计算机。其次,他最早给出了二进制运算法则。"早在1854年,英国数学家布尔发表了他的重要著作《思维规律研究》,成功地将形式逻辑归结为一种代数演算,即今天的布尔代数。在这种代数中,变量只取0和1两个值,这特别适用于只具有断开与接通两种状态的电路系统。如果电子计算机采用二进制,用逻辑线路处理逻辑代数运算就非常方便。所以布尔代数为把电子元件及其线路应用到计算机中提供了重要的理论基础。"[4]美籍匈牙利裔科学家冯·诺伊曼成功地将二进制系统地运用到电子计算机上。我们所以要叙述电子计算技术的历史是为了清楚地表明,电子计算技术的出现是有其知识理论体系作为其基础的。如果没有这样的知识基础,我们根本不可能想象电子计算技术的出现。

电子计算机已经极大地改变我们的生活方式及其性质,已被广泛地运用于工业、农业、国防工业和家庭日常生活之中。我们早已进入了以电子计算技术为基础的数字化时代。

在总结三四百年来的世界发展历史时,美国著名历史学家帕尔默等在其名著《工业革命:变革世界的引擎》中说道:"西欧工业革命的影响如何?若从短期即几年内来观察,可以说,工业革命有利于法国大革命中宣扬的自由主义、现代的原则以及法定权利。若从稍长的时间,或者说半个世纪内观察,工业化使欧洲较之世界其他地区具有压倒优势的强大力量,从而导致以帝国主义形式表现出来的遍布世界各地的欧洲霸权。"[5]可见,正是工业革命极大地改变了整个世界。由于工业革命起源于西欧,所以首先是西欧国家主宰了整个世界,以后的美国、日本等也加入了这一行列。

从世界发展的外在现象看，历史学家的上述结论应该是有道理的。但是由于工业革命的真正基础却是知识理论体系，或者按惯常的说法是科学知识理论体系。如果这样的说法是正确的，那么进一步的看法也就应该是这样的，即17世纪诞生的科学知识理论体系极大地改变了整个世界。

帕尔默等作为历史学家的真知灼见在于，他们不只是停留在历史现象的层面，而是认识到了工业革命背后的推动力在于17世纪之后科学的迅猛发展。如帕尔默等在其著作《启蒙到大革命：理性与激情》第一章中这样总结道："到1772年牛顿去世后，一切都有了改观。科学家彼此经常保持接触，科学受到人们的推崇，被视为欧洲社会的一项主要事业。定义了科学的探索方法。积累了大量的真实知识。牛顿提出了第一个现代科学综合理论，即内在一致的物质宇宙理论。科学知识越来越广泛地应用到航海、采矿、农业和各种制造业上。科学与发明在齐头并进。人们普遍认为科学是推动文明进步的主要动力。科学知识得到普及，许多本来并非科学家的人也笃信科学，力图应用各种科学的推理方法来观察形形色色的社会和生活问题。"[6] 根据帕尔默等的看法，17世纪，在欧洲以牛顿为代表的一系列科学知识得到了较为广泛的传播，在社会上产生了极大的影响。

也正是在该书第一章，帕尔默等进一步总结科学知识理论体系在当时及现代社会的巨大影响，他们认为科学的影响有这样几点："第一，科学作为一种纯粹的思维形式，是人类思想获得的卓越成就之一；为了对人的知识力量有个历史的理解，就必须领悟科学的重要性，正如要领悟哲学、文学、以及艺术的重要性一样。第二，科学对现实生活的影响越来越大，与人类的健康、财富和幸福息息相关。科学改变了人口情况，改变了原材料的使用，革新了生产、交通、商业以及战争的方式，从而使困扰人类的一些问题得到解决，同时却也使其他一些问题日益恶化。17世纪后的现代文明尤其如此。第三，在当今世界，科学领域里的思想很容易渗透到其他思想领域。譬如，今天许多人关于自己、邻居以及人生意义的看法，均受到弗洛伊德学说或爱因斯坦思想的影响。他们平日常常谈到抑制性或相对性，虽然他们知之不多，也无需知之太多。源于生物学和达尔文的思想，如进化论和生存竞争，也广泛流传。同样，17世纪的科学革命所产生的反响远远超越纯粹理论科学的领域。科学改变了对宗教、上帝和人的看法，并有助于传播一些由来已久的信念，如物质世界本质上是井然有序、协调和谐的，人的理性可以理解和阐述它，可以通过和平协商和理性讨论来处理人类事务。这样就为对自由与民主制度的信仰打下了基础。"[7]

3.2 知识促进社会变革

知识是人类理性的必然的产物。自然科学知识无疑是人类理性的最为显著的产物，也是最早发展与繁荣起来的。但是，显然知识不仅局限在自然科学领域之内。正如帕尔默等历史学家所说的那样，知识的不断进步及其在社会上的广泛传播与影响，人类也就会自觉地利用理性来探讨人类社会与生活所出现的种种问题。

如果上述的一切只能用来说明自然科学的发展，那就是一种极大的误解。因为我们此处所说的知识不只是指称自然科学的，社会科学、人文科学也理所当然地包括在内。如果社会科学、人文科学不只是口号或标语式的表达，那么就得上升提炼为知识体系。我们看到，正是在17世纪、18世纪的西方，学者们对于民主政治理论形成了系统的知识理论体系，他们讨论了人性、自然权利、自然法、财产权等重大的社会问题，也讨论了如何通过契约建立政府、政府如何管理等理论问题。斯宾诺莎、笛卡儿、培根、霍布斯、洛克、卢梭等就上述的问题分别形成了自己的知识理论体系，在当时及以后的世界历史上产生了巨大的影响。如洛克的政治哲学理论就产生了很大的影响，尤其是他的《政府论》对美国的建国历程起着奠基的作用。美国《独立宣言》和宪法的撰写者都很精通洛克的相关著述。美国《独立宣言》和宪法的某些段落或篇章就是现成地取自洛克。

其实早在美国建国之前的经典文献《"五月花号"盟约》中就这样写道："以上帝的名义，阿门。吾等，敬畏的陛下詹姆士王的忠实臣民们……谨在上帝的面前，彼此庄严地订立本盟约，结成公民团体（a civil body），即政府（politick），以便更好地建立秩序，维护和平……并随时按照最适宜于殖民地普遍福利之观点，制定正义平等之法律、条例、法令、宪法，并选派官吏实施之。对此，吾等誓当信守不渝。"[8] 这段在历史上曾经被反复引用的经典名言的思想基础正是洛克的社会契约论。

洛克认为，政府是在拥有自然权利的个人之间通过社会契约的基础之上建立起来的。根据洛克的看法，自然状态下的个人完全无法使他们个人的天赋权利获得普遍的尊重。他们无法凭各自的努力来保护自己应有的东西，即自己的财产。于是，人们赞同建立政府，以保障大家的权利。由此可见，政府是凭借契约创立的。但是需要我们注意的是，契约具有相互的制约性。人务必要通情达理。因为只有理性的人才能成为政治上的自由人。自由不是一种随心所欲的无政府状态。自由是无需他人强迫的行动。只有理性、负责任的人才能行使真正的自由。同样，契约也对政府施加有一定的条件和义务。倘若政府毁弃契约，倘若政府威胁天赋人权（这本是政府要保护的唯一目的），倘若政府未经本人同意就夺取个人的财产，那么被统治者就有权重新考虑他们为创立这一政府所做的一切，最后甚至可以揭竿而起，反对这一政府。[9]

洛克的上述思想后来又不断出现在美国的《独立宣言》等其他的建国文献之中。正是基于上述的认识，不少历史学家、政治学家指出，在宪政国家的形成过程中，美国被看成是唯一按照社会契约原则建立起来的国家。[10]有的历史学家甚至断言，美国政府就是奠基于洛克的《政府论》，这不是没有道理的。美国建国的这一历程清楚地表明了这样一个历史事实，即比较完美的政府体制必须建筑在经过充分论证的相关知识理论体系的基础之上。应该说，任何政府体制都有自己的局限，世界上根本不存在什么完美无缺的政体。但是一个合乎理性的国家或政府绝对不可能建筑在经验之上，任由感觉经验或短时间的情绪来制定国策、推举领导人。理性的政府必须建筑在相关的知识理论体系之上，才能持久，才能有效运作，才能得到民众的拥护。我们的结论就是宪政必须以知识为其真正的基础，舍此没有其他的道路。世界近代史清楚地证实了上述的看法。要不走弯路，就必须首先以客观的理性的态度来研究国家或政府运作的所需的相关知识理论体系，然后再来合理地设计政府体制。只有如此行事，才能最大程度避免不必要的社会动荡和混乱。

3.3　知识主导未来社会

现在，似乎很少有人会对英国哲学家培根的哲学思想感兴趣，因为它毕竟是过去时代的产物。但是，他的"知识就是力量"的口号现在却已成为家喻户晓的至理名言，到处出现在通俗杂志与书刊中。应当承认，培根的这一口号确实揭示出知识在人类进步与社会发展中的重要作用。越来越多的人已充分地意识到知识的作用。但一般情况下，人们只是从个人利益出发而意识到知识在谋取理想的职业、求得更高的社会地位方面所起到的决定性作用。他们未必能认识到培根这一口号深刻的哲学意义。

"知识就是力量"这一思想无疑是正确的。但用现代的眼光来看，它已过于宽泛，不够准确，因为它已不能充分地揭示出知识在当今及未来的世界的政治、经济生活中所起的日益巨大的作用。在现代社会中，知识的作用不只局限在个人的生活方面，不只局限在对个别学科的影响，知识也不仅仅是培根所了解的是主宰自然的力量。现在，知识已成为了在经济、政治、军事、文化及整个社会结构的各阶层中引起巨大的、根本性变革的主导因素。

我们现在正处在一个充满着剧烈变化的世界之中，一切看上去似乎都格外的混乱、格外的无序。但在这混乱与无序之中显示出一个极为引人注目的事实，这就是知识急剧膨胀，极其迅速地传播。借助于电子计算机和现代通信技术，知识已渗透、蔓延到整个社会的各个方面，使社会及其性质发生了极大的变化。而且知识也已把自己的触角伸展到未来的世纪之中。

美国新制度经济学的代表人物加尔布雷斯在20世纪六七十年代首先注意到知识在现代西方社会经济结构发生的权力重新分配过程中所起的决定性作用，并以此为基础提出了他的著名的"权力分配论"。其主要内容有以下几项：权力转移论、公司新目标论、生产者主权论、企业与外界关系转变论、阶级冲突变化论。这一理论的基石是他的权力转移论，而引起企业公司内权力转移的根本性因素便是知识。

加尔布雷斯认为，在任何社会中，权力总是与"最难获得或最难替代的生产要素"联系在一起的，谁拥有这种生产要素的供给，谁就拥有权力。在封建时代，土地是最重要的生产要素，地主是这一要素的供给者，所以地主拥有权力。到了资本主义时代，资本代替土地成为最重要的生产要素，权力也就相应地转移到了资本家的手里。而在现代社会中，由于工业的不断发展和科学知识理论及其技术的迅速进步，所需要的专门知识越来越精细，越来越复杂。专门知识已成为决定企业成败的决定性生产要素。于是，权力就从资本家手中转移到一批拥有现代工业技术所需要的各种知识、技能的人手中。这些人形成"技术结构阶层"。这一阶层包括经理、科学家、工程师、工厂经营管理人员、律师等。由于权力的转移，现代公司的结构也就相应地发生了重大的变化。

权力的转移又引发了如下几个带有根本性意义的变化：①现代公司的新目标在"技术结构阶层"掌权之后，已从过去追求最大限度的利润等目标转变为追求"稳定"、"增长"和"技术兴趣"等目标；②为了实现"稳定"这一首要目标，商品生产已由过去的"消费者主权"理论转变为"生产者主权"的理论。苹果产品引领智能手机的消费已经成为了一个世界性的趋势；③"技术结构阶层"掌权后，企业与银行、国家、工会、科技界的关系发生了重大的变化，如工业资本与银行资本不再融合，企业与工人的关系日益密切，企业与国家融为一体，等等；④与上述的变化相适应，社会阶级关系也发生了变化，加尔布雷斯指出，现代资本主义的社会冲突已经不是穷人和富人之间的对立，而是有知识者和无知识者之间的对立。

加尔布雷斯的"权力分配论"的新颖独到之处，是他完全从"知识"这一全新的视野来分析资本主义社会中企业内部结构所发生的结构性重大变化。因为他清楚地看到了知识已经是现代社会中"最难获得或最难替代的生产要素"。从目前看，不管新制度学派的理论在现代西方经济学界的影响到底有多大，有一点是清楚明白的,即加尔布雷斯将知识看作是现代社会的核心要素的思想具有深刻的洞察力,而且自此以后整个世界都因知识的急剧增长和迅速传播而发生了深刻的变化。

加尔布雷斯的理论在20世纪八九十年代不断得到来自不同学术领域的学者的回应。一时间,以知识为核心范畴来描述、分析现代世界范围内的政治、军事、经济、科技,以知识来构想未来世纪的社会总特征成了一种特别受人青睐的时尚。如80年代,日本学者堺屋太一的《知识价值革命》一书就是运用"知识价值"一词来描绘未来社会的总体特征,而且他把即将到来的未来社会干脆称为"知识价值社会"。"知识价值社会"是由"知识价值革命"引起的。他认为,这种"知识价值革命"在日本、美国是由于80年代电子计算机技术和通信技术有了突飞猛进的发展和广泛的普及而产生的。他指出,"知识价值社会"是比物质财富的生产更加重视创造"知识与智慧价值"的社会。在这样的社会里,将会减少对物质财富的数量方面的需求,而会增加对取决于社会主观意识的"知识与智慧价值"的需求。

到了20世纪90年代,美国著名的未来学家托夫勒则完全从"知识"出发来分析和描绘现代及未来社会中的政治、经济的总体特征。

在其未来学的名著《权力的转移》一书中,托夫勒明确指出:传统的政治权力概念有两大要素,即暴力和财富。在古代社会中,暴力在政治生活中起着主导作用。在一定意义上,权力就是暴力。反之,暴力就是权力。这种意义上的权力显然是最为低质的权力,因为暴力有着极大的弊端,即暴力的运用只能产生新的暴力。它的另一缺陷在于它只能用来进行惩罚。所以,以暴力为实质的权力是低质的权力。与暴力不同,财富则创造了优于暴力的权力,它既可用于威胁或惩罚,也可以提供奖赏,因此它比暴力灵活得多了。然而真正高质量的权力则源于知识的应用,因为知识可用于惩罚、奖励、劝说甚至化敌为友。知识也可以充当财富和暴力的增殖器,它可以用来扩充暴力或增加财富,也可以减少为达到某项目所需要的暴力数量和财富数量。知识本身不仅仅是高质量的权力之源,而且它还是暴力和财富的最重要的组成部分,即知识从暴力和财富的附属物变成了它们的精髓。这就是说,现代意义上的暴力和财富必须以知识为其基础。没有相应的知识作为支撑的暴力和财富已经被当今的世界人类看作是另类,必将迅速退出历史舞台。而且我们也必须看到,力量和财富在数量和程度上都是有限的。我占有了,你就难以拥有。反之也是如此。而知识则大不一样,你掌控了相关知识的事实并不能影响我或其他人来把握相同的知识理论系统。从知识性质的角度讲,同一知识可以为所有的理性的动物把握。重要的是,知识的运用还可以产生更多的和更新的知识。总之,知识具有无边际的延伸性和时空的无限性。更为重要的是，知识是最民主的权力之源。暴力和财富是强者和富人的特征，而知识的真正革命性特征则是，只要具备了相应的理性思考能力，弱者和穷人也可以掌握先进的知识系统来引领世界。从现代政治学概念来讲，暴力和财富变得越来越依附于知识。知识则不一样，它们可以不依赖于暴力和财富，却能够将自己很快转变为暴力和财富。

由于知识在经济生活中的全面渗入，现代的经济生活也出现了革命性的变革。随着服务及信息行业在发达国家中的增长及制造业本身的电脑化，财富的性质也随之发生了变化。尽管那些投资于落后工业行业的人仍将工厂、设备以及财产目录这样一些"硬资产"视为决定性的因素，但那些在急速增长的最先进的行业中投资的人却依赖于完全不同的因素（知识或信息）来保证其投资效益。知识现在成了新的资本形态。以实物形态表现的传统资本的一个最显著的特点是它的时空有限性。知识资本却不同，它具有无限的延伸性。同一种知识可同时被许多不同的使用者应用。而且运用知识的同时也是创造知识的时候，知识不可穷尽，无法独占。这就是知识资本的革命性特征。由于知识减少了人们对原料、劳动、时间、空间和资本的需要，知识已成为先进经济的主要资本。随着这种状况的发生，知识正在升值，正因为如此，争夺知识或人才的信息战才到处激烈进行，而且会越演越烈。

经济的知识化或知识经济又称"超级信息符号经济"。一个显著特点是，知识密集性行业取代那些主要依赖于原料和劳动力的制造业而迅速崛起。另一个显著特点是，知识增长率和淘汰率以激增的速度同步运行。所以，知识经济是一种快速运转的经济。在当今的世界，资本以前所未有的速度运转，财富以惊人的速度递增，时间成了越来越重要的生产要素。这就使得经济不发达的国家必须在发展知识经济方面努力实现与发达国家同速运转，否则只能依附于发达国家。货币也日益信息化了。正如过去金银代替实物交易、纸币取代金银行使交换职能一样，储有大量信息的信用卡正在或已经取代纸币在历史上行使过的职能。总之，"知识是现代经济，特别是21世纪经济增长的关键因素"这一看法已成了世界范围内的政治家、经济学家、企业家和新闻决策人物的共识。

随着知识信息通过越来越庞大的计算机网络、电视媒介、电话通信设备在全球范围内迅速传播，不但经济出现了飞速的运转，而且极大地加快了政治变革的速度。任何人想要通过封锁、控制来推迟人民民主的实现，实行专制统治，在这个知识信息化的时代都注定是要失败的。更要引起我们格外关注的是，由于电子通信系统的发达及其在世界各地的迅速传播，已完全改变过去曾经出现的先进知识理论体系只局限在少数精英知识分子圈内，然后经过各种社会变革逐渐为社会大众接受的历史变迁模式。这种历史模式曾经在历史上起过巨大的作用，但其所需付出的代价也是很沉痛的。现代社会的知识理论系统借助于移动网络技术，借助于不断提升的智能电子信息系统快速传播，社会变革可能更为快速，所需代价也可能会减少。

知识在社会生活中全方位渗透，已使社会及其结构发生极大的变化，并将发生更为巨大的变化。知识在现代及未来社会中的巨大作用，是培根所始料不及的。可以断言，在现代社会中，知识已不仅仅是力量，它也是权力，是财富，是资本。知识更是现代社会发展与演变的真正的原动力。谁想成为现代及未来社会的先进生产力的代表和世界的引领者或主宰者，谁就必须形成和掌控最新的知识理论体系。未来学家的共识就是，知识已经成为全球范围内的 K 因素（knowledge（知识））。要在未来的世纪中立于不败之地，求得更大的发展，我们就必须不失时机地掌握世界范围内不断更新的知识系统。未来的世界是知识社会。

一些哲学家越来越对这种关于知识社会的图景给予更大的关注。这表现在知识论研究领域内便是知识这一概念的内涵不断拓宽。人们现在更为关注实际渗透于政治、经济及科技活动中的知识现象。传统观念认为，知识是真的信念，知识是以真命题表达的；而现在，一些哲学家却从信息的意义来定义知识，认为知识就是正确的信息。[11]这就使知识论的研究具有了现代的意义。

由于中国文化中的逻辑意识与认识论意识素来不强，所以我们在历史上从未形成一门严谨的逻辑学的知识理论体系，也几乎没有关于知识理论的系统理论。正是这样的历史背景造就了中国学者对于经典注疏的过度关怀，对于上古三代的不切实际的迷思，遂使中国学界对知识论的研究历来不感兴趣，所以对知识的作用也不曾给予应有的热情关注与研究。随着马克思主义哲学传入中国后，有部分学者对于认识论也曾表示出了一定程度的热情，但似乎却将注意力集中于对认识论作思辨的宏观研究，倾注了大量的时间和精力去讨论认识主体、客体及其相互间的关系。应该说，这些宏观的思辨的讨论是必要的。但是，要使我们的认识论现代化，我们现在更需要重视对知识理论作微观研究。笔者认为，知识论或认识论与哲学其他分支的一个显著的不同点，在于它从来不是，也不应是脱离实际的纯思辨讨论，而是要格外地注重论证或证实在知识论研究中的重要作用。

我们在前面已经反复指出过，英国产业革命前，整个人类发展依靠的是经验。英国工业革命后的世界历史走上了一条完全不同的道路，即知识在整个人类文明的发展中起着越来越重要甚至主宰的作用。正是在这样的背景下，中国落后了。探究其原因，还是因为我们传统文化在学术理论或知识理论体系研究方面几千年来没有受到应有的重视，几乎是毫无进展，对于知识的研究至今仍然是处于空白的状态。近世发达国家之所以强盛，主要是如下两个原因：①古希腊时期以几何学、逻辑学为基础的科学知识理论体系的建构；②文艺复兴后以寻求因果关系为目的的可控的精确实验。我们的传统文化没有这样的两个要素。近代以来，我们通过引进的途径在可控实验及其技术方面有所进步。但是对实验技术的基础即系统的知识理论的研究至今仍然未得到应有的重视，所以如何加强与推进知识理论体系的研究应该成为文化强国建设的核心内容。鉴于上述的认识，我建议我国政府应该组织相关人员研讨如何在知识理论体系的基础上发展我们自己的产业革命，走出新的路子，而不是只做产品的加工、组装。同样，我国的宪政改革与法治建设也必须奠基于相应的知识理论体系，西方启蒙运动之后的政治学理论为发达国家的建设提供了学理性基础。尤应注意的是，法治必须以相关的知识理论体系为指导。历史上，许多法典大都奠基于知识理论体系。中国历来重视德治，但由于缺乏相应的知识理论体系作为支撑，所以也就易流于空泛的口号或标语，良好的德治必须有知识理论体系作为基础，道德基于知识，真道德必须基于真知识，"道德即知识"是西方两千多年来的传统。道德必须与知识携手才能成为引导社会的指针。总之，只有在长期的和系统的知识理论研究的基础上，我们国家的整体实力才能不断进步，才能逐步建设为让世人刮目相看的文化强国。舍此绝无其他的道路可走。

参 考 文 献

[1] 1953 年给 J. E. 斯威策的信（爱因斯坦．西方科学的基础和中国古代的发明．）
[2] 龙福元．产业革命．长春：吉林大学出版社，2008：第二章第二节"科技发展与蒸汽机".
[3] 同［2］.
[4] 潘永祥．自然科学发展简史．北京：北京大学出版社，1984：543.（第 28 章"电子计算机科学技术的兴起"）.
[5] 帕尔默，科尔顿，克莱默．工业革命：变革世界的引擎．苏中友，周鸿临，范丽萍译．北京：世界图书出版公司北京公司，2010：3.
[6] 帕尔默，科尔顿，克莱默．启蒙到大革命：理性与激情．北京：世界图书出版公司北京公司，2010：第一章"17 世纪科学的世界观".
[7] 同［6］.
[8] 考文．美国宪法的"高级法"背景．强世功译．北京：生活·读书·新知三联书店，1996：65-66.
[9] 同［6］.
[10] 强世功．自然权利与领土主权//现代政治与道德．上海：上海三联书店，2006：95.
[11] Lehrer K. The Theory of Knowledge. Westview Press, 1990.

4 知识创新的进化观念

吴乐山　雷二庆

人类为了生存和发展形成了认知和创造的本能，认识和创造都是人类实践活动的重要部分。人们往往将认识的结果称为知识，即精神产物；将创造的结果称为文化，即精神和物质的总和。知识是人类认识世界的结果，它源于实践又能指导实践；知识借助于一定的语言、文字、数据或艺术等形式，可以交流和传递给下一代，成为人类共同的精神财富。文化是人类在社会实践中创造的精神与物质财富的总称，也是知识指导实践和转化的结果。可见，人类文明史就是一部知识创新的历史。知识创新既指知识体系自身的发展演进，又是新知识的生产、应用和价值实现的过程。

考察人类知识增长的过程，可以发现知识体系的演进类似于生物进化，其演进模式、机制与生物进化非常相似。波普尔认为："我们知识的增长是一个十分类似于达尔文叫做'自然选择'的过程的结果，即自然选择假说。"这是因为知识系统与生命系统一样，都是开放的复杂适应系统，因而具有自相似性。与此类似，生产知识的知识创新活动也存在进化现象，其实质是知识创新模式的进化。知识创新模式是创新主体在认识和创造过程中的组织与行为模式。本章提出知识创新的进化观念，包括知识体系创新的进化观和知识创新模式的进化观双重含义。探究知识体系演进的进化本质与规律，归纳知识创新模式的进化路径，分析知识创新生态环境，前瞻知识创新发展趋势，对于形成知识创新战略、加快知识创新步伐具有重要价值。

4.1 知识创新进化观的理论基础

知识创新进化指知识体系及其创新模式的整体性演进。国内外学者从知识的本体论、生成论和价值论角度，对知识体系及其发展进行了全面研究；而关于创新模式或范式的发展，有范式转换对科学革命影响的论述以及大量着重从经济学角度进行的研究。知识创新是他组织行为与自组织机制相结合的结果。在知识创新体系及范式不变的情况下，知识进化正常发生；在知识创新体系及范式发生重大变化或进化时，知识进化的方向、重点、速率会受到显著影响。波普尔的《客观知识——一个进化论的研究》和"3个世界"理论、库恩的《科学革命的结构》及其范式理论、竹内弘高和野中郁次郎的《知识创造的螺旋》、李喜先等的《知识系统论》和国内外关于技术创新论、创新系统论与创新生态论等研究,提供了知识创新进化研究的基础。

4.1.1 波普尔的3个世界理论

20世纪30年代,科学哲学家波普尔就在《研究的逻辑》中强调,任何科学理论都是某种猜想或假说,科学在不断提出猜想、发现错误而证伪、再提出新的猜想的超循环过程中向前发展,揭示了知识的相对真理性和进化特征。[1]1972年,他在《客观知识——一个进化论的研究》中提出了3个世界理论,指出世界1是物质世界,世界2是精神世界,世界3是知识世界。从知识分类角度解读,世界1是信息资源世界,世界2是主观知识世界,世界3是客观知识世界。波普尔从科学哲学角度强调知识起源于问题,知识产生后形成独立于物质世界和精神世界的客观知识世界——世界3,知识在不断进化中。3个世界理论是探讨知识创新进化的重要基石。

依据波普尔的3个世界理论,一切创新的核心都是知识的创新。科学创新、技术创新、文化创新的产品都是知识形态的东西,属于世界3;器物、组织、制度的创新尽管最终成果为非知识形态的存在,其灵魂还是知识的创新,新的器物、组织、制度是新知识的物化(物质载体)或社会化,是世界3通过世界2作用于世界1的结果,知识创新是器物、组织、制度创新的先决条件。

知识进化的仿生性或与生物进化之间的相似性,也可以用3个世界理论来解释。3个世界是依次进化出来的,世界1产出世界2,世界2又产出世界3。3个世界自身也处于进化中,而且相互作用、相互联系,知识世界本身就是宇宙进化的产物。生物进化发生在世界1,知识进化发生在世界3。知识创新进化,特别是其中的思维模式进化主要发生在世界2。世界1中的进化是客观的,世界3中的进化也是客观的,世界2作为世界1与世界2发生相互作用的中介,人的思维模式也在"问题—猜想—证伪—新问题"的循环往复中演进,因而与世界1的生物进化和世界3的知识进化存在分形关系。

与世界1的生物进化不同之处在于,生物进化是自然对生物变异的选择结果;而世界3的知识进化,则是文化对知识生成和范式变换(即世界2的思维模式变革)的选择结果。

4.1.2 库恩的范式转换理论

美国科学哲学家托马斯·库恩在《科学革命的结构》中提出了范式及其与

科学革命关系的思想，认为科学进步不是一个连续的累积过程，而是一个非累积性的间断过程，这个非累积性的间断过程与范式变换密切相关。

早在 1947 年，库恩在《哥白尼革命》中，就借助"概念图式"首次表达了"范式"的基本思想。在库恩看来，"概念图式"是一个在历史上特定时期决定着许多不同领域的观念形成的一个共同的思维结构。一旦"概念图式"被建立起来，它将"成为预测和探索未知的首要的强有力的工具。"因此，"概念图式"（范式）便具有认知工具的意义。一种范式就是一个科学共同体共同拥有的信念、认知工具和科学成就形成的认识框架，一个科学共同体的共同范式使他们开拓了一个共同的科学理论领域。

范式的转换与科学革命密切相关。科学革命的发展历程通常是：前范式科学（经过竞争而建立起范式）—常规科学（反常与危机使既有的范式发生动摇）—科学革命（经过竞争与选择而建立起新范式）—新常规科学。新旧范式之间具有"不可通约性"，范式的变革不可能是知识的直线积累，而是一种创新和飞跃，一种科学体系的革命。当一个新的范式替代旧的范式时，意味着科学革命的开始。

生物进化的过程，是遗传、突变与选择交相辉映的过程。库恩的范式的转换与科学革命学说，实际上论述了知识进化中的知识创造的"突变"机制。理查德·道金斯提出"模因"（meme）学说，认为："模因在诸如语言、观念、信仰、行为方式等传递过程中与基因在生物进化过程中所起的作用相类似"，这实质上也是论述知识进化中的知识系统自身通过模仿而传递的"遗传"机制。

4.1.3　日本学者的知识创造螺旋理论

20 世纪 90 年代中期以来，日本著名知识管理学家野中郁次郎等推出《创造知识的企业》、《知识创造的螺旋》和《创新的本质》三部专著，提出了 SECI 知识转化模型和有组织的知识创造的基本原理，揭示了创新团队中可以通过个人间分享意会知识的社会化机制（socialization），把意会知识通过隐喻、类比、概念等方式变成言传知识的外化机制（externalization），将不同的言传知识分析、组合，产生新的系统化知识的整合机制（combination）以及将通过社会化、外化和整合获得的经验以思维模式和技术诀窍共享等形式变为为个人意会知识的内化机制（internalization）四个阶段的转化循环不断创新。

SECI 知识转化模型说明，知识创新除了个体的心理活动外，还存在中观与宏观层次的群体和社会知识创新的团队行为。包括：信息交流知识共享、知识技能互补协同、思维激发智力放大、知识资源整合重建和促进知识转化创新。这更能解释某一领域和全社会知识发展演进的机制。

4.1.4 国内知识系统论和知识管理研究

20世纪80年代以来,在学习借鉴国外知识及知识管理研究成果的基础上,国内学者分别从哲学和经济学角度开展知识研究。其中,李喜先等组成一般知识系统论课题组,从知识系统整体着眼,研究知识的生成论、本体论和价值论,形成《科学系统论》《技术系统论》《工程系统论》和《知识系统论》4本专著。王众托领衔的研究团队以知识系统工程和知识管理为研究重点,形成了一系列论文和专著。吕乃基的《论知识进化的演进历程》等系列论文重点探讨了意会(隐性)知识和言传(编码)知识在知识进化中形成的历程。

李喜先等在分析认识论与知识论的区别和联系基础上,强调知识的客观实在性、整合生成性和多种价值性,并进而研究知识创新战略。其中,李喜先提出,"知识系统的生成类似于生物系统发育",未来社会"唯有知识才能成为社会系统的'序参量',长期地起着支配作用";金吾伦提出,"通过思维提出的问题才真正是知识的种子",提出知识"整体生成论"和"整体突现论"等。

王众托在《知识管理》中提出:"创新要依靠组织知识,而怎样使创新集体中每个人的知识都能与其他人沟通共享,形成组织知识,是一个非常复杂的组织行为和社会过程。""更重要的是对怎样生成新知识进行管理。""对知识工作的管理包括对一部分知识(可编码的知识)直接进行管理和对知识工作者(隐性知识的拥有者)的管理。"……

吕乃基在《论知识进化的演进历程》等论著中提出,在微观上探究知识的进化,表现为:编码知识与隐性知识的互动、硬件软件化和软件硬件化;知识遗传基因所揭示的知识的遗传与选择;知识的聚散,以熵的概念理解全球化中的知识流和知识创新。在宏观上研究知识的历程和规律,表现为:远古和古代的隐性知识、想象(隐喻)、嵌入编码知识经近现代非嵌入编码知识,到后现代的隐性知识、虚拟知识、隐喻、嵌入编码知识。他指出:"揭示知识的演变方式,在微观上有助于知识创新,在宏观上把握知识的发展规律和趋势,从知识的视角理解人类社会的历史演进。"

上述这些见解对进一步研究知识创新的进化本质与规律以及知识创新战略极有启发。

4.1.5 技术创新论、创新系统论与创新生态论[2]

创新理论源于经济学界,其发展经历了技术创新论、创新系统论阶段。目前,创新生态论已经发展成为现今国际创新战略的主流思想。对于创新的概念,仁者见仁,智者见智。我们赞同苗东升先生的观点[3],认为广义的创新是指创造有利于人类生存发展的新事物，一切经过人的努力而产生的事物，只要有益于社会和人的存续发展，不论是物质的还是精神的，经济的还是政治的，实体的还是符号的，都是创新。

技术创新论又称为技术推动论，其首创者是熊彼特。1934年，他提出创新过程始于发明，最终带来货币收益的创新。技术创新论认为，创新是个先有发现然后由发现到发明，由发明到产品再到商业化的直线性的过程，又称为创新的线性模式。技术创新研究重点应放在成果转化，推动创新主要靠增加研发（R&D）的投入。

随着对创新过程认识的深化，人们发现：创新过程绝非简单的线性过程；创新过程包含多个环节，不同的环节应由不同的行为主体担当；创新过程的各环节间存在复杂的交互活动，这种交互由参与创新的所有行为主体开展；各组织（或机构）的创新离不开外界的影响，单个组织（机构）不可能孤立创新。由此，创新系统论逐步成形。

国际经济合作组织认为，一个国家内影响创新和技术扩散方向和速度的市场和非市场的体制构成了国家创新系统（OECD，1999）。创新系统包括国家创新系统、区域创新系统、产业创新系统。创新系统论的理论要点：创新是集体的事业，是系统的行为；创新系统由多要素或行为主体、多环节构成；创新活动是系统内要素间的交互作用或互动的过程；交互的内容、形式、规模、绩效取决于系统的体制。

1993年，詹姆斯·摩尔（James Moore）将商务生态系统的概念引入创新研究领域以后，创新生态系统（innovation ecosystem）的概念开始流行，并逐步上升为国家意识。2004年6月，美国总统科学技术顾问委员会向布什总统提交了一份报告，其题目为"可持续的国家创新生态系统"（Sustaining the Nation's Innovation Ecosystem）。2011年10月，欧洲议会"第三届欧洲创新高层论坛"的主题就是"面向欧洲的创新生态系统"。2012年9月，印度召开了题为"面向更好的创新生态系统"的国际会议。创新生态系统的边界相对开放，具有多学科、自组织、开放式创新、人才的全球寻求、知识共享、以用户为中心、感知和灵活响应等特点。

技术创新论、创新系统论、创新生态论对知识创新进化研究具有重要价值。狭义的知识创新可理解为知识的个体发育或具体知识的生成，表现为新知识个体的出现，问题是生成新知识的种子；知识进化则可理解为知识的系统发育或知识体系的演进，表现为新知识种属的出现，分化与整合是知识进化的主要模式；知识创新的直接结果在客观上、整体上表现为知识进化，即新知识个体与种属不停地生成。知识创新是知识系统进化的前提。知识创新、知识进化是发生在世界3

的客观现象，知识创新使知识进化得以实现。

4.2 知识体系创新的进化机制

知识创新的进化观念，首先应揭示知识体系创新的进化本质和机制。知识作为客观的体系或系统（世界3），是与人类文明的发展同步演进的。知识系统进化的动力，来自子系统和要素之间的线性、非线性相互作用及其协同机制；具体知识的生成，源于系统内部各要素自组织作用基础上的突现机制；知识进化的螺旋递增性，则是组织和社会中各类知识的扩散与转化超循环机制的外在表现。其实质是辩证法的对立统一、量变质变、否定之否定三大规律在知识系统演化发展中的体现。

4.2.1 知识系统内外线性非线性作用的竞争协同

知识系统内外都存在着海量的各种线性与非线性作用，内部各门类知识及其与环境要素之间的线性与非线性相互作用及其协同机制，形成了知识体系进化的动力。随着知识系统的发展进化，知识量呈指数增长；各类知识之间的线性与非线性相互作用更加丰富多样，经历"问题—猜测—证伪—新问题"的反复竞争选择，整合形成新知识。但是，线性与非线性相互作用和竞争协同机制，不仅仅存在于上述言传或显性知识之间，而且存在于整个知识体系中。

英国著名物理化学家、思想家波兰尼将知识分为意会知识（tacit knowledge）、意蕴知识（implicit knowledge）和言传知识（explicit knowledge）。我们认为，意会知识只是难以表达或难以精确表达，而不是绝对无法表达，与意蕴知识都是尚未表达的知识；意蕴知识本质上只是意会知识转化为言传知识的过渡形态，应属意会知识的一部分。

意会知识是人们在复杂的生活与工作经验过程中，通过领悟获得的难以精确表达和交流的认识结果以及难以程序化的技能、技巧。其产生机制是实践经验和感知的非线性作用。但由于概念的模糊性和技能的非程序性，意会知识难以评价，其传承主要依靠家族或师徒关系，不便于规模教学，也很难将意会知识整合为知识系统。因此，意会知识难以直接成为社会普遍共享的知识。

意会知识的发展主要有赖于个人的勤奋和天才，主要表现为知识领域的扩展和表达路径的增加，包括观察视角（如中医各学派）与表达方式（如唐诗、宋词、元曲）的不同，而不是在已有知识基础上的深化和递进。很难比较、揭示同一领域和路径意会知识进步的路线。因此，杰出人物在意会知识发展上起到决定性作用，后人不一定都能超越前人。

言传知识是人们对生活与工作中某一问题，通过理性和逻辑思维获得的可以精确表达和交流的认识结果，以及可以程序化的技术。言传知识的生成主要通过科学研究中，研究者的意会知识出现整合、顿悟、外显和言传知识自身的系统化生成。意会知识转化为言传知识的机制，可能是非线性相互作用导致信息形态的转化，也可能是意会知识发挥催化作用，突现为言传知识。

言传知识的精确、清晰与可交流性，便于对其进展进行比较和评价，也便于系统、规模性交流与教学。因此，可以通过学校教育使言传知识得到继承，通过学者的研究将其整合为知识系统，并使其转化为社会普遍共享的资源。因此，在人类历史进程中，言传知识不断得到继承、积累、淘汰、深化和发展，可以比较、揭示同一领域和路径言传知识进步的路线，并使其成为知识系统进化的标志。

知识创新的微观层次，是个人知识创造的心理过程。创新源于好奇，好奇就能在他人认为是"常理"或"真理"的事物中提出问题，故能思人之未思，见人之未见，行人之未行，道人之未道。个人知识创造的心理，往往经历准备-酝酿-顿悟-验证的过程。从心理酝酿到顿悟，有一个从非逻辑思维的意会知识到逻辑思维的言传知识的转化过程。此过程中，头脑里各种意会与言传知识之间在复杂的线性与非线性相互作用下相互转化，涌现出新的有序知识结构。其中部分实用性强的技术知识和工程知识的创新，往往具有线性作用的特征；而科学知识和基础技术知识的创新，则往往是非线性作用的结果。团队和国家的知识创新机制也类似。可见，创新的实质是通过知识体系的耗散运动，在技术、经济与人文因素复杂的线性与非线性相互作用下，自组织涌现出新的有序结构。其哲学本质是新信息的生成和新结构、新功能的诞生。

总之，知识系统内外的线性与非线性相互作用和竞争协同机制，驱动创新个体意会知识的生成、意会知识的传播、意会知识向言传知识的转化、个人知识向组织（社会）知识的汇聚、言传知识的系统整合，最终实现新知识的生成和知识体系的进化。

4.2.2 知识系统内部自组织作用的突现机制

知识体系的创新发展，除了系统内外非线性作用外，还必须通过知识体系内部的自组织作用，以及在此基础上的突现机制。知识创新既是知识作为自主系统的自组织突现，又是创新主体——人（包括个人、团队和机构）的认识过程和社会的他组织行为与过程。因此，知识创新是他组织与自组织相结合的过程，其中他组织行为必须符合自组织机制才能产生正面效果。

知识系统创新的自组织，表现在其子系统理论、方法的交叉、整合与创新主体之间的交流、合作，并在多因素非线性相互作用下，突现新知识。知识创新的自组织突现机制，源自知识基因在系统中非线性相互作用下出现可遗传的突变。因此，知识资源越丰富，其非线性相互作用越复杂，自组织创新就越活跃。

知识系统创新的他组织作用，表现在人民生活、经济建设、社会发展和国家安全等需求的牵引，国家、企业注意力和财力的投入；还表现在社会政治环境对创新主体的激励和保障。营造知识创新的良好生态环境，是最重要的他组织行为。

就知识系统自身而言，其内部的非线性作用是如何转化为自组织机制的？突现又需要什么条件或基础？李喜先先生强调元知识的重要意义。即元知识是关于知识的高层次知识，是对知识进化的系统反思和哲学反思，以达到高级的认识；而元知识的出现就是知识进化到一定历史阶段的产物。简言之，元知识[4]是指关于知识的知识，它涉及两个方面：知识的构成要素和知识的表达结构。知识的构成要素是概念，特别是抽象概念，它们往往是知识的对象，具有普遍的特征。知识大都是意会知识，难以表达，特别是抽象知识。为了知识的显性化，必须用精密的人工语言，如数学及计算机语言等。这些语言的特点在于人工性、精密性、确切性，它们是人类认识不可缺少的工具，也是形成知识系统不可少的要素。这样，符号科学或形式科学连同哲学形成知识系统的必要条件。元知识系统包括：哲学，其基础分为存在论、知识论、价值论；形式科学，其基础分为4门科学，即语言学、逻辑、数学、系统科学。

元知识的概念极富启发性，其内涵具有可拓展性。我们认为，元知识是揭示自然界和社会各类事物的本质及其规律，并对知识体系的形成、发育和进化具有决定性意义的知识。学科是人类认识特定事物形成的独特知识体系，不同学科均有其本领域的元知识；知识创新链的不同环节（哲学–科学–技术–工程–产业）亦具有相对独立性，故也有该环节的元知识。

在知识系统内不同知识非线性相互作用时，元知识提供了不同要素耦合、协同并突现新知识的平台；各类知识的发生耦合与协同后，将产生驱动新知识生成的新的有序化结构和路径。不同学科发生交叉时，各自元知识的融合生成新学科的元知识，成为新学科发展的基础。因此，元知识具有5个基本特性。①基础性。元知识是指各知识领域的基本理论、基本原理、基本价值观、基本原则、基本方法等，即构成各类知识的基础，如元素周期表、$E=mc^2$等。元知识的系统基础性和普适价值性，是知识基因遗传保守性、稳定性和连续性的反映，是知识创新的立足之本。元知识是不可"推陈"、不可跨越的，如有缺失将影响知识系统的发育和进化。因此，知识创新要"立本求新"，而不是"破旧立新"。②层次性。狭义而言，元知识是各知识领域中的最高层次知识、众学之"学"、科学的科学;广义而言,知识创新链各环节的元知识,既是该环节最高层次的知识,也是该领域次高层次的知识。③隐匿性。元知识是需要知识系统发育到一定阶段后经深刻反思而获得的知识,其生成机制是相关知识非线性相互作用自组织整合与突现,具不可预测性。④遗传性。知识的被创造,或者说,新知识的生成,必须建立在先前知识的基础上,以先前知识为出发点;否则,知识大厦是建不起来的。即使建起来,也只能是空中楼阁。元知识在知识系统发育和成熟中起到"遗传基因"的作用,对分支学科的形成起决定作用,体现在该知识领域众学之中,如达尔文的进化论之于现代生物学。⑤支配性。元知识在知识系统进化中,起序参量或吸引子的决定演化方向的作用,如大爆炸理论之于现代天文学、板块漂移学说之于现代地质学等。

所以,元知识作为知识系统内部要素自组织协同突现的平台,奠定学科知识基础,驱动学科知识不断发展并体系化;促进学科成熟与转化,形成特有的理论和方法体系,促进与相关学科交叉融合;元知识的创新犹如"基因突变"或"范式转换",可引起某知识领域甚至整个知识体系的革命性进步,引导知识系统创新进化。

4.2.3 各类知识扩散转化的超循环递增机制

野中郁次郎和竹内弘高提出的 SECI 知识转化模型和有组织的知识创造的基本原理,不仅揭示了创新团队中知识可以通过社会化、外化、整合与内化机制四个阶段的转化循环不断创新,而且启示我们:国家和全社会的知识创新也存在意会知识与言传知识、个人知识与组织(或社会)知识等各类知识之间的转化循环,元知识在这种转化循环中可能起到酶的催化作用,形成相关知识的超循环,驱动知识系统整体呈现螺旋发展上升的进化图像。

意会知识与言传知识通过人际间和社会中的传授、共享或交流,构成意会知识与言传知识、个人知识与组织(甚至社会)知识之间相互作用、相互转化,共同构成知识进化的超循环机制和螺旋上升形态。但是,知识进化表现出来的形态,则是言传知识的进化树。在意会知识转化为言传知识过程中,个人知识也相应地转化为组织和社会知识;而在各类知识相互转化的超循环运动中,社会知识呈整体性增长与进化,表现为各学科整体性发展和新学科的诞生成长。

意会知识与言传知识通过相互作用与相互转化,在知识创新中发挥着互补与相互促进作用,因而都是知识创新及其研究的对象。知识创新战略是国家促进知识创新的他组织行为。鉴于意会知识是自组织突现的结果,在知识系统进化中作用又难以评估,而且具有难以精确表达和评价的特点,很难在知识创新的战略目标、战略举措中,描述意会知识。因此,知识系统的进化,主要表现为言传知识的积累和突现;知识创新战略的目标和评价,也主要以言传知识为标志。

4.3 知识创新模式的进化路径

知识创新的进化观念应揭示知识创新模式的演进依据和进化路径。知识创新模式是创新主体在认识和创造过程中的组织与行为模式。知识创新的模式随着人们对知识创新及其机制认识的深化而发展演进。

但是,有关创新模式的研究还是始于经济学界,哲学界缺少论述。在国内,葛霆等比较系统地研究和介绍有关创新理论和创新模式的成果。其中,最有代表性的创新模式研究是罗瑟威尔1992年提出的创新模式分代,即第一代"技术推动线性模型"、第二代"市场拉动线性模型"、第三代"同步耦合模型"、第四代"交互环链模型"和第五代"网络模型"。2003年,玛丽诺娃和菲力莫尔则提出:第一代为"黑箱模型",第二代为"线性模型",第三代为"交互模型",第四代为"创新网络和国家创新系统模型",第五代为"演化模型",第六代为"创新环境模型"。葛霆认为:"创新模式的演化反映的是对于创新过程认识的深化","本质上没有摆脱技术创新论的束缚"。

我们认为,知识创新的本质是新知识的创造与知识价值的实现,即知识的创造和创价。知识创新模式作为创新主体的组织模式和行为范式,必须适应知识系统自身进化的需求;知识创新模式的进化,必须符合知识创新的内在规律。知识创新模式存在着从个体到整体、从单一到交叉、从简单到复杂、从低层到高层的整体演进趋势,实质上是在环境需求的压力下,遵循文化选择原理、知识创新自组织行为的层次跃升以及他组织作用的逐步介入与强化。知识创新模式的进化路径主要是从点式、群式、链式再到网式,其机制主要有个人隐性知识的升华、群体知识的场效应、多群体社会知识的融合、全社会知识网和创新网的共生等。

4.3.1 个人点式知识创新模式

知识是人的脑力劳动的产物。个体知识是个人脑力劳动的产物,公共知识是群体共同脑力劳动的产物。在人类知识创新活动中,个体处于最基本的地位,是最小的知识创新单元,其地位和作用类似于生物体中的细胞。

个体进行知识创新的典型案例是老子著《道德经》。《史记·老子韩非列传第三》记载:老子修道德,其学以自隐无名为务。居周久之,见周之衰,乃遂去。至关,关令尹喜曰:"子将隐矣,强为我著书。"于是老子乃著书上下篇,言道德之意五千余言而去,莫知其所终。

自古至今,老子悟道式知识创新模式极为常见、最为普遍,似夜晚天空的点点繁星。因此，这种模式可以称为"个人点式知识创新模式"。此模式中，个体为知识创新主体。知识创新思维方式古今不同、中西各异，知识创新机制方式多为采集、参悟、独创，知识创新结果多表现为个人著述、感悟。事实上，每一个人都是老子悟道式知识创新的主体，差别只是所创新知识的时空扩散范围明显不同。在科技领域，古今中外这种知识创新模式的例子不胜枚举，中国如祖冲之、李时珍、陈景润等，外国如牛顿、爱因斯坦等。这种知识创新模式，反映创新个人的意会知识与言传知识，在非线性相互作用基础上自组织协同，突现新的有序化结构——新知识的知识创新机制。

4.3.2 团队群式知识创新模式

波普尔曾将蜜蜂酿的蜂蜜喻为知识。事实上，蜂群酿蜜是一种常见的、重要的知识创新模式，具有非线性、自适应等特点，较前种知识创新模式的知识创新效率更高、知识创新效益更好。在重点实验室、科研院所、研究型大学、研究型医院、创新型企业等创新系统中，既有分工又有合作的蜂群酿蜜模式是占主导地位的知识创新模式。其实，在古代这种知识创新模式亦不鲜见，如中国春秋战国时代，儒、法、墨、名各家学说创立，孔子治学就采取与弟子集体讨论、与他家辩论的形式；传世的儒学经典，就包括孔子与他的弟子孟子、荀子等的学说。因此，这种知识创新模式也可理解为"团队群式知识创新模式"。

这一模式中，知识创新的主体不再是单独的个体，而是分工明确的群体，由功能相同或相近的个体会聚成专业组织，形成具备特定知识创新功能的结构单位，这种他组织与自组织紧密结合的创新主体组织模式较为普遍。知识创新的机制是整合生成，方式主要是集成创新，结果多表现为知识体系的系统构建与整体推进。贝尔实验室和卡文迪士实验室可谓现代团队群式知识创新模式的杰出代表。

团队群式知识创新模式，是适应企业或院校内有组织的知识创造的基本原理和SECI知识转化模型的组织模式与行为范式，反映了知识创新群体中意会知识与言传知识、个人知识与组织知识甚至元知识与专门知识，在非线性相互作用下相互转化，形成知识转化的超循环，从而生成新知识的规律。

知识创新"蜂群"有其特定的创新思维模式，在宏观上往往表现为传统风气或单位文化，即校风、院风、学风、机构文化、校园文化等，是经过长期组织学习才能形成并固化的。因此，提升机构的知识创新能力，加强机构的风气建设和文化建设是非常重要而有效的途径。

4.3.3 多群体链式知识创新模式

当知识创新从创造阶段走进创价阶段，知识则从学术领域走进经济领域，创新模式也就从个体化、群体化模式，迈向社会化模式。如果从基础研究、应用基础研究、应用研究的传统线性科研模式看，这种知识创新的结果常表现为一条知识链；相应的上游、中游、下游知识创新活动也构成了一条多群体知识创新活动链。因此，这种知识创新模式可以被解读为"多群体链式知识创新模式"。这种知识创新模式与经济学界提出的"技术推动或市场拉动线性模型"是相应的，各类产学研联合体是这种模式的代表。

这种知识创新组织比知识创新个体和个别群体高一层次，能涌现出个体、个别群体所不具备的新质。知识创新组织的创新机制是组织学习，组织学习是组织为了实现发展目标、提高核心竞争力而围绕信息和知识技能所采取的各种行动，是组织不断努力改变或重新设计自身以适应持续变化的环境的过程。组织学习过程比个体学习过程更为复杂，组织学习主要是具有共同思维模式的个体行为的结果。

多群体链式知识创新模式是通过组织学习形成的，既适应个人知识、组织知识向社会知识转化的社会知识创新机制，又适应知识实现其价值的社会需求。在多群体链式互动过程中，知识进入"问题—猜测—证伪—新问题"的反复循环，通过超循环机制不断有新知识生成，知识体系不断完善，知识价值不断得以实现。

4.3.4 网络互动式知识创新模式

在前述 3 种知识创新模式中，特别是第 2 和第 3 种模式，构成创新群体的所有个体需要处于同一时空维度内。在全球化的网络时代，这一时空维度的限制被打破，不同国家、不同地区的网民，由共同的兴趣聚为一体，实施新模式下的知识创新。维基百科就是这种网络环境下新的知识创新模式的代表，可称为"网络互动式知识创新模式"。2003 年全球对 SARS 病原体的确证，是充分运用网络平台较为成功的知识创新范例。

2002 年 11 月 16 日，广东佛山发现中国境内第一起后来称为 SARS 的病例。

2003 年 2 月 3～14 日，广东发病进入高峰。2 月 11 日公布患者已有 305 例，死亡 5 例。

2 月 18 日，中国疾病研究中心病毒研究所通过电镜从两例尸解标本中发现一种颗粒，判断为衣原体形态。当天，该中心宣布，广东严重急性呼吸道综合征的病原基本可确定为衣原体。

2 月 18 日下午，广东省卫生厅召开紧急讨论会议，就衣原体问题与广州各大医院专家交换意见。专家组成员一致认为，不能简单地认定衣原体就是唯一的病原。

知识创新战略

3月12日，世界卫生组织正式发出一些地区出现急性呼吸系统综合征这一流行病的全球警报。

3月15日，世界卫生组织将此病改称为严重急性呼吸系统综合征（SARS）。

3月17日，世界卫生组织联合全球9国11个实验室组成联合网络，协作攻关，查找SARS病原。中国香港加入其中。

3月21日，中国军事医学科学院微生物学研究所从临床标本中初步分离出冠状病毒，此结果未对外公布。

3月24日，美国疾病预防控制中心宣布，一种从未见过的冠状病毒家族成员最有可能是SARS致病病因。该中心没有获得副黏液病毒的实验进展。

3月28日，中国政府正式加入世界卫生组织的全球合作网络，使该网络成员增至9国13个研究室。同日，香港大学微生物系宣布已从SARS患者组织标本中分离出冠状病毒，推断其可能是致病病原。

4月4日，世界卫生组织在其网站公布阶段性研究成果，全球有10个实验室倾向于认为致病病原为冠状病毒。

4月12日，温哥华基因组中心首次得出可疑冠状病毒的基因组排列。

4月13日，卫生部非典型肺炎防治领导小组研究决定加强对病原学研究的管理工作。

4月13日，加拿大科研人员宣布破译了怀疑与非典型肺炎有关的冠状病毒基因。世界卫生组织称这一成果是非典型肺炎防治工作向前迈出的重要一步。

4月16日，荷兰科学家成功完成冠状病毒实验的动物模型，确证导致全球肆虐的SARS病症是由一种新型冠状病毒引发的。至此，国际病毒学界确认病原的"科斯假设"四条件全部满足。

4月16日，全球联合攻关网络成立后一个月之时，世界卫生组织在日内瓦正式宣布，SARS病毒已经找到，正式命名为SARS病毒。

这种知识创新模式，是一种全新的模式。它与经济学界提出的创新的"网络模型"是相应的。一方面，它回归了人类求知的本性和知识创造的公益性；另一方面，它反映了全球化趋势下，人类追求共同利益与和谐共赢的普世价值观。其知识创新组织模式是松散的、自由的、自发的，知识创新机制是超时空整合集成的，知识创新方式是共建的、自主进化的，知识创新结果是实时呈现、无限共享的。

世界经济、科技全球化趋势和互联网的出现，呼吁知识资源的全球交流、应用和无私奉献的文化，构建了知识创新的全球性平台。发达国家在利用此平台促进知识创新的同时，强势输出其价值观并干预他国内部事务。知识创新战略中，必须科学地解决互联网平台的利用和管理问题。

上述四种知识创新模式，是随着人类知识创新的趋势和知识体系自身进化而陆续发展起来的。知识创新模式的进化，反映人们对知识创新非线性协同机制、自组织突现机制、超循环演进机制认识的深化。后一种模式往往包含前一种模式，而不是替代前一种模式。知识创新模式呈现从个体化向群体化、社会化和全球化发展的趋势，反映了当代知识体系进化的交叉性、综合化与整体融合的机制，要求知识创新的组织行为模式向更加科学、高效地集成创新要素与资源的方向演进。

本文所指知识创新模式与库恩提出的"范式"是相关而不同的概念。库恩的范式是科学共同体观念形态范畴的思维框架，知识创新模式是创新主体的组织形态和行为方式；库恩的范式具"不可通约性"，知识创新模式具"可包容性"。

4.4 知识创新生态类型的分析

知识创新生态环境是知识创新活动所处的内、外环境，主要是社会、人文与经济环境，既指客观知识体系创新的社会、人文与经济环境，又指包括创新主体—人与创新客体—客观知识在内的知识创新系统的社会、人文与经济环境。环境的影响往往表现在对知识创新的需求和支持两大方面，其中环境需求，表现在对知识创新的资源投向与投量上；环境支持，体现在政治、经济、文化等政策对自组织创新的适应与促进上。

社会和经济发展需求，永远是知识创新的强大动力。人是知识创新的主体，知识创新政策应激励创新主体的创造动机，调动创新主体的积极性。企业与国家的技术创新，都是为了企业与国家的利益，具有微观或宏观的功利性。因此，在激烈的国际竞争中，知识产权保护与专利战略成为企业和国家发展中高度重视的问题。

但是，科学创新的动机往往是出于好奇心与兴趣，是为了认识世界、追求真理，不能追求功利目标。世纪之交出现的维基经济和协同科学，建立在参与者的自愿和兴趣上，强调知识与利益的共享，而不是保护知识产权。这是对传统观念和现行政策的否定。2003年国际十几个实验室合作破译SARS冠状病毒基因序列的事例，反映了全球化形势下协同科学发展的趋势。

经济、科技全球化形势下的知识创新，充满着竞争与合作。知识创新战略和政策的制定，既要考虑知识产权保护，维护企业和国家利益；更要考虑知识产权利用，促进科学技术发展，注重全人类的共同利益。因此，在制定经济与科技战略时，要重视合作博弈思维的应用。

从知识创新生态学观点看，研究与制订知识创新战略是培育国家竞争力的需要，受国家与民族利益的制约。因此，发展中国家和新兴经济体，知识创新战略必须考虑国际竞争的生态环境，立足自主创新。

但是，任何知识创新战略或政策，最终都必须尊重和符合客观知识创新的自身规律，构建健康的知识创新生态系统。知识创新生态系统由知识创新个体、知识创新链、知识创新网络、知识创新环境组成。复杂的知识创新网络是知识创新群落以及知识创新生态系统的基本的组成部分。归纳起来，知识创新主要有自由型、竞争型和合作型三个生态类型。

4.4.1 自由型知识创新生态

在知识创新生态系统中，知识创新者是系统中的生物个体，每一个知识个体都具备知识生产者、消费者和分解者的功能；基于不同任务的知识团队则代表不同的种群；系统中的各种知识库、信息库、数据库是知识流动的物质基础。知识生态系统中的知识流动遵循一定的生态规律，如优胜劣汰、协同进化等。[5]

当知识创新生态系统内的个体数量不多，个体之间联系极少时，或创新个体处于创新系统边缘时，知识创新个体实际上是处于一种相对自由的状态，他的知识创新活动几乎不会受到任何干扰，当然要获得其他创新个体的支持也相当不易。在这种创新生态下，知识创新主体的主观能动性通常能得到最大程度的发挥。这种类型的知识创新生态在当代较为少见，而在古代和近代相当普遍。

科学知识特别是纯科学知识的创新需要自由型知识创新生态。纯科学知识是生成科技知识与工程知识的种子，能够促进学科的成熟与转化，能够引导知识创新的进化。其创新动力源自对最基本问题的好奇、质疑和探索，因而特别需要开放自由的环境，需要意会知识与言传知识的非线性交融整合。

美国物理学会第一任会长亨利·奥古斯特·罗兰在1883年说过这样一段话："我时常被问及这样的问题：纯科学和应用科学究竟哪个更重要。为了应用，科学本身必须存在。假如我们停止科学的进步而只留意科学的应用，我们很快就会退化成中国人那样，多少代人以来他们（在科学上）都没有什么进步，因为他们只满足于科学的应用，却从来没有追问过他们所做事情中的原理。这些原理就构成了纯科学。中国人知道火药的应用已经若干世纪，如果他们用正确的方法探索其特殊的原理，就会在获得众多应用的同时发展出化学，甚至物理学。因为只满足于火药能爆炸的事实，而没有寻根问底，中国人已经远远落后于世界的进步。我们现在只能将这个所有民族中最古老、人口最多的民族当成野蛮人。"[6]

话虽不中听，但发聋振聩。这警示我们，重视功用的文化传统使得我国对以纯科学为代表的知识创新相当忽视，没有为其营造适宜发展的自由型知识创新生态，错误地认为对于发展技术有效的战略、政策同样适用于发展科学。国内的一些有识之士对此已有清醒认识。武际可教授在《中国科学报》（2012-09-25，第3版）发表文章，认为基础科学（纯科学）创新不是抓出来的，而是发明者自由思考和不懈探求的结果。科学的非营利原则，说明想援引利益驱动的办法去推动科学的繁荣也是无效的。哪里"抓"创新的力度越大，也就是权力介入科学事业越多，哪里就越没有创新。

一切创新都基于人的认识、思考与创造，都是对原有理论和认识的突破。知识创新特别是原始创新，必须有一个提倡追求真理、鼓励思想自由，同时尊重事实、讲究实践的社会生态环境。自由型知识创新生态系统是与个人点式知识创新模式相应的。爱因斯坦指出："自由既是一种外在的社会条件（一个人不会因为他发表了关于知识的一般的和特殊的意见和主张而遭受危险或者严重的损害），也是内在的心理状态（在思想上不受权威、社会偏见以及一般违背哲理的常规和习惯的束缚）。""只有不断地自觉地争取外在的自由和内心的自由，精神上的发展和完善才有可能，由此人类的物质生活和精神生活才有可能得到改造。"营造自由型创新生态，是知识创新的内在需求。

4.4.2 竞争型知识创新生态

在现实的知识创新生态中，特别是从国家层面观察，竞争关系是知识创新系统中各主体间关系的主要类型。从史实判定，世界上发展中国家或落后国家追究其落后的根源，就在于缺乏基于知识的发展；反之，若要追上并超过发达国家，其最佳的战略选择莫过于确立起知识创新战略，即要使国民继续知识化，以至达到高度知识化。但是，制定国家知识创新战略，绝不能只考虑知识系统自身的创新特点和规律，而忽视其发展的竞争环境。

发达国家在利用网络平台促进知识创新的同时，强势输出其价值观并干预他国内部事务。拥有知识控制权的发达国家与企业集团为其既得利益，应用专利战略、标准战略与经济技术封锁等手段，千方百计遏制、打压发展中国家和新兴经济体的知识创新。因此，发展中国家绝不能天真地认为发达国家和企业集团会让你分享核心知识，绝不能认为只要遵循知识创新规律，就能取得创新成果。只能从严酷的现实出发，直面竞争，寻求制定和实施自主知识创新战略。

装备制造业是一国实现工业化的保证。2011年，中国装备制造业总产值超过美国，产业规模位居世界第一，然而中国装备制造业大而不强，主要表现就是不掌握核心技术。例如，2011年，中国商用飞机有限责任公司宣布国产大飞机C919将选用LEAP-X1C发动机，该发动机由美国通用电气公司和法国赛峰集团联合研制。

此外，竞争型生态环境还表现在专利态势方面，我国同样面临尴尬局面。

2011年，我国装备制造业专利申请43.2万项，是工业领域专利申请最多的行业；但发明专利申请量仅15.4万项，占总量的35.6%。与此相对应的是，2011年外国在华专利申请为32 447项，其中发明专利31 199项，占比高达96.2%。专利分为发明专利、实用新型专利和外观设计专利，其中发明专利的创造性最高，其审核也最严格。在专利申请人构成方面，中外差距也很明显。以船舶产业为例，国内专利申请中，企业申请仅占30%，其余都由个人、高校和研究机构申请，而这部分专利往往与实际生产脱节，缺少应用价值；反观国外来华申请，企业申请量超过95%，紧扣市场需求。

竞争是知识创新活力之源。竞争的外在动力来自个人、企业和国家生存与发展利益的牵引。知识产权保护，实际上是保护知识创新个人和法人的利益。因此，知识产权保护制度，成为竞争型知识创新生态系统的特征之一。共同利益的牵引，使相关的企业、院校、科研单位和其他中介机构组成产学研联合体或战略联盟，其实质既是为了优化相关创新资源，使共同利益最大化，又可以通过优势互补增强竞争力。因此，这类联合体和战略联盟也是竞争型知识创新生态系统的一种具体形态。

同时，我们不能忽略竞争还有客观知识系统自身进化的内在驱动力。从某种意义上说，创新主体在竞争中的成功，也是创新客体——知识实现了其自身价值。前文已述，波普尔睿智地揭示了客观知识的相对真理性。他指出，任何知识都是对问题的猜想，都要经历证伪，即通过去伪存真再提出新问题，客观知识才能在这种循环往复的过程中进化。客观知识经历的证伪过程，就是波普尔说的"类似于达尔文叫做'自然选择'的过程"。说明对同一问题猜想的客观知识生成后，存在竞争关系，要通过实践的检验（即类"自然选择"过程）而"优胜劣汰"，从而驱动知识的更新与增长。

因此，外在功利性牵引的知识创新主体竞争的得失成败，取决于知识创新客体——客观知识体系的内在竞争的结果，即创新主体的认识越接近真理，其掌握和应用的知识就越符合事物的本质与规律，在竞争中就越能取得主动和成功。知识在竞争型生态系统中生成、发育、成熟和进化，并且实现其自身价值。

4.4.3 合作型知识创新生态

合作型知识创新生态是一种最为理想的知识创新生态，在一国、一个区域之内，完全能够创造出来。例如，要钱有钱，要创意有创意，要人才有人才，所有创新要素都具备的硅谷就拥有一个协调型知识创新生态。又如，国内多个高新区、产业园的建设，实质上就是在为创新营造一个合作型生态环境。

建设合作型知识创新生态是一项复杂的系统工程，要重视直接体现发展需求的增加经费投入、设立重大专项等线性举措，更要重视营造知识创新环境的教育、科技、经济、文化体制改革等非线性举措，特别要重视起"知识基因"作用的科学理论、基础共性技术和具普世价值的观念的继承和保护；特别要重视鼓励创新精神、保护思想自由、有利于人的全面发展的体制改革。还必须重视国际的知识竞争的生态环境，科学地解决互联网平台的利用和管理、国际知识创新竞争、知识产权保护与交流合作等政策、法律问题。

托马斯·弗里德曼的《世界是平的——21世纪简史》与唐·泰普斯科特和安东尼·威廉姆斯合著的《维基经济学——大规模合作如何改变一切》描述了科技、经济等全球化的趋势及其表现模式，实质上描述了合作型知识创新生态和网络交互式创新模式。

《世界是平的——21世纪简史》认为，全球化的新动力是个人在全球范围的合作与竞争；平坦的世界，就是个人与小团体在全球范围内亲密无间的合作的世界；全球化不仅是政府、企业和个人相互交流、相互影响的方式，而且意味着新的社会、政治和商业模式的出现。作者提出，以网络为基础的创新平台、以联络与合作为内容的经营模式和理解平坦世界的个人，使世界平坦化动力实现三重汇合。

《维基经济学》的基本原理——"开放，对等，共享，全球运作"，从经济切入揭示了未来社会经济、科技发展的新模式，实际上揭示了新型合作型知识创新生态正在诞生。通过网络平台自愿建立的大规模协作，形成了无与伦比的创造力，揭示了自组织机制在经济、科技系统演进中的巨大作用。维基经济和协同科学建立在参与者的自愿和兴趣上，强调知识与利益的共享，而不是保护知识产权，这是对传统观念的否定。因特网为维基经济和协同科学的发展提供了平台。无私奉献是网络的支柱，奉献文化环境孕育了持续发展的自由创新精神。

科技与经济全球化，呼唤大规模协作的经济运作模式与和而不同的和谐文化；全球化的表象后面，蕴藏着知识生产力的发展正在催生新的生产关系和上层建筑的社会革命，而这种革命将以一种新的追求各国、各民族、各阶层共赢的形式进行。每一个关心国家与民族发展、关心人类命运的人，都应该以历史的、战略的眼光，分析这种趋势对现实与未来的挑战，以及带来的发展机遇。

世界平坦化是一个充满着竞争、合作与曲折的渐进过程。各国、各民族、各公司一方面为了眼前利益而竞争，另一方面为了长远利益而合作。发达国家、强势民族和跨国公司力图维护既得利益，"筑墙"阻止不利于眼前利益的平坦化，主导合作游戏的规则；发展中国家、弱势民族和小企业要力争自身权益和话语权，力争跨越发展、立足世界。其中，政治的、经济的、科技的、甚至军事的竞争与斗争十分激烈。但是，这种竞争与斗争恰恰是合作的前提，是使各方权益达到共赢局面之前的磨合过程。实现共同发展，构建和谐世界，是世界平坦化的方向。

科技、经济全球化要求知识创新全球化。合作型知识创新生态，正是适应知识创新全球化时代的需要而产生的。同时，当今知识体系内多学科的交叉、综合趋势，反映知识体系的整体性本质，也提出了建设合作型知识创新生态的内在需求。在各国政治家、经济学家探索人类与自然和谐的可持续发展之路时，需要各国、各企业的合作；在各学科的杰出学者共同探索"万物之理"时，需要全世界科学家的合作……合作是系统内外要素相互作用产生的协同，是系统自组织突现的新有序结构，是系统发展进化的根本动力。当然，也是知识创新的根本动力。

三类知识创新生态系统，是在人类文明和客观知识体系发展进化过程中逐步形成的。它们之间不是相互替代的关系，而是相互包容、相互补充的关系。知识创新生态系统的进化，是人类社会的外在需求与知识创新的内在规律相互作用与融合的结果。营造适合国情的知识创新生态系统，是制定知识创新战略的重要内容。

4.5 知识创新的未来发展前瞻

知识创新战略是引导和促进知识系统进化与利用的全局性、长远性谋划与举措。研究与制订知识创新战略，应依据知识的本质属性，遵循知识演化的规律，合理前瞻发展趋势，有为有不为，促进客观知识体系与知识创新模式的发展进化，推动整个社会迈向以知识为发展中轴的社会。

4.5.1 知识型劳动者将成为劳动者大军主力

知识创新要依靠知识型劳动者的贡献，随着高等教育的普及和终生学习的普遍化，知识型劳动者将由社会劳动生产大军的核心转变为主力，成为社会发展的中坚力量；以知识创新为核心的智力劳动，将成为社会生产劳动的主要内容，社会经济、科技、军事等各领域都将进入知识化变革和转型阶段。

知识化世界需要知识型劳动者，需要被知识武装起来的知识化劳动者。因此，人人都应该培养自己"学习如何学习"的能力，永远拥有激情与好奇心，勇于创新、创业。因此，大学教育的投入和教育体制的改革，是各国迎接挑战最重要的措施。培育大批深刻认识世界平坦化的政治家、企业家、军事家、教育家和艺术家等，是关键的关键。

面临各领域知识化转型和世界平坦化带来的挑战，国家要积极培育新兴中产阶级。新兴中产阶级是以知识为本的创业者和劳动者。包括能协调全球供应链的管理者，能综合各种学科知识的复合型人才，善于将人类经验与计算机结合互补的人才，能不断学习新知识、善于博弈和决策的经济、军事人才，具有个性化的经营者和善于本土化的企业家等等。新兴中产阶级不仅是国家经济的基础，而且是政治稳定的支撑。

4.5.2 知识创新的不竭源泉是元知识的创新

元知识是有关知识的知识，是高一层次的知识，其主要内容就是知识哲学。用生物进化理论来解读，元知识也可以理解为载有遗传信息的知识基因，元知识创新就是基因突变，是经选择并能稳定遗传的基因突变，可以表现为核心概念的形成、重大原理（如牛顿力学）的发现等。基因的突变，对生物的性状有决定性、深远而广泛的影响。此外，科技活动中的范式转换也有类似的效能。因此，元知识创新，或者说是知识哲学创新，对于知识创新的进化具有重大价值，是知识创新的不竭源泉。在元知识创新高度活跃的社会，人类将会在认识宇宙、物质、生命和意识的本质与运动规律方面取得突破性进展，科学技术革命的时代将真正到来。

任何知识创新战略都应尊重知识创新的客观规律，对于元知识的创新更应如此。元知识创新的战略选择应是"无为"，即真正尊重知识创新的自组织机制，持续营造有利于元知识非线性相互作用的政策与人文环境。

4.5.3 知识创新的理想模式是适时整合突现

知识有老化现象，知识作为一种意识化的客观信息生成后，本身不会再变化，但它对世界2的意义和价值在逐步降低，这就是知识的老化。环境的选择压力是造成知识老化的决定性因素，科学、技术、社会的进步都会加快知识老化的进程，社会变革越快，知识老化速度越快[7]。

知识作为一种资源的独特之处在于，它一经创造出来，便成为过时的东西。因此，仅在宏观趋势意义上，知识创新的理想模式应当是适时创新模式或即时创新模式，在最需要新知识的时候，通过适时交叉整合突现，创造出新的知识来。唯有如此，才能实时应对万变的世界，才能应对加速的知识老化，才能满足实时的知识需求。

理想的知识创新模式需要完全不同以往的知识创新体系与知识创新范式。现实网络环境下，维基百科的知识共建共享模式，本质上就是一种全新的、实时的、网络化的知识创新体系与范式。2003年全球充分运用网络平台合作对SARS病原体的确证，对及时控制疫情的进一步蔓延发挥了决定性作用，也是知识适时整合创新范例。

4.5.4 知识创新的适宜机制是多元交融共创

维基经济和协同科学的出现,说明多元交融共创是符合客观知识进化规律的知识创新适宜机制。网络为形成多元交融共创的知识创新机制提供了良好平台,最新例子就是小米手机的发明。小米手机是北京小米科技有限责任公司研发的一款高性能发烧级智能手机。在研发过程中,小米公司采用了独特的"用互联网的方式做手机"模式,实质上就是多元交融共创的知识创新范例。

小米公司将手机研发过程拆解成若干模块,每个模块分别由数名研发工程师负责。这些工程师通过小米论坛、微博等方式,直接与粉丝互动,从消费者那里获得反馈信息,快速改进产品,达到了每周推出一个新款的速度。在数十万"米粉"的网络化参与下,一项项符合国人使用习惯的创新在小米手机上陆续诞生。典型案例是小米手机的输入法。一开始,小米手机采用的是安卓原生的输入法,过了一段时间,许多用户投票决定,他们更喜欢搜狗输入法,小米手机将其更换为搜狗输入法。半年之后,由用户自主发起第二轮投票,大多数用户支持不放置任何输入法,由他们自己选择装什么样的输入法。于是,小米手机干脆不装任何输入法!这也是小米手机受到发烧友的狂热追求,走向成功的最主要原因。由此可见,知识创新的适宜机制,应当是在实时网络平台上知识创新相关要素的多元交融共创。

维基经济学"开放、对等、共享、全球运作"的四大原则,不仅描述了这种创新模式的特点,而且具有重大的文化创新的意义。因特网对人类社会的影响令人深思,基于因特网而形成的创新文化,突破了国家、民族的界限,为东西方文化的交流融合与每一个人自由地全面发展提供了平台。这实际上启示我们,多元交融共创的知识创新,正在创造新的经济模式;未来社会的经济基础,已如旭日东升出现在地平线上。

4.5.5 知识创新的中轴作用是新的文明再造

在人类社会发展史上,知识起着重大的作用。在现代社会中,知识已成为推动社会发展的巨大力量。在社会发展的下一个高级阶段中,知识必将起着主宰作用、支配作用,知识创新能力将起到社会中轴的作用,知识创新将再造新的文明。阿尔文·托夫勒在《权力的转移》一书中,多处强调知识的重大意义。他认为:"知识的分配比武器和财富的分配更不平等。因此知识(尤其是有关知识的知识)的重新分配就更加重要。它能导致其他主要资源的再分配。"

从史实判定,世界上发展中国家或落后国家追究其落后的根源,就在于缺乏基于知识的发展；反之，若要追上并超过发达国家，其最佳的战略选择莫过于确立起知识创新战略，即要使国民继续知识化，以至达到高度知识化。[8]这就是说，要使人均知识量、GDK，包括数量和质量，进入世界前列，进而上升到高级智慧水平，成为知识型、智慧型国家。因此，知识创新战略应成为国家创新战略的核心，是创新战略之本。

当然，知识创新的未来历程不可能是一帆风顺的，构建良好的知识创新生态将会遇到许多困难。自然界和社会的极其复杂性与人类认知的相对性，将造成元知识创新的困惑；知识生成效率的极限，将形成知识创新的困境；不同国家、民族利益的冲突，大大限制了知识的无障碍传播和共享；信息与自动控制技术的结合，使人们享用更加高效、便捷的用品，个体反而被"傻瓜化"了！……凡此种种问题，都对实施知识创新战略提出严峻的挑战，有待各国、各民族的智慧去迎接挑战，开创人类新文明。

参 考 文 献

[1] 李喜先等. 知识系统论. 北京：科学出版社，2011：2.
[2] 技术创新论、创新系统论、创新生态论的有关论述均依据葛霆先生有关资料整理.
[3] 苗东升. 论战略性创新和创新战略的复杂性//李喜先，等. 国家创新战略. 北京：科学出版社，2011：63-64.
[4] 李喜先等. 知识系统论. 北京：科学出版社，2011：156-157.
[5] 梁永霞，李正风. 知识生态学视域下的国家创新系统. 山东科技大学学报（社会科学版），2011，13（1）：25-29.
[6] 亨利·奥古斯特·罗兰. 为纯科学呼吁. 科技导报，2005，23（9）：74-79.
[7] 苗东升. 知识的消失//李喜先，等. 知识系统论. 北京：科学出版社，2011：70-72.
[8] 同[7].

5 知识创新与知识自由

董光璧

人类社会的和谐发展基于自由创造,因为文明的进步是以创造为基础的,而创造潜力的发挥又以自由为前提。如英国数学家、哲学家和教育理论家艾尔弗莱德·诺思·怀特海(Alfred North Whitehead,1861~1947)在其著名论文《教育的目的》(The Aims of Education,1916)中所指出的,全新思想的产生有赖于"人性的自由同知识的理性相结合"。这不是一个可严格科学论证的命题,历史能帮助我们理解。自由(freedom,或者 liberty)古老而又常新,轴心时代中国的百家争鸣、阿拉伯帝国百年翻译运动、启蒙运动中的法国百科全书、信息时代的网络自由等案例,启发我们认识"知识自由"(intellectual freedom),作为活动领域它如同政治自由、经济自由一样重要。

5.1 自由主义传统中的知识自由

自由主义思想的传统可以追溯到轴心时代古希腊和中国,古希腊的公民权利传统和中国"由于自己"的解缚传统。现代自由理论的奠基人是 17 世纪英国哲学家约翰·洛克(John Locke,1632~1704)、18 世纪法国思想家亨利-本杰明·贡斯当(Henri-Benjamin Constant de Rebecque,1767~1830)和 19 世纪英国思想家约翰·斯图尔特·穆勒(John Stuart Mill,1806~1873)。洛克在其著作《政府论》(Two Treatises on Government,1689)中提出的经济自由和知识自由以及自然权利观念,为其后欧陆和北美的自由主义革命以及自由主义理论的发展奠定了基础。贡斯当的著作《古代人的自由与现代人的自由之比较》(De la liberté des anciens comparé à celle de Modernes,Écrits politiques,1819),区分了作为公民资格的古代人的自由和私生活不受干涉的现代人的自由。穆勒的著作《论自由》(On Liberty,1859),最早对个人的自由权利做了全面和系统的阐述。

20 世纪英籍奥裔经济学家弗里德里希·冯·哈耶克(Friedrich von Hayek,1899~1992)阐述了自由何以必要的认识论根据。由于个人认识的局限性,每个人的行动必然有一定程度的盲目性,故而社会的最好运作方式是给个人以自由。个人免于限制所形成的自由空间,提供一个充满种种机遇的社会,从而保证了每个人的选择自由。20 世纪英国哲学家、思想史家和政治理论家以赛亚·柏林（Isaiah Berlin，1909~1997）论证了自由何以可能的价值多元性保证。价值一元论所信奉的是人与社会的"可完善性"，它相信人类最终必能扬弃一切不完善而达于完善之境。价值多元论强调的则是人与社会的"易犯过失性"，它相信人与社会永远易犯过失，因此永无可能完善。

　　理论源于实践而高于实践。从法国大革命的《人权和公民权宣言》（Déclaration des Droits de l'Homme et du Citoyen，1789）到联合国的《世界人权宣言》（The Universal Declaration of Human Rights，1948）的实践中，包括美国第32届总统富兰克林·德拉诺·罗斯福（Franklin Delano Roosevelt，1882~1945）在1941年1月6日致国会的咨文中提出著名的"四大自由"（表达自由、信仰自由、免于贫困的自由、免于恐惧的自由），人权概念从"自然权利"发展为"人类权利"，"自由权"都是人权的核心，《联合国千年宣言》（2000）又重申四大自由精神。在自由权的实践过程中，美国图书馆协会（American Library Association），针对"禁书"（Banned Books）之类阻碍阅读自由的现象，把"知识自由"作为专业领域自由权，竭尽全力提倡。

　　美国图书馆协会依据《美国宪法第一修正案》（1791），禁止制定任何法律以"确立国教"、阻碍信仰自由、剥夺言论自由、侵犯出版自由和集会自由、干涉或禁止人民向政府和平请愿的自由，相继公布了《图书馆权利法案》（The Library Bill of Rights，1939，1948年修订）和《阅读自由宣言》（The Freedom to Read Statement，1953），全面阐明了关于知识自由的立场和维护知识自由所理应坚持的原则，还在组织上成立了知识自由委员会（ALA Intellectual Freedom Committee，1940）、"知识自由办公室"（Office for Intellectual Freedom，1967）、知识自由圆桌委员会（Intellectual Freedom Round Table，1973）和知识自由行动网（Intellectual Freedorn Action Network），以推动和促进知识自由理想的实现。迄今，知识自由已风靡图书馆界，国际图书馆协会和机构联合会（International Federation of Library Associations and Institutions）在2002年5月和8月公布了两个宣言和一个声明：《国际图联因特网宣言》（The IFLA Internet Manifesto，2002-05-01）、《图书馆、信息服务机构及知识自由的格拉斯哥宣言》（The Glasgow Declaration on Libraries，Information Services and Intellectual Freedom，2002-08-19）和《图书馆与可持续发展的声明》（Statement on Libraries and Sustainable Development，2002-08-24）

　　美国图书馆协会对知识自由的内涵有如下阐述："人人享有不受限制地寻求与接收各种观点的信息权利，应提供对各种思想所有表达的自由获取，从而可以发现某个问题、动机或运动的任何或所有方面。知识自由包括以下三个部分：知识持有的自由、知识接收的自由和知识发布（传播）的自由。"简而言之，知识自由指追求知识的活动不被限制，在法律上属于人权范畴。联合国《世界人权宣言》第 19 条宣称："人人有权享有主张和发表意见的自由；此项权利包括持有主张而不受干涉的自由，通过任何媒介和不论国界寻求、接受和传递信息与思想的自由。"知识自由是人权的重要组成部分，而思想自由是其基础。思想自由权作为一种背景性权利，是其他一切权利存在的前提。思想自由是一切自由的起点，包括言论自由、出版自由、结社自由、学术独立。自由地思想是一切创造的源泉，是文明发展的基本动力，是人类存在的根本保证。荷兰哲学家斯宾诺莎（Baruch de Spinoza，1632~1677）在其著作《神学政治论》（Tractatus Theologico-Politicus，1670）中强调，思想自由或精神自由就是由理性控制行动。

对人类信仰自由与宽容精神的吁求和激情，知识自由在科学活动中体现为科学自由。奥地利犹太作家斯蒂芬·茨威格（Stefan Zweig，1881~1942）的著作《卡斯特里奥对抗加尔文，或者良知对抗暴力》（Castellio gegen Calvin, oder Ein Gewissen gegen die Gewalt，1936）强调"异端的权利"，它对于我们理解科学自由的重要性在于，没有选择错误的权利，就没有科学探索的合理性。英国物理学家和科学学家约翰·德蒙德·贝尔纳（John Desmond Bernal，1901~1971）从社会学出发讨论科学自由问题，在《科学的社会功能》（The Social Function of Science，1939）中讨论了科学的"计划"与"自由"的关系。他强调科学计划与科学自由的统一，把科学自由作为科学计划的目的和内容，使科学计划成为科学自由的手段和形式。波普尔则从哲学的角度讨论了科学自由问题，在《历史决定论的贫困》（The Poverty of Historicism，1957）中强调科学的客观性和科学本身都有赖于思想的自由竞争，在《猜测与反驳：科学知识的成长》（Conjectures and Refutations: The Growth of Scientific Knowledge，1963）中强调科学探索以认识自由为基础。他把知识的增长看作对假说的"自然选择"过程，各种猜测性的假说和知识彼此间相互竞争，科学探索的假说——演绎法的试错选择，是以认识自由为基础的理性过程。美籍德裔理论物理学家阿尔伯特·爱因斯坦（Albert Einstein，1879~1955）以其自身经历的体悟谈论自由，在其晚年的《自由与科学》（Freedom and Science，1954）中强调，只有不断地、自觉地争取"外在的自由"（external freedom）和恪守"内在的自由"（inner freedom），精神上的发展和完善才有可能。科学自由主义的传统发展导致德国《科学自由法》（2013）的诞生，非大学研究机构得到更多的独立性和自主权，可以更灵活的使用自己的资金。

5.2 枢轴时代中国的百家争鸣

"轴心时代"（Achsenzeit）是瑞士籍德裔精神病学家和哲学家卡尔·西奥多·雅斯培（Karl Theodor Jaspers, 1883~1969）在其著作《历史的起源与目标》（vom Ursprung und Ziel der Geschichte, 1949）中提出的，指的是超越原始文化的知识创新时代，这是他归纳了若干古国文明的演变而得到的结论。他将人类历史划分为史前时代、古文明时代、轴心时代和科技时代四个基本阶段，其中轴心时代作为第三阶段出现在公元前5世纪前后的几百年间。众多古文明中，只有中国、印度、以色列和希腊四个发展为轴心文明，中国的孔子（公元前551~前479）、印度的释迦摩尼（公元前565~前486）、以色列的以赛亚（？~前698）、希腊的苏格拉底（公元前469~前399）等诸贤的著作，为他们各自文明的发展奠定了基础，从而有了今天西方、印度、中国、伊斯兰不同的文化形态。美籍奥裔历史哲学家和政治哲学家埃里克·沃格林（Eric Voegelin, 1901~1985）的多卷本巨著《秩序与历史》（Order and History, 1956~1987），对于中国文化轴心时代春秋战国所出现的思想跃进给予很高的评价。

在春秋战国时期（公元前770~前221）的中国，周王室失去了对诸侯国的控制权，百余诸侯国之间频繁征战，形成所谓的春秋五霸和战国七雄，即齐、宋、晋、秦、楚五霸和齐、楚、燕、韩、赵、魏、秦七雄。政治权力的分散提供了人才流动的机会和自由思想的空间，"养士"日益成为各诸侯国君和重臣争夺知识分子的手段。在春秋时期，收养私属、私卒、私士为社会舆论所不容，养士者往往被描绘为野心家，如吴国公子光（阖闾）（？~前496）和楚国白公胜（公元前526~前479）。而到了战国时期则成为上层竞相标榜的时髦风尚。战国初期的赵襄子（？~前425）和魏文侯（公元前446~前397）之师子夏（公元前507~前420?），成西河之学，吸引了一大批知识分子。战国中期齐威王（公元前378~前320）设稷下学宫招纳天下文人学士，战国末期有秦相吕不韦（公元前292~前235）以三千门客编撰杂家著作《吕氏春秋》，以及著名的"四公子"，即齐国的孟尝君田文（？~前279）、魏国的信陵君魏忌（？~前243）、赵国的平原君赵胜（？~前253）、楚国的春申君黄歇（公元前314~前238）食客数以千计。士人得以像鸟儿"择木而栖"那样选择国君。魏人商鞅（约公元前395~前338）离魏就秦，齐人邹衍（约公元前305~前240）弃齐就燕，卫人吴起（公元前440~前381）择明主历侍鲁、魏、楚。形成了"士无常君，国无定臣"的人才流动局面。

养士之风作为一种特殊历史环境，对诸子百家的形成和"百家争鸣"局面的出现创建了良好的条件。司马迁（公元前135~前87?）《史记·太史公自序》列举了阴阳、儒、墨、名、法、道德六家，而《汉书艺文志》中的刘歆（约公元前50~公元23）《七略》则归类为儒、道、阴阳、法、名、墨、纵横、杂、农、小说十家，其实至少还应加上兵、农、医三家。儒家的代表孔丘（公元前551~前479）、孟轲（公元前372~前289）和荀况（公元前313~前238）。道家代表李耳（约公元前571~前471）、庄周（约公元前369~前286）、列御寇（生卒年不详）、慎到（公元前395~前315）、田骈（约公元前370~前291）、环渊（生卒年不详）、杨朱（生卒年不详），墨家代表墨翟（公元前468~前376），法家代表韩非（约公元前281~前233）、李斯（公元前284~前208）和商鞅（约公元前395~前338）。名家代表邓析（公元前545~前501）、惠施（公元前390~前317）、公孙龙（公元前320~前250）和桓团（生卒年不详）。阴阳家代表邹衍（公元前324~前250）。纵横家代表人物有苏秦（公元前337~前284）、张仪（?~前309），杂家代表人物有吕不韦（公元前292~前235），兵家代表人物有孙武（公元前535~前470），农家代表人物有许行（活动于公元前390~前315年），医家代表人物扁鹊（公元前407~前310）。

  与田齐政权共始终的稷下学宫，成为战国时期诸子百家荟萃的中心。齐桓公田午（公元前400~前357）出于政治需要，标榜"尊贤至士"以招揽治国人才，让士人"不治而议"，出谋划策、制造舆论。齐威王田因齐（公元前378~前320）在国都临淄建学宫，因宫址在城门稷下而史称稷下学宫。刘向（约公元前77~前6）的《别录》有记载："齐有稷门，城门也。谈说之士期会于稷下也。"稷下学宫在齐宣王田辟疆（公元前350~前301）主政期发展到鼎盛，汇集了天下贤士千人左右，容纳了当时"诸子百家"中的几乎各个学派。不同政见和不同学术观点兼容并包，各家各派的学者都同样受到礼遇。与齐威王和齐宣王政见不同的鲁人孟轲（公元前372~前289）两次赴稷下讲学，倾向法家思想的赵人荀况（公元前313~前238）三为稷下学宫的祭酒。中国历史学家郭沫若（1892~1978）在其著作《十批判书》（1945）中对稷下学宫给予了高度评价，"周秦诸子的盛况是在这儿形成的一个最高峰的"。作为百家争鸣的发源地的稷下学宫，其思想自由竞争的精神成为后世历代士人效法的典范。

  在百家争鸣中殷周以来的思想观念经历一次理性的重建。从信仰的"天命观"转向了理性的"天道观"，亦即人格神的"主宰之天"开始自然化和人文化。这种理性重建区分了"天道"和"人道"，"仰观天文，俯察地理"的观察精神通过《易传》的传播而得以发扬。郑人子产（?~前522）倡导人道要遵循天道和顺应自然的"则天说"，鲁人子思（公元前483~前402）阐明了人类要参与并帮助自然演化的"助天说"，赵人荀况（公元前310~前238）则提出人类要依据自然规律驾驭自然的"制天说"。遂有"人性"和"物理"的分途而治，"生成论"的变化观、"感应论"的运动观、"循环论"的发展观等宇宙秩序原理亦被提出，为中国传统科学的产生和形成奠定了理性的基础。

百家争鸣时代最重要的文化遗产是五部经典的形成，即保存有丰富的中国上古历史资料的《诗》、《书》、《礼》、《易》、《春秋》。相传为鲁人孔丘（公元前551～前479）整理并用于教学，宋人庄周（约公元前369～前286）及其后学的著作集《庄子》，首先称它们为"经"并谓《诗》以道志、《书》以道事、《礼》以道行、《易》以道阴阳和《春秋》以道名分。这五经中的《易》尤为重要，成书于战国时期的解《易》著作《易传》，系统阐发了百家共识的天人合一观。中国历史学家钱穆（1895～1990）在其口授的文章《论天人合一》（1990）中强调，天人合一观是整个中国思想的归宿，也是中国传统文化对世界的最大贡献。还有一批子书，包括儒家的《论语》、《孟子》和《荀子》，道家的《道德经》、《庄子》，墨家的《墨子》，法家的《韩非子》，名家的《公孙龙子》，纵横家的《战国策》，杂家的《吕氏春秋》，兵家的《孙子》等。

5.3　中世纪阿拉伯的百年翻译运动

中世纪或中古时代（Middle Ages）指西罗马帝国灭亡（公元476）到东罗马帝国灭亡（1453）的约千年间的欧洲历史时期，是15世纪后期的人文主义者启用的名称并称其为"黑暗时代"。在欧洲（主要是西欧）发展缓慢的中世纪，阿拉伯半岛上的沙漠游牧民族崛起为一个，西起比利牛斯山脉东至中国边境，地跨亚、欧、非的阿拉伯帝国（公元632~1258），中国史书因袭波斯人称其为"大食"（波斯语 Tazi 或 Taziks 的译音）。

生活在阿拉伯半岛上的游牧民族，由于穆罕默德（Abu al-Qasim Muhammad，公元570～632）创立伊斯兰教（公元610），而迅速地从野蛮状态进入了文明时代。虽然公元622年穆罕默德在麦地那就建立了穆斯林公社，但阿拉伯人的崛起是在穆罕默德的继承人哈里发（خليفة，Khalifah）手里实现的，在公元7世纪中叶扩张到当今的巴勒斯坦、叙利亚和埃及的广大地区，到公元8世纪中叶势力更为扩展，西至整个北非和南欧的西班牙、葡萄牙一带，东及中亚直到中国唐王朝的边界。1258年蒙古人灭阿巴斯王朝以后阿拉伯世界开始衰落，但其在西班牙和埃及的统治延续到15世纪。

穆罕默德逝世后，由于在继承人身份问题上的分歧，穆斯林社会逐渐形成两个宗教派别：主张公选的逊尼派（شبع，Ahl al-Sunnah）和主张血统的什叶派（یشع，Shī ah）。最初的四代哈里发都是公选的，历经阿布·伯克尔·阿卜杜拉

(ابو بکر الصدیق, 公元 573~634, 公元 632~634 年在位)、奥马尔·伊本·哈塔卜(الخطاب بن عمر, 公元 591~644, 公元 634~644 年在位)、奥斯曼·伊本·阿凡(عفان بن عثمان, 公元 574~656 年, 公元 644~656 年在位)、阿里·本·阿比·哈塔卜(بطال أبي بن علي, 约公元 591~644, 公元 634~641 年在位)。接下来的则是相继的两个世袭王朝：倭玛亚家族的穆阿维叶(معاویه ابی سفیان بن, 约公元 606~680)建立的倭玛亚王朝(اموی, 公元 661~750)、阿巴斯家族的后裔阿布·阿巴斯·阿卜杜拉·萨法赫·本·默罕默德(أبو العباس عبد الله السفاح, 约公元 721~754)建立的阿巴斯王朝(العباسیون, Abbsid Dynasty, 公元 750~1258)。在阿巴斯王朝统治期还有两个分裂政权：一个是由倭玛亚王朝的残余势力阿卜杜勒·拉赫曼(عبد الرحمن الداخل, 公元 731~788)在西班牙建立的定都科尔多瓦的后倭玛亚王朝(أمويون, 公元 756~1031), 另一个是由以先知默罕默德女儿法蒂玛后裔自居的什叶派领袖马赫迪·奥贝德拉(Ubayd Allah al-Mahdi Billah, 873~934)在北非建立的定都马赫迪亚(公元 973 年迁都开罗)的法缔玛王朝(الدولة الفاطمی, 公元 909~1171)。基于旗帜和服色的区别，中国史书称尚白色的倭玛亚人为白衣大食，称尚黑色的阿巴斯人为黑衣大食，称尚绿色的法蒂玛人为绿衣大食。

阿拉伯人开始也曾毁坏被征服地的文化，但很快就觉悟到他们不能满足于军事和政治上的强盛，而开始热情而又充满毅力地吸收比他们自己先进的一切科学文化。一场交融东西方文化的翻译运动，在地跨三大洲的阿拉伯帝国展开了。译书在倭玛亚王朝只是个别人的爱好，到阿巴斯王朝零散活动走向组织化，影响波及后倭玛亚王朝和法蒂玛王朝。以巴格达为中心所进行的译书活动，形成了巴格达学派并取代了亚历山大学派，构成了阿拉伯世界的"五百年文化黄金时代"。因为大规模的译介活动发生在阿巴斯王朝中期的公元 830~930 年，因此史称百年翻译运动(Harakah al-Tarjamah)。

阿拔斯王朝使阿拉伯帝国进入了一个新时代。帝国的最高统治者已不再是征服者阿拉伯贵族阶级，新帝国的高级官吏不仅有阿拉伯人，而且有伊拉克人、叙利亚人、埃及人，尤其是波斯人，各民族的阿拉伯化或伊斯兰化冲淡了阿拉伯血统的重要性。从第二任哈里发曼苏尔(公元 707~775)召见印度天文学家(公元 771)并引进印度天文学和数学始，阿拔斯王朝的历代统治者都致力于振兴科学。博学多才的第七任哈里发麦蒙(al-Ma'mun, 公元 786~833)在巴格达创建智慧宫(Bayt al-Hikma, 公元 828)，一所以藏书为主兼容翻译院和研究院的大众图书馆。基督教医学家叶海亚·伊本·马赛维(Abi Zakariyah Yuhannab Ibn Masawayh, 公元 777~857)被任命为第一任馆长。精通希腊语、波斯语、古叙利亚语和阿拉伯语的景教徒侯奈因·伊本·易斯哈格(Hunaynb ibn Ishaq, 公元 809~873)被任命为翻译局长，来自波斯、叙利亚、埃及、印度等国的学者云集巴格达。在巴格达的影响下，后倭玛亚王朝于公元970年在科尔多瓦以及稍后在托莱多建立了智慧宫并推行鼓励留学和资助研究的政策以吸收波斯、埃及和西亚的学术，法蒂玛王朝的第六任哈里发哈基木（Al-Hakim bi-Amr Allah，公元996～1021）也于1006年在开罗设立了讲授伊斯兰教义以及天文学和医学的智慧宫。

众多的翻译家，如著名的景教徒亚述医师、科学家胡纳音·伊本·依沙克（Hunayn ibn Ishaq，公元810～877）和萨比教徒伊拉克数学家、医师、天文学家塔比·伊本·库拉（Thābit ibn Qurra，公元826～901）以及他们的门徒，集体从事译述、研究活动。将用重金从各地所搜集的一百多种各学科古籍进行了整理、校勘、译述，包括毕达哥拉斯（Pythagoras，公元前572～前497）、柏拉图（Plato，约公元前427～前347）、亚里士多德（Aristotle，公元前384～前322）、欧几里得（Euclid，公元前325～265）、阿基米德（Archimedes，公元前287～前212）、阿波罗尼（Apollonius，公元前262～前190）、托勒密（Ptolemaeus，约公元90～168）、盖伦（Galen，公元129～199）等的著作。

在译述过程中，翻译和研究结合，达于知识创新。巴格达的波斯数学家、天文学家和地理学家伊本·穆萨（Ibn Mūsā，公元780～850，拉丁名花拉子密（Al-Khowārizmī）），通过融合印度数学和希腊数学而创造了代数学。巴格达穆斯林医师、化学家和哲学家阿尔–拉兹（Al-Razi，公元865～925，拉丁名Rhazes）收集了当时所知道的古希腊、印度和中东的全部医药知识写出《医学集成》。开罗的穆斯林物理学家、天文学家、数学家伊本·阿尔海赛木（Ibn al-Haytham，公元965～1039，拉丁名阿尔哈曾Alhazen）提出的视觉理论和光的折射实验成为近代光写的先导。开罗的天文学家伊本·尤尼斯（Ibn Yunus，公元950～1009）汇集200年天文观察数据，制定了影响后世的《哈基姆星表》。科尔多瓦的天文学家阿尔–查尔卡利（Al-Zarkali，1029～1087）编制的《托莱多星表》（1080）以一个椭圆的均轮代替水星的本轮修正托勒密的天文体系。

阿拉伯文明作为沟通东西方的桥梁，在东西方科学技术交流方面立下了特殊的历史功勋，中国的四大发明和许多技术成果就是经阿拉伯人传到欧洲的。13世纪欧洲的大翻译运动造成了一个阿拉伯文化冲击。在欧洲文艺复兴时代，因为文本的失传，不得不把一些翻译成阿拉伯文的古典文本，包括文史哲学以及科学，从阿拉伯文重新译成拉丁文。12世纪以后，欧洲人依据阿拉伯文译本把希腊的哲学、数学以及各种科学思想译为欧洲文字，传入欧洲。波斯医学家伊本·西那（Ibn Sīnā，公元980～1037，拉丁名阿维森纳Avicenna）的《医典》成为近代欧洲的学校教科书。穆斯林亚里士多德著作的注释家伊本·鲁德（Ibn Rušd，1126～1198，拉丁名阿维罗伊Averroès）的哲学思想成为欧洲启蒙思想之一。哲学家罗吉尔·培根（Roger Bacon，1214～1294）从阿拉伯文献中学习了许多知识。

5.4 启蒙时代法国的百科全书派

启蒙运动或启蒙时代（Siècle des Lumières）是文艺复兴之后欧洲历史上的又一次伟大的思想解放运动，肇始于 18 世纪法国，波及欧美广大地区，一场以理性取代信仰为宗旨的知识和文化的创新运动。18 世纪德国哲学家康德（Immanuel Kant，1724~1804）以"敢于求知"阐述启蒙的理性精神，认为启蒙运动是人类的最终解放时代，它将人类意识从不成熟的无知和错误状态中解放出来。英国女宗教人类学家凯伦·阿姆斯特朗（Karen Armstrong，1944~ ）在其著作《大转变》（The Great Transformation：The World in the Time of Buddha, Socrates, Confucius and Jeremiah, 2006）中称其为"第二轴心时代"（the Second Axial Age）。

法语 Siècle des 本意为"光明"，启蒙就是把处于黑暗中的人们引向光明。法国市民阶层的成熟要比英国晚大约一个世纪，由于伏尔泰（Fraçois-Marie de Voltaire，1694~1778）等把牛顿科学和洛克哲学等英国人的进步思想引进法国，在路易十四时代开启了思想启蒙运动。解放自然力的产业革命精神被推广到从民族解放到自我解放。这一方面产生了尊重个人的文学和艺术，另一方面通过对自然的尊重和赞美达到了对自然多样性的新认识。启蒙运动覆盖了各个知识领域，如自然科学、哲学、伦理学、政治学、经济学、历史学、文学、教育学等等。启蒙主义者认为，科学和艺术知识的理性发展可以改进人类生活，相信普世原则及普世价值可以在理性的基础上建立，对传统存有的社会习俗和政治体制以理性方法检验并改进，产生出启蒙时代包含了自由与平等概念的世界观。法国启蒙主义者的集体杰作是《百科全书》。

《百科全书：或科学、艺术和工艺详解词典》（Encyclopédie, ou Dictionnaire Raisonné des Sciences, des Arts et Des Métiers, 1751~1772）（简称《百科全书》）共 28 卷。其中，正编 17 卷，图编 11 卷。1776~1777 年又出了 5 卷增补卷。它的出版商是安得烈·弗朗索瓦·勒布勒东（André François Le Breton，1708~1779），主编是启蒙思想家丹尼斯·狄德罗（Denis Diderot，1713~1784），副主编是法国科学院院士、数学家、物理学家和天文学家让·勒朗·达朗贝尔（Jean le Rond d'Alembert，1717~1783）。

《百科全书》宗旨是通过知识创新改变人们普遍的思想方式。这在狄德罗写的"百科全书"条目和达朗贝尔写的"前言"中有明确的表述。"百科全书"条目通过对该词的希腊文词源的考释阐明，"百科全书的目的是汇集分散在地球表面的知识，向当代人展示其总体系，并将它传给我们的后人；使得过往世纪的成果对未来世纪不会无用；使得我们的后代更有知识，同时变得更有道德，更加幸福"。"前言"阐述了百科全书事业的两个目的：一是"作为"百科全书"，它要尽可能地展现人类知识的范畴和序列"；二是"作为《有条理的科学、艺术和工艺辞典》，它要包含各个学科、每种艺术，无论是自由艺术还是工艺，作为它们基础的普遍原理和构成它们实体及内容的最基本的细节"。

出版商策划出版百科全书的动机在于利润，美国文化史学家罗伯特·达恩顿（RobertDarnton，1939~）的著作《启蒙运动的生意：百科全书出版史（1775~1800）》（The Business of Enlightenment：A Publishing History of the Encyclopédie，1775~1800）对此有详尽研究。勒布雷东看好启蒙读物的商机，想翻译出版由英国作家伊弗雷姆·钱伯斯（Ephraim Chambers，1680~1740）主编的两卷本《百科全书：或技术与科学通用辞典》（Cyclopaedia：Or an Universal Dictionary of Arts and Sciences，1728）。他的合作者狄德罗说服了他，自编一套新百科全书的工作于 1746 年启动。为了寻求权势保护的垄断地位，行贿皇家印书局总监、巴黎警察总监、书报总监、外交大臣。丰厚的利润在 20 多年后到来，7 万里弗尔（livre）① 的先期投入收益 250 万里弗尔，150 万里弗尔的成本换来 400 万里弗尔总收入。全套定价 980 里弗尔，约合一个熟练工人两年的工资收入。1751~1789 年法国大革命爆发，《百科全书》共发行了 2.4 万册。其中，1.1 万册由法国读者购买。

主编的动机是追求真理。1732 年从巴黎索邦艺术学院获硕士学位的狄德罗，如果按他父亲的愿望安心学法律，本可成为薪酬丰厚的律师。但他宁愿以专心著译甚至向修道院乞讨为生，艰难地走一条探讨学问的自由思想家道路，1746 年开始编纂《百科全书》，成了他的主业。十几年的"自我教育"使他深信，人类的全部知识是有结构的，并且形成了一个相互联系的统一体。他按照自己对知识系统的理解拟定了《百科全书》的编写框架，并吸引了 160 多人投入这一非凡的劳动。狄德罗为百科全书的编纂倾注了全部心血，他以惊人的毅力完成了这项伟大而艰巨的工作。德国思想家弗里德里希·恩格斯（Friedrich Von Engels，1820~1895）曾赞赏："如果说，有谁为了'对真理和正义的热诚'而献出了整个生命，那么，狄德罗就是这样的人。"20 多年劳酬只是 8 万里弗尔，不及书商利润十分之一，与书商贿赂皇家印书局总监的数额相当。狄德罗的晚年十分穷困，以致不得不卖藏书，为了给女儿购嫁妆。幸有闻讯的俄国女皇叶卡捷琳娜二世（Екатерина Ⅱ Алексеевна，1729~1796）相助，以 1000 英镑买下并付年薪聘狄德罗原地保管，随后又被俄罗斯国家科学院接收为正式院士。

---

① 法国 19 世纪前货币名，原相当于 1 磅银子，后被法郎代替。

《百科全书》的作者包括了当时法国的几乎所有启蒙学者。除作为主编的狄德罗和作为副主编的达朗贝尔，有我们今天还很熟悉的名字——伏尔泰、让-雅克·卢梭（Jean-Jacques Rousseau，1712～1778）、查理·德塞孔达·孟德斯鸠（Charles de Secondat, Baron de Montesquieu，1689～1755）、乔治·路易·勒克莱尔·布丰（Georges Louis Leclere de Buffon，1707～1788）、弗朗索瓦·魁奈（François Quesnay，1694～1774），还有修道院院长埃蒂耶纳·博诺·孔狄亚克（Étienne Bonnot de Condillac，1715～1780）写哲学，保罗-亨利·提利·霍尔巴赫（Paul-Henri Thiry, baron d'Holbach，1723～1789）写化学和地质学，安-罗伯特-雅克·杜尔阁（Anne-Robert-Jacques Turgot，1727～1781）写经济学，让-弗朗索瓦·马蒙泰尔（Jean-François Marmontel，1723～1799）写文学批评，伦理学家查理·比诺·杜克洛（Charles Pinot Duclos，1704～1772）写艺术批评词条，语法学家杜马尔塞（Dumarsais，1676～1756）写语法学词条，植物学家路易-让·多本通（Louis-Jean-Marie Daubenton，1716～1800）写自然科学词条，博物学家路易·德·若古尔（Louis de Jaucourt，1704～1779）写1.7万条，他们被称为百科全书派（Encyclopédistes）。

　　《百科全书》的出版是知识自由精神的胜利。还在征订阶段主编狄德罗就遭遇不幸，他因出版著作《供明眼人参考的谈盲人的信》（1749），而被冠以"思想危险"罪名，关进了监狱，经出版商勒布雷东多方营救才得以在三个月后获释。因书中充满与当权的君主专制主义和宗教的正统观念背离的观点，尽管书商通过行贿巴黎警察总监、时报总监、司法部长和外交官，获得强大的权力保护伞，每卷书稿出版时，出版商仍要再三删节，删掉许多"风险大"的段落。政府和教会三番五次地查禁，甚至把出版家投入巴士底狱，致使这部书的大部分卷次是在秘密和半秘密状态出版的。在最困难的情况下，狄德罗的许多合作者和撰稿人，包括副主编达朗贝尔在内，或避牢狱之灾，或不堪人身攻击，纷纷离去，结果，全书最后几乎是狄德罗单枪匹马完成的。教会对头两卷的审查得出"异端"的结论，一位作者被巴黎高等法院起诉而被迫外逃。人们争相阅读《百科全书》，直至酿成梳妆台风波。路易十五下令查禁，反而引起公众更大的兴趣，国王的情妇和王公贵族为《百科全书》说情，当局只好默认《百科全书》继续出版。1757年1月5日，天主教徒罗伯特-弗朗索瓦·达米安（Robert-François Damiens，1715～1757）在凡尔赛行刺国王路易十五（King Louis XV of France，1710～1774）未遂事件发生后，《百科全书》条目作者受到监视后，相继退出，1758年1月，出版到第七卷，副主编达朗贝尔也因忍受不了威胁和折磨而辞职。对于《百科全书》作者们的迫害在1766年达到了顶点，国王颁布命令，收缴《百科全书》。狄德罗在秘密状态下，仍继续坚持全书的编辑工作，终于在同年完成了全部正篇的编辑工作。当他审定完最后几页文稿时，十分感慨地说道："再过十几天，占用了我 20 年时间的这项工作就要完成了。这并没有大大增加我的财富，却使我几经风险，差点要离开祖国，失去自由。"

与文献集成的类书《永乐大典》（汇集古籍 7000 余种，装订成 11 095 册，包括目录 60 卷和正文 22 877 卷，共约 3.7 亿字，1408）、《四库全书》（收录古籍 3503 种 79 337 卷，装订成 36 000 余册，1778）不同，作为知识创新重大成果的《百科全书》，把科学技术作为改善人类生活的基础，阐明各门知识的相互关联，探究其原理和起源，论说其社会功能，为法兰西民族建造了一座精神文明的纪念碑。通过政治沙龙里的争相阅读，其"自然之火"与"理性之光"终于点燃了 1789 年的法国大革命。革命政府采纳了《百科全书》倡导的启蒙主义的科学思想和科学政策，导致法国成为世界科学的中心。这样一部为人类开辟了新道路的《百科全书》自然成为科学与真理事业后继者的楷模。三卷 2391 页的《大英百科全书》（1771）兼具权威性、学术性和国际性，一举奠定百科全书界崇高地位。

5.5 信息时代的知识自由

信息作为与物质、能量并列的第三类资源，20 世纪下半叶以来迅速进入人类开发资源活动的视野。获取、传输、显示、变换、储存、识别、比较、加工和复制等工程通常被视为扩展人类生理器官（包括感觉器官、传导神经网络、思维器官以及效应器官和执行器官）的功能。人类经历了农业文明时代的金属革命和工业文明时代的能量革命，正在进行的是知业文明时代的信息革命。这信息革命基于以电磁波为载体的信息控制技术，作为信息处理装置的电子计算机的发明是其标志。电子电路集成化、信息处理数字化和媒体传播网络化构成了信息技术革命的三部曲。虽然早在 1937 年就已提出脉冲编码调制通信，但直到以集成电路芯片为心脏的数字电子计算机成为信息处理的普遍工具和光导纤维出现以后，才形成数字化信息革命的形势。音像模拟信号转变成数字信号，由于其可压缩性和可纠错性，极大地提高了信息传输的效率和质量。半导体激光技术、光导纤维技术、卫星通信技术和网络技术的结合，正在形成完整的全球信息通行网。一个虚拟的信息空间和活生生的信息社会正在快速成长。人类的生存范围总是与它所能达到的有效通信范围相一致的。电脑网络连接技术、光缆铺成的信息高速公路和安放在地球轨道上的通信卫星，这三者使得人类的通信能力已经达到了覆盖全球的程度。互联网及其运行的电子邮件系统、搜索引擎、博客和微博、维基百科、维基解密为知识自由提供条件，同时也带来知识自由与隐私、知识自由与社会责任、知识自由与安全等相关问题。

万维网（World Wide Web）是因特网（Internet，最大的互联网）上的一个信息检索服务工具，它允许用户在一台计算机上通过因特网存取另一台计算机上的信息，包括文字、图形、声音、动画、资料库及各式各样的内容。万维网的核心技术包括作为网页等资源定位系统的"统一资源标识符"（Uniform Resource Identifier，URI）、规定浏览器和服务器如何相互交流的"超文本传送协议"（Hyper Text Transfer Protocol，HTTP）、定义超文本文档结构和格式的"超文本标记语言"（Hyper Text Markup Language，HTML）。万维网的发明人是英国-美国科学家蒂姆·伯纳斯-李（Tim Berners-Lee，1955~ ），最早的构想可以追溯到他1980年的ENQUIRE项目，他1989年的论文《关于信息化管理的建议》提及ENQUIRE，并且描述了一个更加精巧的管理模型。1990年，在日内瓦欧洲核子中心（CERN），他与比利时科学家罗伯特·卡里奥（Robert Cailliau，1947~ ）合作提出了更加正式的万维网建议，并开发了世界第一个万维网浏览器和第一个网页服务器。最初目的只是为CERN的物理学家们提供一种共享信息的工具，经过多年的发展已经可以让全世界的人一起协同工作了。万维网是人类历史上最深远、最广泛的传播媒介。它可以使它的用户能与分散在这个行星上不同时空的其他人群相互联系。万维网使得全世界的人们以史无前例的巨大规模相互交流信息。

电子邮件（e-mail）是互联网最受欢迎的功能之一，可以用非常低廉的价格（不管发送到哪里，都只需负担电话费和网费即可）以非常快速的方式（几秒之内可以发送到世界上任何你指定的目的地），与世界上任何一个角落的网络用户联系，这些电子邮件可以是文字、图像、声音等各种方式。电子邮件诞生在互联网诞生之前的1971年，美国网络工程师雷·汤姆林森（Ray Tomlinson）研制出一套可通过电脑网络发送和接收信息的新程序SNDMSG（Send Message），他以一个生僻的符号@把用户名和地址隔开，在阿帕网上发送了第一封电子邮件，收件人是另外一台电脑上的自己。电子邮件系统经历了一系列的变化，其最大变化是基于互联网的电子邮件的兴起。人们可以通过任何联网的计算机在邮件网站上维护他们的邮件帐号，而不是只能在他们家中或公司的联网电脑上使用邮件。很快电子邮件成为门户网站的必有服务。现在，电子邮件已成为许多商家和组织机构的生命血脉。用户可以通过电子邮件的讨论会进行项目管理，并且有时要根据快速或洲际电子邮件信息交换进行重要的决策行动。1987年9月20日，钱天白（1945~1998）通过国际互联网向联邦德国卡尔斯鲁厄大学发出了中国第一封电子邮件。

博客（Blog，也译作网志，为Web Log的混成词），是一种由个人管理、不定期张贴新的文章、图片或视频的网页，用以抒发情感或分享信息，并能够让读者以互动的方式留下意见。由于博客是逐渐演变的网络应用，很难正式认定谁是"博客之父"。博客的真正历史始于20世纪90年代后期，而彼得·梅霍兹（Peter Merholz）启用"blog"这一用语时已是1999年。有些博主专注于评论特定的课题或新闻，有些博主只写个人日记。微型的博客叫"微博"（microblogging 或 microblog），通常发布少于140字文本并及时更新，有些也可以发布多媒体，这些信息可以用很多方式传送。博客正式步入主流社会的视野，得益于2001年9月11日美国世贸大楼恐怖袭击事件。因为那些幸存者的日志对911事件提供了最真、最生动的描述，为《纽约时报》所不及。博客作为一种社会交流工具比 E-mail、BBS、ICQ（IM）更方便，作为专业领域的知识传播模式能成就一批人物，作为一种新的媒体现象其影响力有可能超越传统媒体。

维基百科（Wikipedia）是一个内容自由、任何人都能参编、多种语言、以知识库为核心的百科全书协作计划，由美国吉米·威尔士（Jimmy Donal Wales, 1966~   ）于2001年在美国圣迭戈创始。维基百科的目标是建立一个完整、准确和中立的，所有人都可以免费阅读的百科全书。对于广大网民来说，维基百科是一个慈善性机构。在网站上没有任何广告，也没有任何盈利渠道，运作经费靠网民捐助。运作十多年，语言数百种，词条数百万，编辑数亿次，用户千万计，连《大英百科全书》亦望尘莫及。维基百科如今已经成为全世界最常被使用的在线知识库，虽然距离"让世界上每个人都能自由分享人类知识的总和"的理想依然遥远。没有权威，没有名利，没有国界，没有经费，之所以能坚持并迅速发展，全靠秉承知识自由精神的网民们的共同创造。面对如何保障词条可信度与客观性的质疑，维基百科相信民主、相信网民、相信规则、相信中道。

维基解密（WikiLeaks）是一个国际性非营利媒体组织，专门公开匿名来源和网络泄露的文档，由澳大利亚记者朱利安·保罗·阿桑奇（Julian Paul Assange）创立于2006年，网站由阳光媒体（The Sunshine Press）负责运作。维基解密已经发布了大量的被作为头版新闻报道的极其重要的存盘。早期发布的文档包括：北约阿富汗战争的开展计划、美军直升机轰炸巴格达平民的视频、古巴关塔那摩美军基地审讯战俘手册、肯尼亚政府高层腐败证据、基督教科学会骗人敛财的内幕、气候学家伪造全球气候变暖数据等。维基泄密行动表明，在线全球报道的时代已经到来，网络自由给审查带来前所未有的挑战。维基解密不是传统的新闻媒体，而是吹哨子者泄露的文件储藏室和情报交流中心。虽然信息来源缺乏可信度，但其追求自由的精神可敬。维基揭秘与美国政府的斗争，激起了世人对安全与人权较量的关注。维基解密的"透明"理想和互联网络技术的巨大威力，已经吸引全世界人们的注意力并将产生深远的影响。

中篇　战略目标

6 增加国内知识总量

魏瑞斌 武夷山

中国共产党第十八次全国代表大会报告明确指出，科技创新是提高社会生产力和综合国力的战略支撑，必须摆在国家发展全局的核心位置。要坚持走中国特色自主创新道路，以全球视野谋划和推动创新，提高原始创新、集成创新和引进消化吸收再创新能力，更加注重协同创新。知识创新是科技创新中的一个重要方面，也是其他领域实现创新的基础。

20世纪80年代，罗默教授提出了经济增长的四要素理论，其核心思想是把知识作为更重要的要素。管理大师彼得·德鲁克指出："在新的经济体系内，知识并不是和人才、资本、土地并列为制造资源之一，而是唯一有意义的资源，其独到之处正在于知识是资源本身，而非仅是资源的一种。"在知识经济时代，知识要素逐步取代传统的生产要素，成为经济增长和发展的关键性决定要素[1]。知识测度的实质是对知识资源进行的定量描述与揭示。在知识测度研究领域，有学者提出了定量反映知识资源的概念。如杨志锋和邹珊刚[2]认为，知识存量是某阶段内一个组织或经济系统对知识资源的占有总量；知识流量是某阶段内进出经济系统的知识资源的量，有流入量和流出量之别。李顺才等[3]认为，知识存量是指特定时点某个组织系统的知识总量，它反映了一个组织的知识生产状况和创新的潜力。本研究提出国内知识总量的概念，它反映的是一个国家全体国民在特定时间段内所创造知识的总和。知识总量增加，不仅仅是知识数量增加的过程，也是知识结构发生变化、知识体系不断演进的过程。因此，知识总量的增加，实质上也间接反映了知识的自组织程度在增强。知识总量的测度，有助于了解一个国家知识资源的总量、规模和结构，把握知识生产与更新的基本状况。通过国内知识总量测度，既可以对一个国家过去与现在的知识总量进行纵向比较，也可以对不同国家的知识总量进行横向比较，在比较中发现问题，解决问题，不断提升我国的知识创新能力。

6.1 国内外知识测度研究概述

6.1.1 国外知识测度研究

6.1.1.1 OECD测度知识经济基本框架及其指标设计

OECD（1996）在《以知识为基础的经济》中对知识经济界定为："知识经济是建立在知识的生产、分配和使用上的经济。"同时，OECD（1996）从人类认知的角度对知识采用"4W"方式加以概括，即知道是什么（know-what）、知道为什么（know-why）、知道如何做（know-how）和知道是谁（know-who）。在此基础上，OECD提出了知识投入、知识存量、知识流量、知识产出、知识网络、知识与学习六个基本概念，并基于这些概念间的相互关系提出了测度知识经济的框架和一系列相关指标[4]（图6-1）。《OECD科学、技术和产业展望1999》采用了一套测度知识经济的数据较易获取的简明、系统指标（表6-1）。这套指标包括三个部分：知识对经济发展影响的指标、知识对全球化和科技国际化影响的指标、知识对经济增长与国际竞争力影响的指标[5]。《OECD科学、技术和产业展望2012》深入研究了国家创新系统，包括其结构特点、STI绩效评价、国家STI政策的发展等方面，STI统计指标超过了300个[6]。OECD的测度框架和指标虽然不是直接以知识为测度对象，但对知识测度的研究有重要的参考价值。

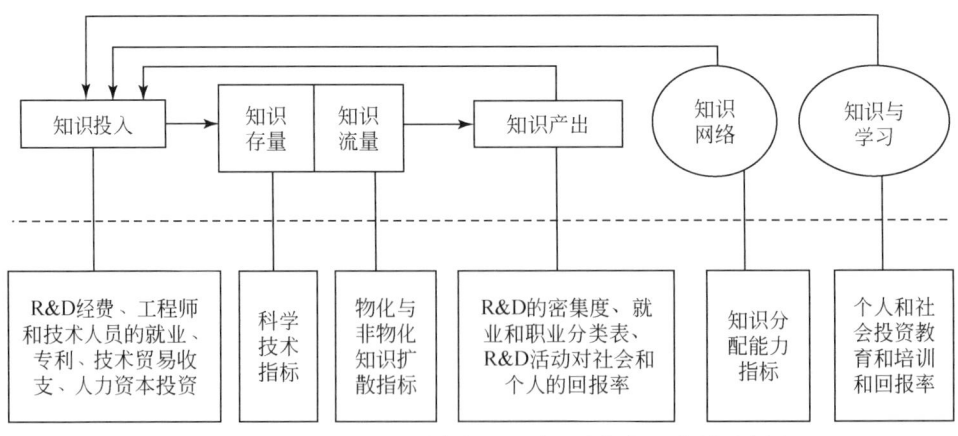

图6-1 OECD（1996）测度知识经济基本框架及分层示意图

表6-1 OECD科学、技术和产业计分表

大项指标	中项指标
总体经济形势	略
迈向知识经济的进程	知识资本投资、知识产业与服务业产出、ICT产出、计算机与因特网、信息经济的基础设施、人力资源
整体RD投入	近期全部RD投入、RD经费来源与执行机构、基础研究
政府在RD与创新中的作用	高等教育机构与政府合作的RD活动、有关社会机构与政府主体的RD支出、政府对产业技术的支持程度、RD的税收激励
企业在研发与创新中的作用	企业RD投入、企业在服务业RD投入、企业在制造业RD投入、不同规模企业的RD经费、企业创新支出、创业投资
全球化程度	国际交易项目比重
国际贸易	国际贸易趋势与结构、高科技产业的贸易地位、出口导向与本国市场竞争力、产业内贸易与产品差异化、中间产品的作用
外国直接投资	外国直接投资、管理和会计、外资公司占本国制造业比重
技术国际化	外资厂商在产业国际化中的作用、厂商间跨国联盟、专利分布、科技国际合作
生产力与所得	生产力与所得、生产力增长、单位劳动成本
科学与技术	科技文献发表篇数、专利、ICT创新、技术收支余额
技术密集型产品的出口	技术密集型产品的出口、不同技术层次的产业显示性比较优势、产品价格与品质

资料来源：曹如中，胡伟强，戴昌钧．城市知识竞争力决定因素评价研究．中国科技论坛，2008，(2)：116-119

6.1.1.2 世界银行的知识测度指标与方法

为了帮助各个国家识别其知识经济时代所面临的机遇和挑战，世界银行推出了一个在线的知识评价工具（knowledge assessment methodology，KAM）。KAM一共包含了148个定性和定量指标，测度对象包括了146个国家和地区。图6-2是世界银行KAM的评价指标体系，这套体系中提出两个重要指标：一个是知识经济指数（KEI），另一个是知识指数（KI）。KEI包括经济刺激和制度设计（economic incentive and institutional regime，EIR）等四个二级指标；KI包括教育指数、创新指数和信息基础设施指数三个二级指标。通过在线工具可以查询到146个国家和地区1995年、2000年和2012年的三年相关数据。表6-2列出了我国的测度结果。从中可以看出，我国的知识指数、创新指数总体处于上升趋势，知识经济指数、经济刺激和制度设计指数、教育指数在三个时间点是一个V形趋势，信息基础设施指数则是一个倒V形变化。

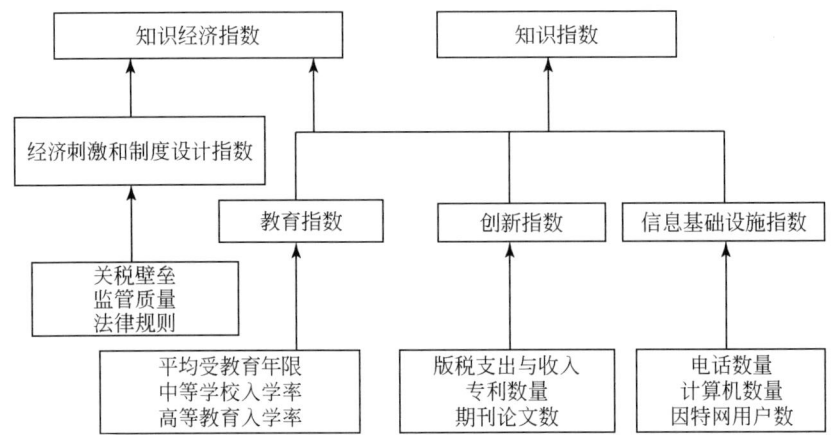

图 6-2 世界银行 KAM 测度指标体系

http：//web.worldbank.org/WBSITE/EXTERNAL/WBI/WBIPROGRAMS/KFDLP/EXTUNIKAM/0，contentMDK：20584278~menuPK：1433216~pagePK：64168445~piPK：64168309~theSitePK：1414721，00.html

表 6-2　中国 1995 年、2000 年和 2012 年 KEI 测度结果

Index	1995 年	2000 年	2012 年
知识经济指数	3.99	3.83	4.37
经济刺激和制度设计指数	3.46	2.82	3.79
知识指数	4.17	4.17	4.57
教育指数	3.68	3.36	3.93
创新指数	4.07	4.35	5.99
信息基础设施指数	4.77	4.80	3.79

6.1.1.3　罗伯特·哈金斯咨询公司的《世界知识竞争力指数》

"知识竞争力"是国际上衡量一个地区将知识资本和人力资本转化为知识经济产出以及社会财富的能力。知识竞争力也将人力资本和知识资本作为核心要素。英国著名咨询机构罗伯特·哈金斯咨询公司（Robert Huggins Associates，RHA）将一个经济体的知识竞争力定义为：创造新的想法、思想、程序和产品，并且把它们转化为经济价值和财富的生产力及能力。它不仅包括提出新创意的能力，还包括开发其经济价值的能力。RHA 已建立一套指标体系，用以检验一个国家或地区的知识竞争力。从 2002 年开始至今，RHA 已连续五年对世界各地经济最发达城市的知识竞争力进行排名公布，这一做法已得到世界公认。首度公布的《世界知识竞争力指数 2002》在全球范围遴选了 90 个"世界知识经济领先地

区"（主要是中心城市或以城市为中心的地区）进行排序。《世界知识竞争力指数2003》开始将遴选地区增加到125个。2002年、2003年世界知识竞争力指数（World Knowledge Competitiveness Index，WKCI）报告的评价指标体系包括4类17个指标，2004年、2005年WKCI报告增加为5类19个指标（表6-3）。

表6-3　RHA世界知识竞争力评价指标

5大知识竞争力要素	19个"知识经济基准点"
人力资本	经济活动比率 每千居民中管理者人数 每千居民中IT就业人数 每千居民中生化行业就业人数 每千居民中制造业就业人数 每千居民中电气业就业人数 每千居民中高技术服务业就业人数
金融资本	人均私人股票投资
知识资本	人均政府R&D投资 人均企业R&D投资 每百万居民中注册专利数
地区经济产出	劳动生产率 月均收入 失业率
知识的可持续性	在初等与中等教育上的人均公共支出 在高等教育上的人均公共支出 每百万居民中可靠服务器数 每千居民中互联网主机数 每千居民中宽带网络数

资料来源：Robert Huggins Associates. The World Knowledge Competitiveness Indexes 2005. http：//www.hugginsassociates.com.

2003~2005年，中国入选的6个地区（北京、上海、天津、珠江三角洲、香港和台湾）综合排名基本处于排行榜末端，尤其是中国内地的4个地区都排在110~120位。2004年以来，上海的表现引起广泛关注，其综合评分增长超过1倍（从17.5增至40.2），排序也超过北京。特别是其人均专利注册数指标比上年提升了42位，上升到第2位，仅次于东京，被称赞为创造知识密集型经济方面增长最快的地区。2008年的统计结果显示，在145个地区中，中国内地的北京、上海、天津、广东、江苏、浙江和山东的知识竞争力指数综合排名分别为第135位、第110位、第130位、第131位、第138位、第140位和第142位,台湾为第53位,香港为第120位;与2005年相比,只有上海上升2位,北京和天津分别下滑16位和8位,广东等则第一次进入研究范围。这些数据从一个侧面反映出,与发达地区相比,我国在知识竞争力方面还有较大的差距,国家应该采取一系列有效的举措来改善这种局面。

6.1.1.4 APEC知识经济状态指数

亚太经合组织经济委员会(APEC Economy Committee)2000年完成了知识经济状态指数的研究。APEC经济委员会根据测度结果,将21个经济体分为完全发达经济体、高绩效的亚洲经济体、亚洲高增长经济体和拉丁美洲经济体。该研究通过指标的评估捕捉相对于以知识为基础的发达经济体(OECD经济体的平均水平),APEC经济体发展的概况与表现,以及APEC经济体转变为以知识为基础经济体的潜力,向各经济体提出制定政策、采取行动和开展合作的建议。该指标体系包括四大指标24个细项指标(见表6-4)。本指标体系的特点在于提供各细项指标的明确定义,说明指标体系在推动经济发展过程中的重要性,详细注明原始数据的来源,满足知识获取、知识创造、知识扩散和知识使用的分类[7]。

表6-4 APEC知识经济状态指数

大项指标	细项指标
企业环境	外国直接投资、高科技出口占GDP比例、服务出口占GDP比例、知识型产业的附加值占GDP比例、政府的透明度、企业的透明度、竞争政策
信息与通信技术基础设施建设	每千居民中移动电话数目、每千居民中电话机数目、每千居民中计算机数目、因特网作用人数比例、每千居民中因特网主机数目、电子商务的年盈余
人力资源	中等学校入学比例、每年自然科学毕业生人数、知识工作者的比例、每千居民中每日报纸的发行量、人类发展指数
创新体系	研发支出毛额占GDP的比例、企业研发支出占GDP的比例、每年在美国取得专利数目、每万人中研究人员数目、公司间合作程度、公司与大学合作程度

资料来源:曹如中,胡伟强,戴昌钧. 城市知识竞争力决定因素评价研究. 中国科技论坛,2008,(2):116-119.

6.1.1.5 美国国家科学院的知识评价指数

美国国家科学院的研究人员认为,近年来世界变化加速,而驱动力来源于技术创新和知识革命。知识评价指数是美国国家科学院完成的知识评价计划(The

Knowledge Assessment Project）成果之一，于1996年发布。该体系构建六大指标23个细分指标（表6-5）。该指标体系的建构是基于以下6个方面：作用于知识基础的活动和激励、基础和应用知识的创造、知识的存取运用、知识的吸收能力、知识的扩散能力、知识应用。测评数据是通过国内外专家访谈获得，通过这6项指标绘出星状图，用以比较不同国家间的差异，根据测评结果，提出政策建议[8]。

表6-5 美国国家科学院知识评价指数

大项指标	细项指标
作用于知识基础的活动和激励	文化和政治气候、经济的诱因或阻碍、国家和产业的领导人、知识产权的保护、腐败、官僚、教育消费者使用新技术、创新文化
基础和应用知识的创造	本地知识产出
知识的存取运用	知识与信息、信息基础设施、桥接语言、社会开放程度
知识的吸收能力	信息品质、人力资源、学习机构、研究实验室、科学园区、管理文化
知识的扩散能力	知识流动、产业联盟
知识应用	风险投资，管理，财务与技术服务

资料来源：曹如中，胡伟强，戴昌钧. 城市知识竞争力决定因素评价研究. 中国科技论坛，2008，（2）：116-119.

6.1.1.6 澳大利亚以知识为基础的经济活动测评指标

澳大利亚政府认为，创造、流通和运用知识的能力是经济增长和人民生活改善的关键因素，知识在竞争力上所发挥的重要作用并不仅局限于高科技产业，在广泛的经济活动中更加有效地运用知识变得尤为重要。以知识为基础的经济活动测评指标体系由澳大利亚知识经济机构（Knowledge-Based Economy Branch）与产业分析机构于2000年发布，用以测度知识经济，包括5个大项指标和22个细项指标（表6-6）。该指标体系主要是从知识结构的改变、知识创造和知识扩散三个方面进行测度。该指标的特点在于提供了各指标的明确定义、说明注明原始数据来源和各国比较的统计结果。澳大利亚产业分析机构（Industry Analysis Branch）结合OECD用以测度知识经济的关键指标和本国的研究资料，在1999年发布了一个测评以知识为基础的经济的指标体系。

表6-6 澳大利亚测评以知识为基础的经济活动指标体系

大项指标	细项指标
人力资本指标	中等学校入学比例、高等教育入学比例、国际成人语文调查平均成绩、参与成人教育的比例、公共教育支出、雇主对员工的训练支出、不同教育程度相对薪资所得
科学与技术指标	研发支出、科学出版物数量、研究人员的数量
知识网络与组织改变	企业资金投入政府或大学研究的比例、厂商技术联盟的数目、跨国拥有的发明数量
信息与通信技术指标	每千居民中个人计算机数量、每千居民中移动电话数量、ICT使用价格；带宽的预期需求
因特网与电子商务指标	因特网使用价格；家庭使用因特网的数量；企业使用因特网的数量；企业使用电子商务的数量；每千居民中因特网主机数量

资料来源：曹如中，胡伟强，戴昌钧．城市知识竞争力决定因素评价研究．中国科技论坛，2008，(2)：116-119.

世界经济论坛（World Economic Forum，WEF）和洛桑国际管理发展研究院（International Institute Management Development，MD）定期发布《全球竞争力报告》（The Golbal Competitiveness Report，GCR）和《世界竞争力年鉴》（World Competitiveness Yearbook，WCY）[9]。欧盟企业高级理事会制定了欧洲创新计分表；英国"国家竞争力委员会"提出了英国国家竞争力指数；波特和斯特恩于1999年构建了国家创新力指标体系；美国进步政策研究所于1999年提出了美国国家新经济指数；2000年，新加坡政府贸易与工业部门构建了新经济指数[10]。这些指标体系的设计、评价理论与方法、要素的构成不尽相同，但对知识创新、知识基础设施、知识资本等方面的指标设计都不约而同地加重了对其量与质的关注。国外这些知识经济或知识竞争力测度指标对识别一个国家或地区的知识经济发展水平有很强的可操作性和适用性。

6.1.2 国内知识测度研究述评

国内对知识测度的研究成果主要还是以期刊论文或专著的方式呈现的。下面主要对知识计量、区域知识竞争力和隐性知识测度三个方面的相关文献进行评述。

6.1.2.1 知识计量视角

2013年4月7日，笔者以"知识测度、知识测量、知识计量、知识度量"为检索词，在中国知网（CNKI）共检索到相关文献102篇。这些期刊论文发文量在整体上表现为一个波浪形曲线（图6-3）。从发文量看，我国知识测度的研究还处于一个起步阶段。

从表6-7看，发文最多的期刊主要是图书情报学、科学学期刊，其次是经济管理期刊和大学学报。这反映出知识测度是一个跨学科的研究主题，目前的研究还比较分散。这也从另一侧面表明知识测度研究的复杂性和多样性。

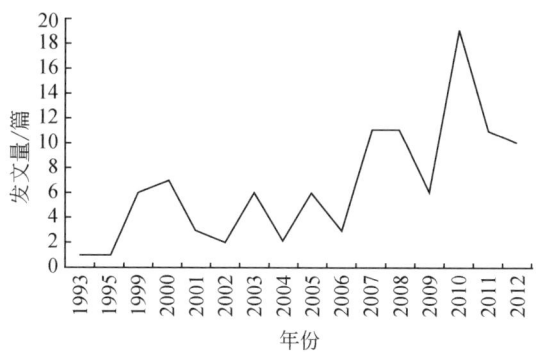

图 6-3　国内知识测度研究数量分布

表 6-7　国内知识测度论文发文较多的期刊

期刊	发文量	期刊	发文量
科技进步与对策	6	管理学报	2
情报杂志	6	计算机工程与应用	2
科学学研究	4	经济地理	2
科研管理	3	科技管理研究	2
情报理论与实践	3	科学学与科学技术管理	2
图书情报工作	3	南京师大学报（社会科学版）	2
管理工程学报	2	情报学报	2

笔者认为，国内知识计量视角的知识测度研究主要在5个领域展开。

（1）图书情报学领域。这个领域的研究是沿着文献单元、信息单元和知识单元的路径深入知识测度。其基本假设是文献是知识的载体，通过对文献相关信息的研究来测度知识。研究人员多使用文献计量学、科学计量学的理论和方法。这个领域研究较早的有赵红州、蒋国华和邱均平等。北京大学图书情报系杜冰1993年在《情报杂志》发表《知识测量的层次问题》[11]。他提出知识测量的三个层次：基于概念、定理和定律的知识测量，基于文献的知识测量，基于科研机构、科学家人数、经费、科研课题等因素的知识测量。这种观点在图书情报和科学学领域的后续研究中得到了延伸和拓展。北京大学信息管理系李湖生1995年在《情报理论与实践》发表《浅谈知识量及其测定》[12]。他提出知识量、知识信息量和知识价值量三个概念,并探讨了它们与文献量之间的关系及如何测度的问题。从被引频次看,这两篇论文并没有引起太多的关注,尤其是前者。但笔者认为,图书情报学领域后续的研究在很大程度上是这两篇文献观点的延续和丰富。研究成果较为丰富的是湘潭大学的文庭孝及其研究团队。他们不仅在《情报学报》等刊物上发表了相关成果,还得到了国家社会科学基金的项目资助。文庭孝等[13]在《知识计量研究综述》一文中,对知识计量研究的概念、研究对象和内容、知识计量单元和知识计量的学科渊源等进行了综述。这个领域的研究还集中在知识测度的理论研究阶段,实证和应用研究的成果还较少。

(2) 科学学领域。这个领域是从科学计量学的视角来从事知识测度研究。研究人员的基本假设与图书情报学相近,但他们除文献之外,还考虑了研究人员数量等因素,并擅长运用数学模型来进行定量研究。1998 年 12 月,在北京召开的"首届科研绩效定量评价暨科学计量学与情报计量学国际研讨会"上,大连理工大学刘则渊提交《赵红州与中国科学计量学》一文[14],率先倡导创建和发展"知识计量学"(know-metrics)。2000 年 10 月,在上海召开的"第二届科研绩效定量评价国际学术会议暨第六次全国科学计量学与情报计量学年会"上,刘则渊和冷云生以《关于创建知识计量学的初步构想》为题做主题演讲,详细论述了创建知识计量学的必要性和知识计量学的研究对象、研究方法[15]。姜春林等[16]利用论文的研究背景、发表论文的期刊影响因子和被引指数三个指标,测度了单篇论文的知识流量,建立的知识流量测度模型把握住了论文知识流量的本质,实现了对知识流量测度的可操作化。张文雷等[17]提出了科技发展种群规律的动力模型,并从模型中推导出普赖斯指数增长规律。他们还利用中国若干省市的实际数据,从专利增长的动力模型和论文增长的动力模型两个方面,进一步深化和证实科技发展的种群规律的存在,并利用动力模型对区域创新体系建设的若干重要问题进行了讨论。赵伟等[18]运用知识计量学的基本思想,从科技知识计量指标(论文、专利等)的增长主要受到科技系统的繁殖力、创造力和环境影响力三种力作用的角度,提出评价论文和专利这两个科技知识计量指标的动力增长模型,并用此模型构造了知识生产函数。

(3) 经济学领域。这个领域是从知识经济的视角展开研究。其基本假设是知识是一种资源,它具有与资本相同的一些属性。如高新亚和邹珊刚[19]提出了关于知识产品的价值测度模型,及据此模型来计算知识折旧的一种方法。邹珊刚等[20]对澳大利亚基于知识经济的知识测度方法进行了介绍,探讨了测度计算公式的存在条件,并对测度方法提出了某种修正意见。魏和清[21]介绍了分类统计法、永续盘存法、投入代产出法等知识测度的具体方法。付重林和林炳耀[22]对城市经济的知识测度展开了相关研究。这个领域的研究主要是介绍国外知识经济测度的一些方法，并提出一些修改和完善，还缺乏数据支持的实证研究。

（4）管理学领域。这个领域主要从管理学的角度来关注企业和个人层面的知识测度问题。陈亮等[23]基于 SNA 提出了一个测度企业员工知识存量的方法，并应用此方法，实证研究了两家企业的研发部员工知识存量的影响因素，发现两家企业员工的知识积累主要受他们在当前企业工作年限的影响。席运江和党延忠[24]在对个人知识存量结构分析的基础上，提出了个人知识存量的加权知识网络模型。该模型将个人知识体系表示为一个层级有向网络，并通过对边进行加权和对节点赋值来实现个人知识存量的度量。李瑾坤等[25]以知识量作为作业难度表征的重要指标，在讨论信息量、教学时间与知识量关系的基础上，根据 Brookes 信息基本方程，建立了社会标准教学时间与知识量的映射关系。根据知识表达系统提出了基于社会标准教学时间的知识测度原理及其测度方法。总体看，这个领域对企业及其员工的知识测度有较深入的研究。

（5）其他领域。除上面四个领域之外，计算机科学、教育学、医药学和机械工程学领域也有一些关于知识测度的成果。如王瑜等[26]、张贵金和徐卫亚[27]、马云鹏等[28]、胡一河[29]、李高正和师汉民[30]从各自的领域对知识测度展开了相关研究。这些领域目前虽然研究成果较少，研究人员也较少，研究内容多集中于微观知识的测度。

宏观层面知识测度的定量研究文献迄今还较少。这一方面是由于国内知识测度研究还处于开始阶段，还有很多有待进一步深入的研究内容；另一方面是由于知识测度在定量研究方面还缺乏一些创新的思路和相关理论、方法的支持。首先，目前国内知识测度的研究成果以定性研究为主，一部分成果是对国外研究成果的引入和消化，还有些成果是结合相关学科的知识背景对知识计量、知识量、知识流量、知识存量等概念的分析和理论探讨，定量的研究成果较少。其次，国内对知识测度的研究已经形成了不同层次，如宏观知识测度（国家、地区）、中观知识测度（企业、组织、学科）和微观知识测度（个人）；从知识的分类来看，一部分是针对显性知识的测度（如通过论文、专利），一部分是对隐性知识的测度（主要采用问卷调查、层次分析法、主成分分析法等研究方法）。最后，知识测度的研究的学科交叉不够，其表现是各个学科的研究人员多采用相关理论与方法进行研究，缺乏整合。因此在文献中出现了知识测度、知识计量、知识度量等表达不同但实质相同的现象。国内图书情报和科学学领域的知识测度研究已经形成了一支较为固定的研究队伍和相对清晰的研究内容，而经济学、管理学等领域的研究主要还是国外研究成果跟踪研究，没有形成国内的特色，有些文献没有将知识经济测度与知识测度明确区分，这容易造成语义混乱。由于知识的无形性和作用效果的间接性等特点，知识测度的难度很大，尤其是隐性知识的测度。

知识测度的研究在国家知识战略的制定、知识经济的发展等领域都有非常重要的价值。

6.1.2.2 区域知识竞争力视角

1) 国外研究成果的引入

文献[31-38]从不同角度对国外不同机构或学者知识竞争力的研究成果进行了介绍和分析。《华东科技》还刊登《知识竞争力评价模型及其方法》等系列未署名文章。这些成果率先把国外区域知识竞争力的研究引入国内，研究内容虽然不太深入，但对于推动我国区域知识竞争力的研究仍有积极的作用。

2) 区域知识竞争力评价研究

（1）国家知识竞争力评价研究。曹霞等[39]依据其提出的知识竞争力评价的基本框架，参考 WEF、WTO、OECD 等组织的相关资料，设计国家知识竞争力评价指标体系，该体系包括 5 个要素 16 个二级指标，并对中国、美国、日本、韩国、德国、法国、英国和意大利等 8 个国家进行知识竞争力评价，最后按照知识竞争力投影值将各国分为四个知识竞争力等级。喻登科等[40]构建了国家知识竞争力评价指标体系，并运用竞赛图方法对 2000～2006 年中、美、日、德、法、英、意、韩等 8 个国家的知识竞争力进行评价，并对 8 个国家的知识竞争力格局的演变进行分析。这方面的研究是罗伯特·哈金斯咨询公司的知识竞争力研究的本土化，指标方面没有太大改进。

（2）省域知识竞争力评价研究。林善浪和王健[41]构建了我国区域知识竞争力评价指标体系，它含有 3 个一级指标（知识要素层、资源要素层和市场要素层）和 8 个二级指标。张川蕾[42]在构建知识竞争力指标体系的基础上，采用因子分析综合评价方法，对我国 31 个省、直辖市、自治区 2003～2005 年区域知识竞争力进行了定量评估及比较分析。采用由人力资本、金融资本、知识资本、地区经济产出和知识的可持续性 5 个一级指标下的 16 个二级指标来进行分析。相丽玲等[43]在分析国际三大竞争力评价体系的基础上构建的知识竞争力评价体系，采用由知识经济产出、人力资本、知识资本、金融资本、基础设施、知识的经济转化能力 6 个一级指标下的 18 个二级指标，对中国内地 31 个省、直辖市、自治区的知识竞争力指数进行总排名及关键要素排名，并对其结果做了总体评价，给出提升我国区域知识竞争力的总体策略。杨家栋[44]根据知识经济的概念，以 RHA 的指标体系中知识竞争力的五要素为基础，结合中国的具体情势和统计口径，用 5 个一级指标和 16 个二级指标，选取全国人均 GDP 处于前十位的省、直辖市、自治区（沪、京、津、浙、苏、粤、鲁、内蒙古、辽、闽）作为样本，比较其知识竞争力的大小，并从中找出江苏的优势和不足。王让和李欣[45]提出了省域知识竞争力的测度指标体系，共有 4 个一级指标和 12 个二级指标，他们利用 2009 年中国统计年鉴数据对中国 31 个省市的知识竞争力进行了实证研究。刘希宋和喻登科[46]、刘希宋等[47]从本体评价和本源评价两个方面分别构建了地区知识竞争力的指标体系，并进行了实证研究。董晓辉[48]以 RHA 为基础构建了区域知识竞争力的指标体系，并对我国东部十个省区进行了实证研究。许方球[49]以知识竞争力本源和知识竞争力本体 2 个二级指标、社会知识等 8 个三级指标和 16 个三级指标构建了一个指标体系，对吉林、辽宁和黑龙江 2004~2006 年的知识竞争力水平进行了测度。

（3）城市竞争力评价研究。曹如中等[50]将城市知识竞争力指标分为与知识资本存量有关的指标、与知识创新能力有关的指标、与信息技术应用能力有关的指标、与知识基础设施有关的指标等 4 个一级指标和 59 个二级指标，并提出了城市知识竞争力决定因素循环链（图 6-4）和知识竞争力决定因素钻石模型（图 6-5）。但该研究没有进行实证，同时其二级指标过多，在实际操作中实现的难度较大。

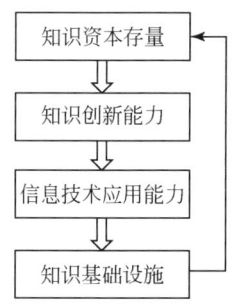

图 6-4　城市知识竞争力决定因素循环链

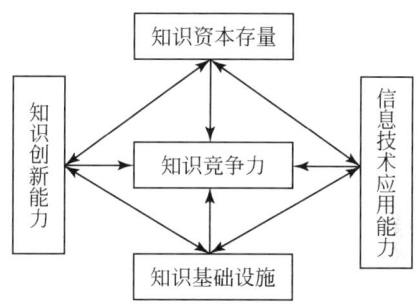

图 6-5　知识竞争力决定因素钻石模型

这方面的研究成果都是在借鉴前人研究成果基础上，结合我国的国情及研究对象的特点等提出了一些具有可操作性的测度（评价）指标体系。

3）知识竞争力的理论研究

相丽玲和张延飞[51]建立了知识资源的增长与知识竞争力模型[52]。曾珠[53]研究了知识竞争与知识优势之间的关系，并论述了知识优势如何培育。李秀梅和苏屹[54]在界定省域知识竞争力构成要素和政策内容的基础上，将 AHP、格兰杰因果检验和结构方程模型方法相结合构建了验证和测量政策对省域知识竞争力提升有效性的模型。曹如中和戴昌钧[55,56]、曹如中等[57]对知识竞争力理论、知识竞争力演化路径及内在机理和知识竞争力形成机理及转化模型等内容进行了研究。这些研究的核心是将知识资源与竞争力理论相结合展开的研究。

此外，国内学者还对企业知识竞争力进行了相关研究。如许方球和马辉[58]、余祖德[59]、李文博和郝云宏[60]、洪江涛等[61]从不同角度提出了企业知识竞争力的评价指标体系；陈建校和方静[62]、王江[63]、王江和金占明[64]探讨了企业知识竞争力的识别与构建。这些研究成果针对的对象虽然比较微观，但其研究的视角和思路对国家知识总量的测度也有一定的借鉴意义。

6.1.2.3 隐性知识测度研究

国内学者将 tacit knowledge 翻译为隐性知识或默会知识（本节使用隐性知识）。隐性知识最早是由波兰尼于 20 世纪 50 年代在其著作《个人知识》（Personal Knowledge）中提出。他认为，在一个人所知道的、所意会的及他所要表达的东西之间存在着隐含的、未编码的知识[65]。管理学大师德鲁克（Peter. F. Drucker）认为："隐性知识如某种技能是不可能用语言来解释的，它只能被演示证明它的存在，学习这种技能的唯一方法是领悟和练习。"20 世纪 80 年代以来，日本企业强势崛起，Nonaka 和他的同事们以日本企业为研究对象，提出的组织知识创造理论逐步引起世界各地学者的高度关注，隐性知识这个概念也随之被逐步引入组织与管理研究领域，成为核心概念[66]。目前，国内外学者主要是对个体或企业的隐性知识测度进行相关研究。

1) 个体隐性知识测度与评价

美国认知心理学家斯滕博格提出隐性知识可以进行测量的观点。根据隐性知识的结构，Wagner 和 Sternberg 为管理人员、销售人员和领导者设计开发了"管理人员隐性知识量表"（Tacit Knowledge Inventory for Managers，TKIM），用于测试个人隐性知识水平的高低[67]。Richards 和 Busch 基于 Sternberg 等的理论，根据形式概念分析方法对被试在隐性知识测试中的差异进行建模分析和比较[68]。

夏德和程国平（2003）将隐性知识分为表象、灰色、白化三类，提出了现场观察、体验、重复实验；事实统计、相关性分析、因果判断、提炼定型；现场观摩、实验法、传帮带并辅之以统计等方法。马伟群和姜艳萍（2004）依据个体知识能力的特性及其表现程度，提出了一种关于个体知识能力的模糊测评方法，并通过一个实例说明了该方法的应用。陈晓韬[69]、曹连众和李军岩[70]根据不同人群隐性知识的特点，构建了不同的评价指标体系，对图书馆员、物流企业员工、竞争体育人才的隐性知识或隐性知识能力进行了测度。刘志国等[71]构建了个体临床隐性知识存量评价指标体系；王前等[72]从知识的广度和深度、取象比类的能力等 5 个方面设计了个体隐性知识评价指标；闫霏和邓尚民[73]结合个体隐性知识的内部影响因素和外部影响因素构建了个体隐性知识测度指标体系，指标体系包括知识背景的纵、横覆盖等 5 个一级指标和 13 个二级指标。这些成果都提出了指标体系，利用层次分析等方法确定了指标的权重，但都没有进行实证研究，其有效性和可操作性值得商榷。李作学[74]对个人隐性知识的测度进行了较为系统的研究。他构建的个体隐性知识测评指标体系分为元认知维度、价值观维度、情感维度、人际维度和专业技能维度5个维度一级指标和28个二级指标。这些研究是对企业或组织内的个体知识的测度，评价指标的适用性、科学性和可操作性等都有待进一步实践与完善。

2）企业（组织）隐性知识测度与评价

李香林等[75]利用DEA方法对高校隐性知识转化绩效进行了测度研究，并对某高校的一个学院进行了实证分析。王忠义和李纲[76]构建了一个用于隐性知识测评的指标体系，而后通过三角模糊加权平均G1法计算各测评指标的权重，最后，在此基础上对45个企事业单位员工的隐性知识进行了测评。程钧谟等[77]和曹勇等[78]分别构建了企业隐性知识价值潜力评价体系和技术转移中隐性知识转化效果测度模型。这些成果主要是在理论上进行了探索，并没有通过实证研究来验证其合理性和可行性。这些研究成果丰富和发展了隐性知识测度的方法，但均不同程度地依赖人的主观判断而得出结论，还没有一套科学、客观和可操作的测量思想和方法。

总体而言，国内知识测度的研究还处于一个起步阶段。其不足之处至少表现为以下四个方面：指标的设计基本是对国外学者或机构的指标体系的本土化，创新性的研究相对缺乏；研究成果以理论探讨为主，应用性的研究较少；实证研究的对象样本量较小，指标体系适用性、可操作性都较弱；由于知识本身的复杂性和抽象性，测度（评价）指标体系中定性指标较多，定量指标所占比例较小。

6.2 国内知识总量及其测度

6.2.1 GDK的内涵

在2011年的中国发展战略学研究会年会上，中国科学院原科技政策局研究员李喜先提出，发展中国家加快发展的最佳战略选择莫过于确立知识创新战略，使人均国内知识总量进入世界前列，成为知识型、智慧型国家。本文作者之一武夷山对《科学时报》表示：GDK的指标体系建设尚未开始，仍处于理论探讨阶段，目前还有许多问题有待明晰[79]。GDK概念的提出一方面是由于知识在一个国家发展中的地位越来越重要，知识创新已经上升为国家战略的层面，另一方面，GDK是参照经济学领域中GDP的概念，它是衡量一个国家的知识发展综合水平的指标。

GDK是一个国家（地区）所有成员在一定时期内生产知识的最终成果。联合国经合组织（OECD）将知识经济界定为"生产、分配和使用知识的经济。"基于这种理解，GDK 至少可以有两种形态：第一种是产品形态，这些产品既包括知识产权保护的对象，如专利、工业设计、商标、科技论文、图书等，也包括那些进入直接进入公共领域的知识产品。第二种是价值形态，即一个国家或地区生产的知识产品在分配和使用过程中，产生一定的经济价值，这些产品价值的总和可以定量地反映知识总量，如一个国家或地区研发服务的出口额，个人、文化和娱乐服务的出口额，视听和相关服务的出口额等。

对于 GDK 的理解，要注意以下几个问题：

第一，GDK 是用最终产品来计量的。不管知识如何定义，当我们探讨知识的生产、分配或使用时，通常是考察知识所依附的载体。简而言之，知识有一个物化的过程，这个过程是由人来实现的。显性知识物化的结果可以是图书、期刊论文、专利等具体的产品；隐性知识物化的结果通常是个人的经验、智慧；隐性知识与显性知识之间在条件成熟时可以实现相互的转换。国内知识总量的计量通常是通过对显性知识的计量来实现的。

第二，GDK 可以是一个市场价值的概念。图书、期刊、专利等知识产品的市场价值是在市场上达成交换的价值，都是用货币来加以衡量的，通过市场交换体现出来。

第三，GDK 一般仅指对社会大众有益的，被检验过的知识。

第四，GDK 是计算考察期内生产的最终产品，因而是知识流量而不是知识存量。

6.2.2　GDK 测度指标

GDK 测度的目的是多方面的。利用 GDK 表征一个国家知识发展的综合水平；建立一个 GDK 的综合测度指标体系，使我们从不同侧面定量地看待国家知识总量；对一个国家不同时期的知识总量进行纵向研究，揭示其发展变化的趋势；对不同国家同一时期的知识总量进行横向比较，发现国家知识总量之间的差异。通过 GDK 的测度，我们希望能够为国家有关政府部门制定国家知识创新战略提供参考。

结合已有的知识测度和知识竞争力评价指标体系，考虑数据的可操作性、可比性等因素，我们通过选择以下指标来对 GDK 进行计算。

6.2.2.1　学术期刊论文及其被引次数

在知识经济时代，知识的创造和知识管理的地位越来越重要，科技文献的产出是衡量发展创造的主要测度。科学家和工程师所生产的知识也是其工作的主要产出成果。这些知识的表现形式有书面和口头的报告、在科技媒体渠道的发表物、会议文集及其他传播形式[80]。学术期刊论文是传播广泛并被社会大众接受和认可的知识产品。一个国家研究人员期刊论文的总和可以看作其生产的"知识产品","知识产品"的数量与一个国家的经济产出有大致对应关系。

超越论文发表数量的简单统计,引文分析是一个复杂的科学技术过程,它对文献中被引用的科技论文进行整理、分类和分析,对大量科技出版物进行标引和分析尝试的可能性是建立在一系列统计学发现上的。因为科学所有美誉是由科学共同体授予的,引文分析其实就是以定量模式进行同行事后评议[81]。引文数据反映了文献"生产"之后产生的影响力大小,它是从质量层面反映一个国家知识水平。

中国科学技术信息研究所 2012 年 12 月 2 日发布的统计结果显示:2002~2012 年(截至 2012 年 11 月 1 日)我国科技人员共发表国际论文 102.26 万篇,排在世界第 2 位,比 2011 年统计时增加了 22.3%,位次保持不变;论文共被引用 665.34 万次,排在世界第 6 位,比 2011 年统计时提升了 1 位。我国平均每篇论文被引用 6.51 次,比 2011 年统计时的 6.21 次提高了 4.8%。中国各学科论文在 2002~2012 年 10 年段的被引用次数处于世界前 1% 的高被引论文数量增加到 7920 篇,排在世界第 5 位。我国学者发表在各学科最具影响力国际期刊上的论文数量排在世界第 2 位[82]。这些数据从一个侧面反映出我国知识产出的数量和质量都在不断提升。本研究对 GDK 设计的一个初衷是为了与发达国家、有可比性的发展中国家或地区进行比较,因此论文的数量和被引都主要考虑国际论文发文量和被引情况。

6.2.2.2 专利数量

在知识生产、知识创新中,专利代表了技术进步和强大的竞争优势,对企业发展和社会经济发展具有重大意义,对科技和经济的推动作用越来越大,尤其在高科技企业中专利起着举足轻重的作用,已成为企业价值不可忽略的部分[83]。专利通常是测度技术进步的计量指标,长期以来受到经济学家的推崇。它被选择的原因是多方面的。第一,专利可以被计数,可以将其数值应用于经济模型;第二,专利代表了发明和创新过程中的一项定义明确的产出,允许人们就技术与经济进步的联系建模;第三,专利文献是描述知识产权的文件,它可以作为个人及团体资产的一个强有力指标;第四,专利作为创新过程两端的一个指标,既可以作为 R&D 结果的测度,也可以作为企业市场竞争力的测度[84]。专利是发明者知识的结晶,也是其隐性知识转化为显性知识的表现形式,一个国家的专利数量可以反映其在技术领域的竞争优势,也代表了其在特定技术领域的知识水平。

2012 年,我国发明专利申请受理和授权量保持快速增长,当年我国发明专利累计授权量突破100万件大关,仅用时27年,成为世界上完成这一目标最快的国家。2012年,我国共授权发明专利217 105件,同比增长26.1%。其中,国内发明专利授权143 847件,较上年增长28.0%,占总量的66.3%;国外发明专利授权73 258件,较上年增长22.6%,占总量的33.7%[85]。据世界知识产权组织(WIPO)的统计数据显示,2012年全球提交的PCT国际专利申请量为19.44万件。中国的PCT国际专利申请量为1.8614万件,与排名第三的德国仅差228件,但只有美国的36.4%,日本的42.7%。中国的中兴通讯股份公司以3906件申请蝉联全球PCT申请人首位,华为技术有限公司以1801件排在第4位[86]。这既表明我国在专利领域取得了较大的成功,同时与美国和日本相比,还有一定的差距。

从高继平和丁堃[87]的研究看,专利的计量指标可以分为宏观、中观和微观三个层面,每个层面又有不同的指标。本研究,在专利申请数量方面选择PCT申请数量。这样选择是一方面充分考虑了不同国家专利局在权威性方面的差异;另一方面又杜绝了"本土优势"的影响,在显示技术领域中不同国家间的技术实力差异方面,具有更好的效果。衡量该专利对后来技术发展的影响程度。另外,本研究还准备选择专利的前向被引量来衡量专利对后来技术发展的影响程度,一定程度上可以反映专利的质量水平。但考虑到专利引文数据的可获得性等问题,这次做实际测度尝试时并未采用该指标。

6.2.2.3　创意产品产值

联合国贸发会议(UNCTAD)2010年《创意经济报告》中将创意产品分为手工艺品、视听产品、设计、新媒体、表演艺术、出版物、视觉艺术七个大类24个小类。报告中数据是依据2002年版的商品名称与编码协调体系。各类产品的具体数字为:设计102个;手工艺品60个;视觉艺术17个;出版物15个(包括报纸、图书和其他印刷品,不包括论文);表演艺术7个;新媒体8个;视听产品2个。这些创意产品也是知识的载体,它们能够体现生产者隐性知识的转换能力,有些产品本身也承载着生产者隐性知识,如柳编产品、电影、建筑设计、视频游戏、乐谱、雕塑等。这些产品与传统的知识载体学术期刊论文或专利不同,它们是一个国家拥有的隐性知识的物化,可以作为隐性知识的替代指标,同时这些产品通常都具有商业属性,其价值可以通过货币来衡量。因此,我们将创意产品的产值作为一个测度指标,用它来反映一个国家隐性知识的生产水平。

6.2.2.4　版税与许可费

知识产权制度是在工业、科学、文学和艺术领域的智力活动中产生的合法权利,其目的是通过授予创作者一定时限内对创作成果的使用权来保护智力产品和服务的创作者及生产者的合法权益。知识产权对于承载知识创意的有形物体无法律效力,而是对知识创作本身具有法律效力[88]。知识产权涉及专利、工业设计、商标等方面,它们都凝结了创作者的知识。版税和许可费是这类知识的经济价值在分配、转让和使用过程中的体现。本研究选择版税与许可费作为测度这类产权知识的一个定量指标。

6.2.2.5 高等教育入学率

人既是知识的载体,也是知识生产、传播和使用中最重要的力量。学校是知识传播、分配和生产的重要场所。我们觉得,从各国的现状分析:用中小学学生数量作为潜在知识生产者的指标,似乎要求太低;若用硕士研究生和博士研究生作为潜在知识生产者的指标,则要求太高。本研究选择高等教育入学率作为测度GDK的一个指标。这个指标是一个相对指标,相对高等院校的在校人数或毕业生人数这两个绝对数字,这个指标更有意义。世界银行对入学率的界定是:总入学率是指无论年龄大小,在官方规定教育水平年龄段的总入学率。大学生在学校期间的学习是每个个体不断开展知识内化,不断积累知识的过程。因此,高等教育入学率也可以从一个侧面反映一个国家的隐性知识和显性知识水平。

6.2.3 GDK 测度指标体系的构建

根据前面 GDK 测度指标的选择,构建一个 GDK 测度指标体系(表6-8)。

表 6-8 GDK 测度指标体系

一级指标	二级指标
科技论文(G_1)	国际论文数量(G_{11})
	国际论文被引数量(G_{12})
PCT 专利申请量(G_2)	
创意产品产值(G_3)	
版税与许可费(G_4)	
高等教育入学率(G_5)	

本研究 GDK 的测度采用定标比超法。这种方法最早是由美国施乐公司在20世纪70年代末开始应用。这种方法的基本思想是通过规范且连续的比较分析,帮助企业寻找、确认、跟踪、学习并超越自己的竞争目标。它是一种评价自身企业和研究其他组织的手段,是将外界最佳做法移植到本企业的经营中,这种移植不是简单的套用,而是一种改选性的移植,使该方法在本企业中发挥最大作用。本研究利用 GDK 来测度国家的知识水平。一方面,通过设计一些具体指标,对我国不同时间段的知识水平进行测度;另一方面,希望能够通过与其他国家的比

对来发现我国知识领域的不足，最终为提升我国的整体知识水平提供一些借鉴。

在测度过程中，我们将首先确定一个指标最好的国家的数据作为标杆，然后把研究对象的指标数据与其相比。通过比较来分析目前我们国家在哪些方面存在不足，这些不足应该是我国今后发展过程中应该提升的地方。采用定标比超法，能反映一个国家与标杆国家的差距，也能反映本国 GDK 随时间的相对变化，而无法反映一个国家 GDK 的绝对值。

GDK 的计算公式为

$$GDK = (0.4G_{11} + 0.6G_{12}) + G_2 + G_3 + G_4 + G_5$$

其中，$G_1 \sim G_5$ 每个指标的权重依次设定为 0.25、0.25、0.1、0.25、0.15，标杆国家 GDK 的最大值为 100，其他被测度国家的指标值为其实际数据除以标杆国家数据。5 个一级指标的最大值分别为：25、25、10、25、15。创意产品权重较小是因为这方面的数据刚开始有统计，统计数据可靠性不敢保证，其他四个指标的统计历史都很长。入学率权重较小的原因是从毕业到创造知识高峰期还需要时间，故降低其权重。另外，G_1 二级指标 G_{11} 和 G_{12} 权重暂定为 0.4 和 0.6，这兼顾了论文的数量和质量，论文质量的权重较大。

6.3　国内知识总量测度实证分析

6.3.1　测度对象

从研究的目标和测度的可比性等角度考虑，本研究选择美国、英国、德国、法国、日本、意大利、加拿大、澳大利亚、韩国、俄罗斯、巴西、印度、南非和中国共 14 个国家为实证对象。如果研究成果能够得到学术界的认可，我们再尝试扩大测度的范围。

考虑到可比数据的备有情况，本研究的时间范围确定为 2002～2008 年。

下面将通过中国与这些世界发达国家和新型经济体国家进行对比，发现我国知识发展过程中存在的一些问题，在此基础上为我国知识发展战略的制定提供一些有参考价值的信息。

6.3.2　数据获取

本研究的数据来自四个方面：

（1）世界银行中国网站（http://www.worldbank.org.cn/Chinese）。

这个网站旨在改善世界银行数据的可及性，让所有用户查找和使用数据更加容易。世界银行数据目录可以查询全球 200 多个国家和地区的 8000 多个指标的相关数据。这些数据都是可以免费下载的开放数据。其数据既有权威性,同时也有非常好的可获得性。本研究的版税与许可费和高等院校入学率两个指标数据从这个网站采集。

(2) 世界知识产权组织(http://www.wipo.int/ipstats/en/general_info.html)。

世界知识产权组织的官方网页专门有一个 PCT System 的设置,用户可以很方便地按年、按月、按季度、按国家等角度查询有关 PCT 专利的数据,并且可以免费下载 XLS 文档。本研究的 PCT 专利数据采集自这个网站。

(3) 中国科学技术信息研究所。

中国科技论文统计与分析项目是国家科技部委托项目,由中国科学技术信息研究所承担,至今已经连续进行了 20 余年。迄今为止,中国科学技术信息研究所从 1988 年起向社会公布中国科技论文统计结果,每年的宏观统计结果编入国家科学技术部和国家统计局出版的《中国科技统计年鉴》,统计结果被科技管理部门和学术界广泛应用。本研究国际论文的发文量的被引数据采集自中国科技信息研究所发布的相关报告。

(4)《2010 创意经济报告》。

《2010 创意经济报告》是联合国贸发会议、联合国开发计划署、联合国教科文组织、世界知识产权组织和国际贸易中心共同参与完成的报告,是代替联合国立场和观点的"政策导向性"报告。报告的发布受到了世界各国的关注,报告的内容极大扩展了中国文化产业界的国际视野。本研究采用了报告附表中"2002~2008 年经济集团、国家或地区的报告中的创意产品出口额数据"。由于创意经济出现时间较短,而且其内涵非常丰富,目前还没有关于各国创经济产值的权威数据,本文将用创意产品的出口额数据来代替其产值作为测度指标。

6.3.3　GDK 测度结果分析

(1) 科技论文。

表 6-9 是由中国科技信息研究所统计的 14 国发表国际论文数量标准化处理之后的结果。从中可以看出,美国发表的国际论文数量一直处于第一位。中国的国际论文数量增长率是最快的,2008 年论文总量已经仅次于美国。这个位置与我国 GDP 在世界的排名一致。表 6-10 中数据的含义是:某国某年发表的论文数在测度年份查询 InCite 数据库时的被引次数,经过标准化处理后的结果。例如,中国 2008 年发表的论文,到查询时已被引用 411 230 次,然后除以发文最多的美国的 2 410 353 次,得到结果为 4.2652。从表 6-10 看,2002~2008 年,美国国际论文被引数量是最多的,其次是英国、德国;我国处于第四位。这表明我国国际论文的质量与美国、英国、德国相比,还有一定的差距。在五个金砖国家中,

知识创新战略

我国国际论文无论是数量,还是质量,都是表现最好的。表6-9和表6-10是利用定标比超法处理之后的结果。标准化是指每个国家每个年份的数据根据指标权重的设定,表现最好的国家取最大值,其他国家的数值是与最大值相比之后的结果。如美国2002年国际论文数量最多,标准化之后为25,英国标准化之后为6.09。

表6-9 14国2002~2008年国际论文数量(标准化)

国家	2002年	2003年	2004年	2005年	2006年	2007年	2008年
美国	25	25	25	25	25	25	25
中国	3.1145	3.5101	4.2553	5.1670	5.9947	6.7001	7.5891
英国	6.6272	6.6180	6.6175	6.5826	6.5780	6.7841	6.7095
德国	6.4190	6.3863	6.2699	6.3632	6.2605	6.2466	6.3854
日本	6.8876	6.9643	6.5706	6.3820	6.1344	6.0115	5.8013
法国	4.5636	4.6270	4.4642	4.5422	4.4594	4.4432	4.7137
加拿大	3.2991	3.3951	3.4605	3.6398	3.7565	3.8608	3.9171
意大利	3.1921	3.3097	3.3635	3.3572	3.4213	3.5793	3.6795
印度	1.7960	1.8598	1.9332	2.0659	2.2260	2.4284	2.8315
澳大利亚	1.6035	1.8246	2.0268	2.2014	2.2744	2.2299	2.5921
韩国	2.1271	2.1784	2.2057	2.2761	2.3752	2.4380	2.7052
巴西	1.2124	1.2376	1.3535	1.4026	1.5459	1.5976	2.2221
俄罗斯	2.4330	2.2755	2.2187	2.0630	1.7700	2.1108	2.0345
南非	0.4012	0.3567	0.3835	0.4006	0.4310	0.4480	0.5143

表6-10 14国2002~2008年国际论文被引数量(标准化)

国家	2002年	2003年	2004年	2005年	2006年	2007年	2008年
美国	25	25	25	25	25	25	25
英国	6.0899	5.9540	6.0551	6.1836	6.2914	6.5767	6.6638
德国	5.1967	5.1336	5.2281	5.6016	5.6093	5.8842	6.1308
中国	1.2440	1.5414	1.9597	2.4693	2.9982	3.5577	4.2651
法国	3.4535	3.4817	3.4496	3.6465	3.6914	3.9495	4.0427
日本	4.2084	4.2201	4.2537	4.1001	4.0581	4.0815	4.0362
加拿大	2.7721	2.9238	3.0079	3.1593	3.3523	3.4561	3.5516
意大利	2.4443	2.4505	2.5837	2.7822	2.8440	3.0593	3.1987
澳大利亚	1.6732	1.7332	1.8211	1.8564	2.0337	2.1661	2.3290
韩国	0.8131	0.9074	1.0290	1.1326	1.1756	1.3014	1.5004
印度	0.6914	0.7509	0.8300	0.9172	1.0405	1.1324	1.2660
巴西	0.5872	0.5992	0.6651	0.7530	0.7858	0.8529	1.0030
俄罗斯	0.6765	0.6358	0.6950	0.6935	0.6426	0.6910	0.7420
南非	0.1907	0.1967	0.2318	0.2459	0.2768	0.2801	0.3297

（2）PCT 专利申请量。

表 6-11 是由世界知识产权组织公布的 14 国 PCT 专利申请数量。从中可以看出，美国、日本和德国处于第一集团。我国 PCT 专利申请数量大约是美国的十分之一，日本的五分之一。但纵向来看，我国 PCT 专利申请数量增长率是最快的，2008 年的 PCT 数量约是 2002 年的 3 倍。其他 4 个金砖国家 PCT 专利申请数量与发达国家相比，差距更大。目前，专利申请的主体是企业，这从一个侧面反映出我国企业在技术创新、知识创新方面还需要不断加强，才有可能在世界经济版图和知识领域获得更大的话语权。

表 6-11　14 国 2002~2008 年 PCT 专利数量（标准化）

国家	2002 年	2003 年	2004 年	2005 年	2006 年	2007 年	2008 年
美国	25	25	25	25	25	25	25
日本	6.9162	8.5070	10.6053	11.6724	13.2620	13.1752	12.8340
德国	8.1495	8.6661	8.9274	8.7645	8.5273	8.1591	8.2441
韩国	1.3465	1.5241	1.7912	2.0440	2.4988	2.8983	3.2678
法国	2.7273	3.0785	3.1506	2.9845	3.0619	3.0499	3.0347
英国	3.1930	3.2606	3.1749	2.9004	2.7191	2.4849	2.5637
中国	1.0039	0.6147	0.7911	0.9831	1.3347	1.9218	2.5235
意大利	0.9424	1.1962	1.3180	1.2578	1.2526	1.3153	1.3628
加拿大	1.2275	1.3662	1.3825	1.2112	1.2350	1.2554	1.3318
澳大利亚	0.9639	1.0655	1.0226	1.0563	1.0692	0.9731	0.9493
印度	0.1713	0.3177	0.4647	0.4175	0.3615	0.4061	0.4173
俄罗斯	0.3217	0.3255	0.3502	0.2966	0.3439	0.3349	0.3187
南非	0.2421	0.2323	0.2156	0.2367	0.1920	0.2051	0.1878
巴西	0.1005	0.1216	0.1334	0.1590	0.1440	0.1623	0.1841

（3）创意产品产值。

表 6-12 是《2010 年创意经济报告》公布的 14 国创意产品出口额。从表 6-12 看，中国的创意产品出口额是表现最好的，其次是美国、德国、意大利、英国和法国。这表明我国在创意产品领域有较大的优势。从《2010 年创意经济报告》公布的 14 个国家创意服务出口额看，中国的创意服务出口额大约是美国的五分之一，德国的十分之一。这反映出中国的创意经济还主要是以产品输出为主，在创意服务方面与发达国家还有较大的差距。

表 6-12　14 国 2002~2008 年创意产品出口额（标准化）

国家	2002 年	2003 年	2004 年	2005 年	2006 年	2007 年	2008 年
中国	10	10	10	10	10	10	10
美国	5.736 7	4.976 9	4.709 1	4.451 6	4.539 7	4.431 3	4.127 0
德国	4.702 9	4.522 4	4.374 2	4.050 6	4.077 8	4.163 5	4.057 2
意大利	5.106 0	4.592 4	4.375 7	3.688 7	3.659 5	3.655 9	3.277 1
英国	4.221 9	3.864 1	3.708 2	3.413 9	3.038 7	2.968 4	2.346 3
法国	2.781 9	2.737 0	2.600 8	2.311 8	2.249 5	2.142 5	2.036 5
印度	0.970 4	1.152 3	1.478 7	1.374 4	1.454 8	1.357 1	1.114 3
加拿大	2.883 3	2.482 9	2.272 5	1.891 4	1.651 0	1.323 4	1.086 6
日本	1.229 1	0.899 2	0.874 4	1.002 8	0.783 3	0.881 1	0.824 0
韩国	1.002 2	1.005 2	0.825 5	0.660 5	0.601 5	0.491 1	0.503 7
俄罗斯	0.261 2	0.225 3	0.236 7	0.226 2	0.220 0	0.202 9	0.204 5
巴西	0.229 4	0.232 1	0.254 2	0.216 2	0.187 5	0.165 9	0.144 1
澳大利亚	0.201 6	0.202 2	0.210 2	0.181 0	0.161 8	0.146 9	0.120 5
南非	0.102 9	0.093 3	0.079 5	0.069 4	0.054 5	0.045 9	0.048 1

注：印度 2002 年的创意出口额没有统计数据，其结果是根据该国 2003~2008 年数据估算的。

（4）版税与许可费。

表 6-13 是从世界银行中国网站查询到的 14 国 2002~2008 年版税与许可费。从表 6-13 看，美国、日本等在版税与许可费方面的收益表现最好；中国等 5 个金砖国家与它们的差距还较大。这反映出发达国家在知识产权保护下，其专利、商标等方面的知识收益非常突出，同时也表明美国、日本等发达国家在知识输出方面的优势。

表 6-13　14 国 2002~2008 年版税与许可费（标准化）

国家	2002 年	2003 年	2004 年	2005 年	2006 年	2007 年	2008 年
美国	25	25	25	25	25	25	25
日本	4.837 5	5.399 5	5.850 6	5.928 7	6.013 1	5.937 7	6.291 4
英国	4.029 3	4.444 4	4.390 7	4.466 9	4.351 0	4.106 1	3.611 1
法国	1.548 1	1.792 9	1.926 1	2.087 7	1.864 2	2.260 0	2.702 8
德国	1.798 6	1.983 8	2.061 3	2.396 4	2.082 8	2.163 6	2.651 5
意大利	0.250 2	0.230 9	0.286 5	0.379 5	0.333 5	0.268 5	0.972 5
加拿大	1.158 6	1.236 4	1.120 9	0.928 5	0.949 6	0.895 9	0.881 1
韩国	0.387 7	0.577 0	0.693 5	0.640 8	0.612 1	0.443 5	0.583 0

续表

国家	2002 年	2003 年	2004 年	2005 年	2006 年	2007 年	2008 年
澳大利亚	0.150 3	0.189 2	0.192 5	0.185 5	0.185 9	0.176 6	0.172 2
中国	0.061 7	0.047 1	0.088 1	0.052 9	0.061 2	0.087 6	0.139 7
巴西	0.046 5	0.047 6	0.042 7	0.034 1	0.045 0	0.081 6	0.113 9
俄罗斯	0.068 1	0.076 5	0.084 8	0.087 4	0.089 5	0.101 3	0.111 0
印度	0.009 4	0.010 6	0.019 7	0.069 2	0.018 2	0.041 7	0.036 2
南非	0.009 0	0.011 7	0.013 9	0.015 2	0.013 7	0.013 5	0.013 2

（5）高等教育入学率。

本研究测度的是14国2002~2008年的知识产出情况，因此高等教育入学率采用的是14国1998~2004年的数据。这里假设是4年后，高等院校的学生正好毕业。另外，德国、加拿大和南非三个国家的数据不全，在表6-14中数据处理时，采用的是其相关数据的均值，因此在最终测度结果中，这三个国家的数据是估计值。2012年，中国高等教育毛入学率达到了27%，2020年将达到40%[89]，但是与韩国、美国等相比，还有较大差距。

表6-14　14国1998~2004年高等教育入学率（标准化）

国家	2002 年	2003 年	2004 年	2005 年	2006 年	2007 年	2008 年
韩国	14.16	15.00	15.00	15.00	15.00	15.00	15.00
美国	15.00	14.71	13.07	12.60	13.91	13.89	13.52
澳大利亚	14.24	13.29	12.42	11.88	13.04	12.43	11.86
俄罗斯	10.20	10.39	10.54	11.10	11.64	11.34	11.67
意大利	10.07	9.61	9.29	9.41	9.54	9.88	10.23
加拿大	12.72	12.17	11.28	10.83	10.50	10.21	9.93
英国	11.80	12.09	11.08	10.70	10.89	10.55	9.81
法国	11.17	10.81	10.23	9.74	9.24	9.30	9.13
日本	9.34	9.42	9.27	9.05	8.89	8.90	8.96
德国	9.86	9.57	9.27	8.59	8.29	8.10	7.87
巴西	2.84	2.94	3.06	3.22	3.52	3.81	3.96
中国	1.29	1.36	1.51	1.83	2.23	2.64	2.95
南非	3.65	3.07	2.74	2.79	2.62	2.62	2.56
印度	2.20	2.12	1.78	1.74	1.78	1.83	1.84

(6) 14 国 GDK 测度比较。

表 6-15 是依据前面数据和方法计算得到的 14 国 GDK 最终数据。横向看，14 个国家按 GDK 可以分为三个层次。第一层次是美国，其 GDK 得分为 92.05~95.74；第二层次是日本、德国、中国等 10 个国家，其得分为 12.23~33.65；巴西、印度和南非的得分在 10 分以下。从表 6-15 数据的趋势看，美国和日本的 GDK 较为稳定，德国、英国、意大利、法国、加拿大、澳大利亚和南非表现为整体下降趋势；中国、俄罗斯、巴西、印度和韩国处于整体上升趋势。这个数据分布结果与各国的经济发展有一定的相似性。它从一个侧面反映了本章 GDK 测度的结果与各国的经济发展、进步状况有较好的一致性，测度方法和指标有一定合理性。

表 6-15 14 国 2002~2008 年 GDK 得分

国家	2002 年	2003 年	2004 年	2005 年	2006 年	2007 年	2008 年
美国	95.74	94.69	92.78	92.05	93.45	93.32	92.65
日本	27.60	29.54	31.78	32.67	33.84	33.75	33.65
德国	30.20	30.38	30.28	29.71	28.85	28.62	29.06
英国	29.55	29.88	28.63	27.82	27.40	26.77	25.01
韩国	18.24	19.52	19.81	19.94	20.37	20.59	21.34
法国	22.12	22.36	21.76	21.13	20.41	20.90	21.22
中国	14.35	14.35	15.27	16.41	17.82	19.46	21.21
意大利	19.11	18.42	18.17	17.75	17.86	18.39	19.23
加拿大	20.97	20.37	19.24	18.21	17.85	17.30	16.93
澳大利亚	17.20	16.52	15.75	15.30	16.59	15.92	15.54
俄罗斯	12.23	12.31	12.52	12.95	13.39	13.24	13.56
巴西	4.05	4.20	4.43	4.64	4.99	5.37	5.89
印度	4.48	4.79	5.01	4.98	5.13	5.29	5.30
南非	4.28	3.67	3.34	3.42	3.22	3.23	3.21

6.4 本研究的不足与未来展望

知识总量的准确测度是非常困难的。这一方面是由知识本身的复杂性和人们认知水平的局限所决定的；同时指标设计的完备性和指标数据的获得性等主客观因素也影响到它的可测性。

一是指标体系的完备性。随着对 GDK 研究的深入，今后研究过程中要进一步丰富与完善现有测度指标体系。目前,论文的发文量与被引频次兼顾了论文的质量和数量,但 PCT 专利申请量、高等教育入学率等只是数量角度的测度,基本未涉及质量。在今后的研究中,可能将增加一些指标来更好地反映知识质量,如各国核心技术对外依存度、专利的被引、三方专利数量等。此外,我们迄今并没有设计出影响知识产出的负向指标,知识的利用价值也没有专门指标来体现。今后,我们将从不同侧面对现有测度指标体系进行完善,希望能够设计出更加合理、科学的知识总量测度指标体系。

二是数据的不同步性。本指标体系是通过科技论文、专利、创新产品的出口额等知识替代指标来测度知识的。目前,国际论文的发文量和被引频次、PCT 专利申请量可获得 2012 年的数据,版税与许可费(世界银行已经将该指标名修改为知识产权使用费)、高等教育入学率可获得 2011 年数据,但创意产品出口额(作为创意产品产值的替代指标)的最新数据也只有 2008 年的。本研究测度的是 14 个国家 2004 2008 年 GDK,没有测度近几年 GDK,就是由于指标数据来自不同数据源,而不同数据源所发布数据的新颖程度不一而进行的无奈选择。

三是人均 GDK。如何在测度 GDK 的基础上计算人均 GDK,是今后需要进一步深入探讨的问题。与人均 GDP 不同,知识拥有不具有排他性,随着知识的广泛交流与传播,它的价值会增加而不是减少。因此,如果一个国家有很好的知识交流平台和交流习惯,则人均拥有的知识量会大大高于 GDK 除以人口总量之商。那么,到底人均 GDK 怎么算呢?还有待探讨。

四是不同学科知识测度的差异性。自然科学、社会科学和人文学科知识的学科差异性在本研究当中没有体现。希克斯(Hicks, 2004)认为,在一些人文社会科学领域,书籍占出版物相当大的一部分,图书的相互引用也往往比其他形式出版物更加频繁,因此,只有期刊论文的引用数据是无法准确推断人文社科领域的影响力的。只有当各种类型出版物在学术交流中的份额为人所知时,采用文献计量学方法进行评价的效度才能得到恰当的评估[90]。另外,人文社会科学的文献老化率和引用率、人文社会科学知识的当地相关性等与自然科学知识是存在一定差异的。今后,将争取研究一些新的测度指标来反映这种差异性。

五是指标权重的设计。本项研究中,指标体系的权重是主观设定的,其准确性和合理性有待进一步完善。今后我们将采用专家调查或神经网络等其他方法确定权重,以期我们的 GDK 测度结果获得更多的认可。

参 考 文 献

[1] 李作学. 隐性知识计量与管理. 大连:大连理工大学出版社,2008:9-10.
[2] 杨志锋,邹珊刚. 知识资源、知识存量和知识流量:概念、特征和测度. 科研管理,2000,(04):105-111.

［3］ 李顺才，邹珊刚，苏子仪．一种基于永续盘存的知识存量测度改进模型．科学学与科学技术管理，2003，(09)：13-15.

［4］ 杨仲山，屈超．对信息经济测度中"知识测度"方法的思考．统计研究，2009，26（2）：16-20.

［5］ 石林芬，杨峻．测度知识经的系统指标．中国科技论坛，2000，(5)：51-53，72.

［6］ OECD．OECD Science, Technology and Industry Outlook 2012 Highlights. http：//www. oecd. org/sti/sti-outlook-2012-highlights. pdf ［2012-01-25］．

［7］ 秦海菁．知识经济测评论．北京：社会科学文献出版社，2004：115-117.

［8］ 同［7］：123-125.

［9］ 相丽玲，汤亮亮，薛全胜．知识竞争力的构成要素及其模型．情报理论与实践，2008，(4)：515-517，538.

［10］ 曹如中，胡伟强，戴昌钧．城市知识竞争力决定因素评价研究．中国科技论坛，2008，(2)：116-119.

［11］ 杜冰．知识测量的层次问题．情报杂志，1993，(2)：21-24.

［12］ 李湖生．浅谈知识量及其测定．情报理论与实践，1995，(2)：3-5.

［13］ 文庭孝，刘晓英，梁秀娟，等．知识计量研究综述．图书情报知识，2010，(1)：95-101.

［14］ 刘则渊．赵红州与中国科学计量学．科学学研究，1999，7（4）：104-109.

［15］ 刘则渊，冷云生．关于创建知识计量学的初步构想//王战军，蒋国华．科研评价与大学评价：国际会议论文集．北京：红旗出版社，2001：401-405.

［16］ 姜春林，刘则渊，姜照华．知识群的知识流量计量及其动力学模型．科学学与科学技术管理，2010，(2)：82-85.

［17］ 张文雷，刘则渊，姜照华．科技发展的种群规律与科技知识生产量的测算：以中国若干省市为例．科学学与科学技术管理，2005，(11)：92-96，136.

［18］ 赵伟，姜照华，刘则渊．OECD国家知识增长动力模型与科技知识生产量测算．科技管理研究，2006，(1)：44-48.

［19］ 高新亚，邹珊刚．知识测度的思考．自然辩证法研究，2000，16（2）：54-57，72.

［20］ 邹珊刚，苏子仪，李顺才．基于知识经济的知识测度研究——关于澳大利亚几种测度方法的评述．科研管理，2001，(7)：34-38.

［21］ 魏和清．关于知识测度理论与方法的思考．当代财经，2005，(7)：120-123.

［22］ 付重林，林炳耀．城市经济的知识测度和城市发展战略．经济地理，1999，(5)：71-74.

［23］ 陈亮，陈忠，韩丽川，等．基于社会网络分析的企业员工知识存量测度及实证研究．管理工程学报，2009，(4)：49-53，68.

［24］ 席运江，党延忠．基于加权知识网络的个人知识存量表示与度量方法．管理学报，2007，(1)：28-31，39.

［25］ 李瑾坤，张炼，李永建．基于知识量的知识作业评测研究．管理学报，2009，(11)：1466-1470.

[26] 王瑜, 胡运发, 张凯. 基于粗集理论的知识含量度量研究. 计算机研究与发展, 2004, (9): 1500-1506.

[27] 张贵金, 徐卫亚. 不确定性知识表示及其度量方法. 计算机工程与应用, 2003, (9): 80-83.

[28] 马云鹏, 赵冬臣, 韩继伟. 教师专业知识的测查与分析. 教育研究, 2010, (12): 70-76, 111.

[29] 胡一河. 慢性病知识测量工具应用研究. 江苏预防医学, 2010, (4): 21-22.

[30] 李高正, 师汉民. 机械零件几何知识及工艺知识计量理论和方法的研究. 机床与液压, 2006, (7): 96-99.

[31] 相丽玲, 成佳. 知识竞争力的演化与评价. 图书情报工作, 2009, (8): 76-80.

[32] 李锦, 相丽玲. 区域知识竞争力评价综述. 图书情报工作, 2009, (2): 104-107, 33.

[33] 罗守贵, 刘俊彦, 孙中峰. 区域知识竞争力的国际比较及上海的实证. 研究与发展管理, 2008, (6): 56-61.

[34] 相丽玲, 汤亮亮, 薛全胜,. 知识竞争力的构成要素及其模型——基于国外三大竞争力评价体系的比较分析. 情报理论与实践, 2008, (4): 515-517, 538.

[35] 林善浪, 王健. 区域知识竞争力及其评价指标体系研究. 科技进步与对策, 2008, (2): 106-109.

[36] 曹如中, 胡伟强, 戴昌钧. 城市知识竞争力决定因素评价研究. 中国科技论坛, 2008, (2): 115-120.

[37] 刘东, 邹祖烨. 世界知识竞争评价及其对创新型国家建设的启示. 科技进步与对策, 2007, (10): 127-130.

[38] 曹如中, 戴昌钧. 知识竞争力理论综述. 图书与情报, 2007, (4): 10-14, 32.

[39] 曹霞, 喻登科, 刘希宋. 2000~2006年国家知识竞争力实证评价研究. 情报杂志, 2009, (4): 67-71, 97.

[40] 喻登科, 周荣, 刘希宋. 国家知识竞争力格局演变的实证. 科学学研究, 2010, (1): 77-85.

[41] 林善浪, 王健. 区域知识竞争力及其评价指标体系研究. 科技进步与对策, 2008, (2): 106-109.

[42] 张川蕾. 中国区域知识竞争力的综合评价及对策建议. 国际经济合作, 2008, (4): 49-53.

[43] 相丽玲, 汤亮亮, 薛全胜. 区域知识竞争力的构成要素及其模型. 情报理论与实践, 2008, (4): 515-517.

[44] 杨家栋. 江苏知识竞争力现状及提升路径. 扬州大学学报(人文社会科学版), 2011, (1): 37-43.

[45] 王让, 李欣. 中国省域知识竞争力测度与提升政策分析. 统计与决策, 2011, (8): 95-97.

[46] 刘希宋, 喻登科. 我国地区知识竞争力的本体评价——基于2004~2006年面板数据的实证分析. 山西财经大学学报, 2008, (11): 24-28.

[47] 刘希宋,李文庆,喻登科. 我国地区知识竞争力的本源评价——2004 至 2006 年面板数据的实证. 科技管理研究, 2009, (10): 4-7.

[48] 董晓辉. 我国东部省区知识竞争力测度及其模式分析. 科技管理研究, 2008, (9): 74-76.

[49] 许方球. 东北老工业基地知识竞争力评价研究——基于 2004~2006 年面板数据的实证. 科技管理研究, 2009, (7): 224-229.

[50] 曹如中,胡伟强,戴昌钧. 城市知识竞争力决定因素评价研究. 中国科技论坛, 2008, (2): 116-119.

[51] 相丽玲,张延飞. 知识竞争力的命题及其假设验证. 情报理论与实践, 2010, (1): 3, 12-14.

[52] 相丽玲,张延飞. 我国区域知识竞争力的关键要素分析. 情报理论与实践, 2011, (3): 26-29.

[53] 曾珠. 知识竞争、知识优势及其培育. 金融与经济, 2010, (7): 34-36.

[54] 李秀梅,苏屹. 中国省域知识竞争力提升的政策有效性研究. 情报杂志, 2011, (8): 6-11.

[55] 曹如中,戴昌钧. 知识竞争力演化路径及内在机理研究. 科学经济社会, 2007, (2).

[56] 曹如中,戴昌钧. 知识竞争力理论综述. 图书与情报, 2007, (4).

[57] 曹如中,李霁友,戴昌钧. 知识竞争力形成机理及转化模型研究. 情报杂志, 2007, (9).

[58] 许方球,马辉. 基于 FAHP 的企业知识竞争力综合评价. 学术交流, 2010, (4): 125-129.

[59] 余祖德. 基于价值链分析的我国制造企业知识竞争力的比较研究. 企业经济, 2010, (10): 90-92.

[60] 李文博,郝云宏. 企业知识竞争力的关键影响因素:浙江情境下的实证研究. 软科学, 2009, (6): 106-110.

[61] 洪江涛,聂清,王卫华. 知识竞争力视角下的我国制造企业价值链现状. 情报杂志, 2009, (9): 117-121.

[62] 陈建校,方静. 企业知识竞争力的演进路径与价值链管理模型. 中国科技论坛, 2009, (10): 94-97, 124.

[63] 王江. 企业动态知识竞争力及其识别系统. 科学学研究, 2008, (2): 358-363.

[64] 王江,金占明. 核心知识竞争力与企业多元化战略. 科学学与科学技术管理, 2005, (10): 134-137.

[65] Polanyi M. Personal Knowledge. The University of Chicago Press, 1958.

[66] 窦军生. 默会知识研究的缘起、困惑与出路. 自然辩证法通讯, 2012, 34 (6): 88-93, 105.

[67] Wagner R K, Sternberg R J. Practical Intelligence in Real World Pursuits: The Role of Tacit Knowledge. Journal of Personality and Social Psychology, 1985, 49 (2): 436-458.

[68] Richards D, Busch P A. Measuring, Formalizing and Modeling Tacit Knowledge. http://

wenku. baidu. com/view/8e4fa025a5e9856a56126076. html ［2013-04-05］.

[69] 陈晓韬. 图书馆员隐性知识能力评价指标初探. 图书馆学刊, 2009, (6): 34-36.

[70] 曹连众, 李军岩. 基于 AHP 方法的竞技体育人才隐性知识测评研究. 沈阳体育学院学报, 2011, (4): 11-14.

[71] 刘志国, 刘梅申, 廉立军, 等. 个体临床隐性知识存量评价指标体系研究. 中国医院管理, 2009, (4): 12-13.

[72] 王前, 李作学, 金福. 基于我国传统思维方式的个体隐性知识评价指标分析. 科技进步与对策, 2005, (7): 37-39.

[73] 闫霏, 邓尚民. 多组织间隐性知识转移模型研究——基于个体隐性知识测度方法. 图书情报工作, 2009, (6): 105-110.

[74] 李作学. 隐性知识计量与管理. 大连: 大连理工大学出版社, 2008.

[75] 李香林, 温有奎, 冯珍. 测度高校隐性知识转化绩效的 DEA 方法. 情报杂志, 2004, (10): 22-23.

[76] 王忠义, 李纲. 企业隐性知识测评指标及其权重计算方法研究. 情报理论与实践, 2011, (7): 71-75.

[77] 程钧谟, 徐福缘, 陈飞玲. 企业隐性知识价值潜力评价体系研究. 宁夏大学学报（自然科学版）, 2005, (3): 229-232.

[78] 曹勇, 黎仁惠, 王晓东. 技术转移中隐性知识转化效果测度模型及评价指标研究. 科研管理, 2010, (1): 1-8.

[79] 王剑, 张林. 学者提议设国家精神财富指标. 科学时报, 2011-12-21 (A2).

[80] 埃利泽·盖斯勒. 科学技术测度体系. 周萍, 等译. 北京: 科学技术文献出版社, 2004: 153.

[81] 同 ［80］: 154.

[82] 武夷山. 中国科技论文的整体表现（新闻稿）. http://blog. sciencenet. cn/home. php?mod = space&uid = 1557&do = blog&id = 514095 ［2011-12-02］.

[83] 胡元佳, 卞鹰, 王一涛. 专利价值的理论探讨. 科技管理研究, 2008, (5): 246-249.

[84] 同 ［80］: 201.

[85] 国家知识产权局规划发展司. 2012 年发明专利申请受理和授权年度报告. 专利统计简报, 2012, (4).

[86] 国家知识产权局规划发展司. 2012 年 PCT 国际专利申请年度状况分析. 专利统计简报, 2013, (5).

[87] 高继平, 丁堃. 专利计量指标研究述评. 图书情报工作, 2011, (20): 40-43.

[88] 联合国贸发会议. 2010 创意经济报告. 中国社会科学院文化研究中心译. 北京: 三辰影库音像出版社, 2011: 158.

[89] 中国新闻网. 中国 2020 年高等教育入学率 40% 大学文化人口近 2 亿. http://www. chinanews. com/edu/edu-jygg/news/2010/02-28/2142754. shtml ［2010-02-28］.

[90] 《世界社会科学报告》编辑组编. 世界社会科学报告 2010: 知识鸿沟. 教育部社会科学司, 中国社会科学院外事局译. 北京: 高等教育出版社, 2012: 262.

7 知识价值观的演变

董光璧

价值概念源于经济学,后被引入伦理学,进而成为哲学研究的重要领域。价值属于世界关系范畴,而世界关系可以区分为三种,即客体内部的或客体之间的、生物感官与客体之间的、主体与客体之间的,价值乃主体对客体的需求和偏好与客体对主体的效用和满足的关系。按照英国哲学家波普尔的三个世界理论,其论文集《客观知识:一个进化论的研究》(Objective Knowledge: An Evolutionary Approach, 1972) 专题详细论述,人类创造的知识构成一个本体论意义上客观的知识世界。知识价值属于人对于知识的需求和偏好与知识对人的效用和满足的关系,可以区分为对社会的价值和对知识拥有者的价值。由社会发展的中轴转换决定的知识价值观的演变,经历了知识的道德观、知识的权力观、知识的经济观,正在走向知识的生存观。

7.1 社会中轴转换原理

由于社会变化的复杂性,社会问题的理论研究往往采取其概念性的图式分析。在这种分析中暗含着丹尼尔·贝耳(Daniel Bell, 1920~2011)所称的"中轴原理"的运用。中轴原理力图在概念图式的范围内以社会的某一因素为轴心说明社会系统的结构特征。任何概念性的图式实质上都是现实的一种模型,图式分析只不过是从一个视角对现实规程提出一种逻辑规程。对同一现实人们可以构造不同的模型。因此,不同的社会概念图式总是以不同的中轴原理为基础的。

关于社会分析历史上曾经有过许多不同的中轴原理。但是,近代以来,同社会发展有关的比较流行的中轴原理主要有道德中轴原理、权势中轴原理、经济中轴原理和智力中轴原理。道德中轴原理把伦理、道德视为维系社会的主导力量,社会形态的差异体现为社会道德标准的不同。权势中轴原理基于国家的存在,以权力集中于国家为中轴,按政体的变化描述社会的发展。经济中轴原理根源于资本经济的发展。德国思想家和经济学家卡尔·马克思(Karl Marx, 1818~1883)认为社会的变化是以经济关系为基础的,他把生产关系作为社会的中轴。按照这个中轴原理,社会发展的顺序是:原始公社制社会、奴隶制社会、封建制社会、资本主义社会和共产主义社会（社会主义社会作为它的初级阶段）。智力中轴原理受诱于科学的社会功能。法国思想家和社会学家奥古斯特·孔德（Auguste Comte，1798～1857）认为社会发展的主要动力是人们的智力，因此他把社会发展的规律归结为智力发展的规律。基于把智力作为社会的中轴，他认为社会的发展顺序为神学社会、哲学社会和科学社会。一些当代社会学家发展了这种中轴原理的思想，农业社会、工业社会和知业社会这种顺序就是以生产中使用的各种知识为中轴的概念顺序。

与上述这些基于单一因素说明社会发展相类似的思想在物理学中也曾出现过，这就是人们试图用一类特殊的物理定律说明一切物理现象：把一切物理规律归结为力学定律的力学世界像，把一切物理规律归结为热学定律的能学世界像，把一切物理规律归结为电磁定律的电磁学世界像。尽管这些物理世界像都增进了人类对物理世界的认识，但随着物理学研究的进展，人们逐渐认识到它们的局限性，遂以基本相互作用统一的物理世界像取代了这些基于单一因素模型的物理世界像。如同物理学领域中单一因素模型遇到困难一样，关于社会发展的各种基于单一因素的中轴原理也是不能令人满意的。实际上，某个中轴原理只适用于描述处于某个历史阶段的社会形态，把任何一种中轴原理普遍化为历史的整个进程的中轴原理都将遇到困难。例如，在对美国和苏联（1922～1991）的社会分析中，我们就看到了单因素中轴原理的缺陷。按照经济中轴原理美国是资本主义社会而苏联是社会主义社会，但按智力中轴原理美国和苏联同属工业社会。中轴原理虽然允许从不同的视角考察社会，但是来自不同中轴原理的概念图式尚不能拼合出一幅完整的图像。

基于各中轴原理对社会历史的某个阶段的适用性以及物理学研究纲领变迁的启发，我在1989年提出了社会中轴转换的概念，作为一种启发性原理用于说明社会的发展。中轴转换原理的中心思想是，假定道德、权势、财富、智力和情感是构成任何成熟社会的基本因素，它们犹如作为基本"自然力"的引力、电磁力、强力和弱力，以其相互作用维系着社会运行的中轴，社会的形态取决于社会的中轴结构，社会中轴结构的转变使社会从一种形态变为另一种形态，呈现社会的阶段性发展。

如果从社会诸因素相互作用的角度来理解人类社会历史进程，自形成人类社会以来，正是它们之间的相互作用的结果使它们之中的某一因素成为社会结构的中轴，并且这种相互作用也是中轴转换的根源。以道德为中轴的社会可称为道德社会，当道德中轴转变为权势中轴时社会就进入权势社会，当财富取代权势而成为社会中轴时社会又进入经济社会，一旦科学取代财富成为社会中轴社会就进入智力社会阶段，展望遥远的未来将是以情感为中轴的社会。按照中轴转换原理，社会发展的阶段性主要表现为社会中轴的不同,或者说支配社会的主导力量不同。作为标志性特征,道德社会的支配力量是道德,权势社会的支配力量是权力,经济社会的支配力量是财富,智力社会的支配力量是科学,情感社会的支配力量是情感。社会阶段性变化的本质是支配社会的力量的改变,从一种社会到另一种社会的转变,不仅表现为支配力量的更替,更表现为支配力量的扩散。人类社会进步的本质就是道德、权力、财富、知识和情感的不断增长、完善和扩散。以中轴转换原理为基础的概念构架是对以中轴原理为基础的彼此相互排斥的四种概念构架的一种自然扩展,后者只是作为前者的二级系统包括在其中。任何概念的意义都依赖于它在其中生效的概念构架。所以,只适合于中轴原理构架的各种概念,在中轴转换原理的普遍构架中,失去了逻辑一致性。像经济中轴原理构架中的资本主义社会和智力中轴原理构架中的工业社会这些概念,不能原封不动地在中轴转换原理构架中应用,而像权势社会和经济社会这些属于中轴转换原理构架中的基本概念又必须按照中轴转换原理的构架使用它们。例如,我们不能简单地把经济社会这一概念等同于资本主义社会或工业社会按照中轴转换原理的构架,那些在权势控制下的社会或工业社会不属于经济社会而属于权势社会,只有那种摆脱了权势的社会或工业社会才能被视为经济社会。历史上,法西斯控制下的德国和军国主义控制下的日本都不能归属于经济社会。以中轴转换原理来观察当代社会,我们会看到世界发展是不平衡的。先进国家已经开始从经济社会向智力社会转变,而相当多的国家尚处在从权势社会向经济社会转变的途中。

7.2 苏格拉底的命题——知识的道德观

道德表现为利他甚至自我牺牲。英国进化生物学家查理斯·罗伯特·达尔文(Charles Robert Darwin,1809~1882),在著作《人类的由来与性择》(The Descent of Man, and Selection in Relation to Sex, 1871)中,对道德的起源给出一种自然选择的解释。一个群体中具有道德感的个体越多,这个群体就会有更多的生存机会。所以最早的人类社会是道德社会,以道德为中轴的社会。传说的尧舜时代的中国就是一个道德社会,"垂拱而治,天下清明",以《尚书》记载的尧舜禅让为典型。《墨子·尚贤》说,"尧举舜于服泽之阳,授之政,天下平",表明社会领袖人物是道德权威。《尚书·舜典》中记载有舜命契为司徒,教化天下。"百姓不亲,五品不逊,汝做司徒,敬敷五教,在宽。"其中,"五教"即五种伦理道德的教育。五伦为君臣、父子、夫妇、兄弟、朋友五种人伦关系:君臣有义,父子有亲,夫妇有别,长幼有序,朋友有信。关于伦理道德与知识的关系问题,儒家经典《大学》中所提出的"三纲八目",实质上阐述了一种"由知进善"的知识道德观。相传为孔子的弟子曾子（公元前505~前435）所作，其中所阐述的道德修养目标，"明明德""亲民""止于至善"谓之"三纲"，而作为实现这些目标的步骤的"格物""致知""诚意""正心""修身""齐家""治国""平天下"则谓之"八目"。

古希腊哲学家苏格拉底（Σωκράτηξ，Socrates，公元前469~前399），认为道德行为有其知识基础，最高的知识就是对善的认识。他倡导一种经过理性省察的伦理生活，提出"认识你自己"、"自知其无知"、"美德即智慧"三个理性主义伦理命题。他对理性知识的决定性作用的强调，开启了理性主义道德哲学的先河。

苏格拉底出生在希腊雅典附近小山村的一个石雕匠人家庭，先是从事家传的石匠业，后来醉心于思考哲学问题。在三四十岁的时候曾两次参军作战（公元前432、前424），60多岁时出任过一届执政官并被选入500人会议（公元前406）。最终他作为一个思想犯（研究天文、败坏青年和信奉新神）被雅典的"民主法庭"以多数票判死刑（公元前399）。

苏格拉底亦如中国的孔子"述而不作"，其思想由于亲近他的学生们记述而得以流传下来。有关他的史料主要有三类：柏拉图（Πλάτων，Plato，约公元前427~前347）的《对话录》、色诺芬（Ξενοφώ Xenophon，约公元前430~前354）的《回忆录》和亚里士多德（Αριστοτέληξ，Aristotle，公元前384~前322）的有关论述。苏格拉底关于美德与知识的关系的讨论，出现在柏拉图早期和部分中期对话篇中，包括《卡米第斯篇》（Charmides）、《拉开斯篇》（Laches）、《美诺篇》（Meno）、《普罗塔哥拉篇》（Protagoras）、《高尔吉亚篇》（Gorgias）和《利西斯篇》（Lysis），主要在《普罗塔哥拉篇》和《美诺篇》两篇中。

苏格拉底关于美德与知识的关系的思想，主要体现在他与普罗塔哥拉和美诺对美德是否可教问题的讨论中。苏格拉底认为美德是否可教决定于美德的"本性"。他提出美德"本性"的两个假设：其一，"美德是知识"；其二，"美德是善"。对于知识与善的关系他认为有两种可能：一是知识包括了一切的善，二是善独立于知识之外。基于这两个前提的论证结构是：只有美德是知识，而且知识包括了一切的善，美德才是可教的；如果美德是知识，而且知识包括了一切的善，那么美德是可教的。美德可教的充分必要条件是，"美德是知识，而且知识包括了一切的善"。反之亦然，只有美德可教，美德才是知识；如果美德是可教的，那么美德是知识。"美德是知识"的充分必要条件是美德可教。

在苏格拉底同普罗塔哥拉的讨论中，不相信美德可教的苏格拉底从美德是知识达到美德是可教的结论，而相信美德可教的普罗塔哥拉从美德不同于知识达到美德不可教的结论。所以苏格拉底认为美德的可教性和知识性是一个有待进一步讨论的问题。苏格拉底与美诺和阿尼图斯进一步讨论这些问题。

苏格拉底的对于德智统一的思想影响深远,"知识即美德,无知即罪恶"(《拉开斯》)格言广为流传。苏联科学史家库兹涅佐夫(Борис Григорьевич Кузнецов, 1903~1984)在其《爱因斯坦——生、死、不朽》中曾评论说:"人类精神活动的一般评价——这就是承认理性思维的艺术的和道德的价值。这种承认意味着,人的道德理想能够不顾同理性的、逻辑的东西对立的、非理性的、无意识的、感情的东西的阻碍,而被理性实现。"

7.3 中国的科举制——知识的权力观

中国的科举制是通过分科考试选拔官吏的制度(公元605~1905),一直是连接知识和权力的纽带。它作为专制君主政体选拔官吏的一种制度,自由报考、固定时间、公开考试、不论出身、不讲资历、不限年龄、公平竞争、择优录取,与封建的世袭制和贵族垄断的各种举荐制相比要先进得多,这为社会上升性的流动提供了一种制度保障。但是,从科举制的实施与教育的密切联系看,它把对真理的追求引向了对功名利禄的追求。科举制不仅在中国存在了1300年,还影响过东亚的一些国家,甚至世界。日本、韩国、越南以及东亚地区的小国琉球都曾实行过科举制度。韩国的科举制也长达936年,是在中国域外的典范。科举制不仅被东亚一些国家复制和模仿,作为文官考试制度,也为英、法、美等西方国家所借鉴。科举制的知识权力化的本质特征,使其成为权势主导的工程系统中思维工程的典型。

科举制创始于隋朝(公元581~618),确立于唐朝(公元618~907),完备于宋朝(公元960~1279),兴盛于明(1368~1644)、清(1644~1911)两朝,废除于清朝末年。隋朝开创的分科考试选拔文官的制度,分秀才、明经和进士等科,秀才考试方略,明经考试经术,进士考试时务。唐朝的科举考试,初期沿袭隋朝设秀才、明经和进士三科,后来取消了难以考试的秀才,增设俊士、明法、明书、明算以及一史、二史、三史、道学、童子和武举等诸科;考试内容或以策、论、书、判,或以史、传、法、礼,或以诗词、歌赋、杂文,或专以经义。宋朝的科举考试,合并诸科于进士一科,考试内容拒绝诗词歌赋而专以经义。元朝的科举考试,沿袭宋朝的重经义而轻诗赋,但把蒙古人、色目人与汉人、南人分开。明朝的科举考试,承继进士一科,并进一步把经义考试的命题限制在四书五经之内,还要求试文遵守体用排偶的八股格式。清代的科举考试,与教育紧密结合,科举考试必经学校并程式化为秀才、举人和进士三级递进模式,而且还制订了诸多严格的考试程序和考场纪律。科举制最终发展到背离它的初衷,从求才为本、退化为防奸为本的地步。面对来自西方的各种严峻挑战，作为儒学知识与专制权力连接纽带的科举制，随着钱权交易各种途径的日益发展而难以为继，因重臣袁世凯（1859~1916）和张之洞（1837~1909）联奏《请立停科举推广学校并妥筹办法折》（1905）而有废止科举的上谕。

  科举制作为权力控制知识流向的主要手段，在中国完成了儒学作为国家意识形态的地位。自汉代以来，在权力的支持下，儒家思想日益制度化：五经立于官学，使儒学文献经典化；孔庙的建设和祭孔，又使儒家圣人化；而科举制度则是维系儒家价值体系正统地位的根本手段。以对儒家经典的理解作为考试标准的科举考试，完整地体现了专制君主权力对于意识形态的控制。科举考试作为传达权力意志的最有效途径，完全地确立了儒家观念标准解释，使儒家对于社会秩序的解释被确立为官方所承认的正统的信仰系统，儒家关于自然和社会的理念就成为真理性表述。作为意识形态的儒学与专制君主权力的这种直接的联系，确保那些熟悉儒家思想的人进入社会上层的优先地位，导致对儒学的了解成为人们改变社会地位的唯一途径，即通过科举考试进入"士"这一社会特权阶层。作为儒家意识形态化设计核心的科举制度，成功地将社会成员吸引到某个个人对儒家政治理想和社会道德之解释的理解，并从而窒息了发现真理的创造冲动。

  科举取士与教育制度的实质合一，使科举考试兼具教育考试的性质。从而深远地影响了中国教育制度的发展取向，使整个教育体系日益以科举为唯一取向。不仅官学和私学都自觉选择儒学作为教育的主要内容，连民间的知识传播体系也日益转向科举准备，甚至儿童的启蒙教育都成了科举应试的准备。科举考试要求的那种格式化的八股文，破题、承题、起讲、提比、虚比、中比、后比和大结八段以及起承转合的规则，通过学校教育严重地束缚了读书人的自由思考。与科举相联系的道德精英教育，虽然曾经产生出 700 多名状元、近 11 万名进士、数百万名举人和更多的秀才，但少有在自然经验研究方面有所建树的人才。清人吴敬梓（1701~1754）以 20 年之功写下小说《儒林外史》，辛辣地抨击僵化了的科举考试制度及其所带来的严重社会问题。

7.4 知识产权制度——知识的经济观

  知识产权（intellectual property）是一种财产权，即把知识作为与动产和不动产并列的第三种财产的权利。知识产权以知识的创新或商品化为其前提，不进入商品活动的知识不涉及产权。知识产权通常区分为专利（工业产权）和版权（著作权）两部分，它从中世纪的封建特权发展成为合法的私权。在中国"专利"一词早在两千多年前的《国语·周语》中就已出现，版权观念在宋代也已萌芽。在欧洲公元前 5 世纪曾有雅典国王授予一位厨师独占蒸调法的特权，1236 年英王亨利三世（Henry III，1207～1272）授予波尔多市一位市民 15 年独占色布制造的特权，公元 1331 年英王爱德华三世（Edward III，1312～1377）授予佛兰德的一位工艺师独占织布的特权，1421 年佛罗伦萨共和国授予一位建筑师机械发明专利。知识产权制度是随着中世纪封建制度的衰亡和近代社会市场经济的建立逐渐发展起来的。15 世纪以降，随着欧美国家的产业结构从农业到工业的转变，由专利法和版权法组成的知识产权制度，在限制与反限制的复杂斗争中日臻完善。世界在 20 世纪 80 年代进入知识产权时代。

世界上第一个专利法是威尼斯共和国发布的《发明人法》（Inventor by Laws，1474）、接着有了英国的专利法——《垄断法》（Statute of Monopolies，1624）和版权法《保护已印刷成册之图书法》（常称《安娜女王法》（Statute of Anne），1710）。随着工业文明的发展，专利法先后在美国（1790）、法国（1791）、奥地利（1810）、俄罗斯（1812）、荷兰（1817）、瑞典（1819）、西班牙（1826）、墨西哥（1840）、巴西（1859）、意大利（1859）、印度（1859）、阿根廷（1864）、加拿大（1869）、德国（1877）、土耳其（1879）、日本（1885）、中国（1898）等国家公布，到 1900 年全世界有 45 个国家建立了专利制度，1983 年全世界有 140 个国家制定了专利法，当今建立专利制度的国家和地区已达 175 个。在建立专利制度的同时，商标法和版权法也跟进地发展起来。

随着国际竞争与合作的加强，知识产权在最近的 100 多年里日益国际化，《保护工业产权巴黎公约》（Paris Convention on the Protection of Industrial Property，1883）、《保护文学艺术作品伯尔尼公约》（Berne Convention for the Protection of Literary and Artistic Works，1886）、《商标国际注册马德里协定》（Madrid Agreement for International Registration of Trade Marks，1891）、《工业品外观设计国际保存海牙协定》（The Hague Agreement concerning the International Deposit of Industrial Designs，1925）、《商标注册用商品和服务国际分类尼斯协定》（Nice Agreement Concerning the International Classification of Goods and Services for the Purpose of the Registration of Marks，1957）、《保护原产地名称及其国际注册里斯本协定》（Lisbon Agreement for the Protection of Application and Their International Registration，1958）、《专利合作条约》（Patent Cooperation Treaty，1970）、《关于集成电路的知识产权条约》（Treaty on Intellectual Property in Respect of Integrated Circuits，1989）相继出台，还建立了世界知识产权组织（World Intellectual Property Organization，1967），尔后成为联合国的一个专门机构（1974）。一个打破国界的全球专利权制度，包括全球专利局、全球专利法和全球专利法庭的全球专利制度，也在酝酿之中。

知识产权制度以保护发明创造者的权益为公开理由，但其实质目的在于实现知识的人类共享。专利本来是针对那些不情愿白白交出"祖传秘方"而妨碍知识共享的人的一种无奈的"赎买"政策,它的发展却走向了把手段变为目的而违背初衷的垄断性。知识产权是不让竞争对手销售自己产品或商品的一种垄断顾客的权利。这种只考虑发明者权益的垄断无疑会妨碍技术扩散的速度,并因而损害顾客的利益,甚至也影响生产专利产品的职工的权益。知识产权的这种知识经济观是与知识的可复制性和交流增殖性相背离的,其存在的合理性是大可会议的。其实许多科学家早已在抵制发明者的自私行为,X 射线发现者——德国物理学家威尔赫尔姆·伦琴(Wilhelm Röntgen,1845~1923)和元素镭放射性发现者——法籍波兰裔物理学家玛丽·居里夫人(Marie Curie,1867~1934)都自动放弃了他们的专利申请。美国电脑程序员理查德·斯托曼(Richard Matthew Stallman,1953~)在 20 世纪 70 年代发起"自由软件运动"(The free software movement)——一个推广用户有使用、复制、研究、修改和分发软件等权利的社会运动,是克服知识产权制度这种异化的明智之举。那些正在奔向钱锈泥潭的大大小小的发明家应该迷途知返,不要再为图一己之利而以自己的发明创造去服务于资本家的利润追求和统治者的权力欲。保护发明创造者权益的知识产权制度,其法制性、科学性、公开性以及地域性、独占性和时间性等,对知识扩散的促进和阻碍作用几乎同在。

  知识产权的发展史实际上是一部对知识产权限制与反限制的历史。有美国"专利制度的灵魂"之称的美国开国元勋托马斯·杰弗逊(Thomas Jefferson,1743~1826),一直对专利制度正当性怀疑态度。他否认个人大脑产物能视作自然权利来主张排他性的和稳定的财产权,不相信专利制度可以加快实用技术的进步。美籍奥裔经济学家弗里茨·马克卢普(Fritz Machlup,1902~1983)和英籍美裔经济学家艾迪斯·蒂尔顿·彭罗斯(Edith Tilton Penrose,1914~1996)在他们的著名论文《十九世纪的专利之争》(The Patent Controversy in the Nineteenth Century,1950)中,介绍了 19 世纪中期西欧发生的关于专利制度的大论战,荷兰曾一度废除专利法(1869~1912),在瑞士曾发生过前后六次全民投票否决产权提案(1849,1851,1854,1863,1866,1882),英国上议院通过改革法案缩短专利保护期(1872),德意志帝国也曾有几个贸易协会两次要求取消专利法共同协定(1853,1863)。世界贸易组织的《与贸易有关的知识产权协议》(Agreement on Trade-Related Aspects of Intellectual Property Rights,TRIPS,1995 年生效)所形成的技术强国剥夺弱国的不平等格局,引发药物专利保护与公共健康之间的冲突等问题日益严重。基于"人权优先自由贸易原则"的考虑,美国微软公司的创始人比尔·盖茨(Bill Gates,1955~),以其全部个人资产创建"比尔及梅琳达·盖茨基金会"(Bill & Melinda Gates Foundation)以促进卫生和教育领域的平等。把"专利共享"作为使用基金的条件,既是对不完善的专利制度的一种补充,实际上也是对专利垄断的挑战。只有成果能为社会自由享用,创新才是对社会的贡献。

7.5 走向生态文明——知识的生存观

获取知识是人类特有的活动。按照广义的进化观念,人类的认知活动,包括推理这种特殊的认知活动,都是由以前的认知反应和对环境的适应中进化而来的,它们是自然选择和文化选择的产物。在这个意义上,知识对人类具有生存价值。如果人类批判的智能、理性的发展,无助于应对现时的和未来的生存环境挑战,人类作为地球上的一个物种,终将难以生存下去。人类一切活动的意义,包括其独一无二的理性思维活动的意义,取决于它如何巩固人类文明的持续发展以及确保其物种的生存。理性知识是人类适应的一种主要工具,因而也是人类生存的一种主要工具。人类生存环境的恶化倾向对人类的理性思维提出了挑战,20世纪以来大规模的战乱、意识形态的对抗、周期性的经济危机、穷国和富国的不平等诸多全球性的问题,构成了作为"人类生存方式"的文化对人类的严重异化,文化异化的最严酷的后果是人与自然关系的异化。人类是自然进化的偶然产物,作为自然进化结果之一的人类只能是自然界的组成部分,并且只能生活在这产生它的自然界中。认识和维护我们赖以生存的地球,通过理性重建创造新文明,已是当代人类面临的生死攸关使命。"盖亚假说"、"地球脑的觉醒"和"脑科学计划"向自己的同类展示了他们的、以知识的生存价值为主导的、通过知识创新走向生态文明的志向。

"盖亚假说"(Gaia hypothesis)是关于地球的一种科学假说,借希腊女神之名"盖亚"(Gaia)象征性地表达"地球是活的"。它由英国化学家詹姆斯·拉伍洛克(James Lovelock,1919~)首先提出,后经他与美国生物学家林恩·马古利斯(Lynn Margulis,1938~2011)合作推进。拉伍洛克是曼彻斯特大学化学学士(1941)、伦敦大学医学系哲学博士(1949)和伦敦大学生物物理学博士(1959),相继作为科学家供职伦敦国家医学研究所(1941~1961)和美国国家航空航天局(1961~1967)以及英国雷丁大学的客座教授(1967~1990),并且在1964年就建立了他自己的实验室。拉伍洛克的两篇论文《检测生命实验的物理基础》(A Physical Basis for Life Detection Experiments,1968)和《通过大气看盖亚》(Gaia as Seen through the Atmosphere,1972),奠定了盖亚假说的基础。马古利斯是芝加哥大学文学学士、威斯康星大学遗传学和动物学硕士(1960)、加利福尼亚大学伯克利分校遗传学博士(1963),相继执教波士顿大学和马萨诸塞大学，1983年入选美国国家科学院院士，2000年获美国国家科学奖。她的论文《有丝分裂细胞的起源》（The Origin of Mitosing Eukaryotic Cells，1967）和著作《真核细胞的起源》（Origin of Eukaryotic Cells，1970）所阐释的"内共生学说"（endosymbiotic theory）与拉伍洛克的"盖亚假说"之契合促成了两人的合作。拉伍洛克和马古利斯合作论文《大气和生物圈的动态平衡：盖亚假说》（Atmospheric Homeostasis by and for the Biosphere：the Gaia Hypothesis，1974）确立了盖亚假说的研究纲领：地球上的全部生命和一大部分非生命物质形成了一个复杂的整体，维持着一定的环境条件，使得生命可以在其中生存。其后拉伍洛克出版了《盖亚：对生命和地球的新看法》（Gaia：A New Look at Life on Earth，1979）、《盖亚时代》（The Ages of Gaia，1988）、《盖亚革命》（The Revenge of Gaia，2006）和《消失着的盖亚面容》（The Vanishing Face of Gaia，2009）等专著。马古利斯又出版了《共生作为演化创造力的来源：物种形成与形态发生》（Symbiosis as a Source of Evolutionary Innovation：Speciation and Morphogenesis，1991）、《细胞进化中的共生：太古代和元古代的微生物共同体》（Symbiosis in Cell Evolution：Microbial Communities in the Archean and Proterozoic Eons 1992）、《被歪曲了的真相：论盖亚、共生和演化》（Slanted Truths：Essays on Gaia，Symbiosis，and Evolution，1997）、《共生的行星：演化的新见解》（Symbiotic Planet：A New Look at Evolution，1998）等有关著作。1989年美国地球物理学联合会曾选择盖亚作为学术会议的主题，几百名科学家和学者参加了会议，出版了《科学家论盖亚》（Scientists on Gaia，1993）。"盖亚假说"对人们的地球观产生了越来越大的影响，并成为西方环境保护运动和绿党行动的一个重要的理论基础。2006年，伦敦地质学会把地质学界最高奖章之一——沃拉斯顿奖授予了洛夫洛克。

"地球脑"（global brain）是一个隐喻，指的是整合人类智慧的全球互联网（global network）。这一术语的最早使用者是英国科学家彼得·罗素（Peter Russell，1946~ ）。他从英国剑桥大学获理论物理学和实验心理学的学士以及计算机科学的硕士，曾经到印度学习东方哲学，并致力于东西方心理学的整合，他是世界商务科学院智力研究所的研究员和布达佩斯俱乐部的荣誉成员。他的主要关注时代精神问题，在这个方面他出版很多书，其中有关地球脑的书最出名。它的英国版是《觉醒的地球》（The Awakening Earth，1982），它的美国版是《地球脑：关于进化飞跃到行星意识的推测》（The Global Brain：Speculations on the Evolutionary Leap to Planetary Consciousness，1983）。后来，把两者合在一起，称为《地球脑的觉醒：进化的下一次飞跃》（Global Brain Awakens：Our Next Evolutionary Leap，2000）。他不是讲互联网技术，而是着力于阐述它在精神层面的影响。其中，核心的思想就是说，我们这个地球要发生一次巨变，而且这巨变是发生在人类的心灵里面："我们将看到奇迹可能在地球上发生，在我们这蓝色珍珠上发生。人类可能处在一个进化飞跃的边缘，数亿年才发生一次的跃进，可能会在进化的一瞬间发生。导致这个跃进的变化就在我们的眼前——或眼前后面的心智里。"最早致力于地球脑技术事业的人是美籍德裔物理学家哥特弗里德·迈耶-克里斯（Gottfried Mayer-Kress），他经德国哥庭根大学、汉堡大学和斯图加特大学完成学业，1984年以后到美国从事研究，1995年任职于宾夕法尼亚大学，并担任《复杂性文摘》主编。对于因特网如何能发展到地球脑，他与柯莱特·巴克兹（Colette Barczys）发表了最早的两篇论文《作为危机管理模型化范式的全球脑》（The Global Brain as a Modelling Paradigm for Crisis Management，1995）和《作为工程结构的全球脑》（The Global Brain as an Emergent Structure from the World Wide Computing Network，and Its Implications for Modeling，1995）。最积极推进地球脑研究的是比利时神经机械学家弗兰西斯·海里根（Francis Heylighen，1960~　），他在布鲁塞尔富丽杰大学和鲁塞尔自由大学研究智力组织出现和演化的控制论，领导一个跨学科的研究组，他与约翰·柏林（Johan Bollen）合作发表的论文《作为超脑的万维网：从比喻到模型》（The World-Wide Web as a Super-brain：from Metaphor to Model，1996），提出第一个能使万维网转变成合作智能网的算法，在其论文《全球超脑：一个正在涌现的网络社会的进化论-控制论的模型》（The Global Superorganism：An Evolutionary-cybernetic Model of the Emerging Network Society，2007）对超个体全球脑的社会观给出一个详细的说明。海里根还创建了国际性的"全球脑小组"（The Global Brain Group，1996）讨论，后来发展成"全球脑研究所"（The Global Brain Institute，2012）。

"蓝脑计划"（Blue Brain Project）是一项用电脑模拟人脑的研究计划，因使用IBM超级电脑"蓝色基因"（Blue Gene）而名为蓝脑计划。蓝脑计划由亨利·马克兰（Henry Markram，1962~　）领导，2005年在瑞士洛桑理工大学启动，预计2023年左右达到在分子水平上的人脑模拟。马克兰是南非海角市大学学士，在神经科学家麦纳海姆·赛高（Menahem Segal，1944~　）指导下从以色列魏斯曼科学研究所获博士学位，曾为美国国家卫生研究院的访问学者和德国马普学会的细胞生理学家伯特·萨科曼（Bert Sakmann，1942~　）实验室的研究员。2002年马克兰成为洛桑理工大学教授，他在这里创建并领导了"心脑研究所"和"神经科学技术中心"。蓝脑计划这个项目的初始目标是对构成老鼠新大脑皮层单元（neo cortical columns，NCC）的1万个神经元及3000万个突触连接进行模拟。这种模拟基于15年来所积累的各种实验数据，包括神经形态学、基因表达、离子通道、突触连接以及很多老鼠的电生理记录。一个神经元的计算量需要用一台笔记本来做，1万个神经元的模拟需要上万台笔记本。一台"蓝色基因"超级电脑能顶1万台笔记本用，因为它包含有8096颗CPU，峰值运算速度22.8T FLOPS。2009年已经完成了人脑新皮层部分的神经元计算工作并已绘制出一份3D神经元活动模拟图，并将在2015年正式组装人类大脑。对于蓝脑计划的评论曾经褒贬不一，而今欧盟和美国的两项政府计划肯定了它的方向。2013年1月欧盟启动了"人脑计划"（The Human Brain Project，HBP，2013~2023），86个欧洲研究机构中的200多名科学家参与，计划10年投资11.9亿欧元，由马克兰领导用超级电脑模拟人脑。2013年4月2日，美国总统巴拉克·侯赛因·奥巴马（Barack Hussein Obama II，1961~ ）宣布，15个公私研究机构参与、计划投入10美元的"脑科学研究计划"（Brain Science Research Project，2013~2023）正式启动，期望在10年内绘出"人脑活动图"（Brain Activity Map）。

"盖亚假说"把地球看作一个"巨生命系统"（mega-life system），一个能够进行能量与物质交流并使之内部维护稳定的体系。"地球脑"把人类社会看作"活地球"的大脑和中枢神经系统，每个人都是其中的一个神经元，他们通过互联网相互连接成一个整体。"蓝脑计划"引发的脑科学研究计划，研究的是"地球脑的神经元"。"地球脑"关涉的不只科学技术问题，而是人类文明的理性重建问题。伴随着文明进展而来的日益严重的自然生态的破坏，导致了威胁人类生存的全球性的生态危机。美国社会科学家丹尼斯·米都斯（Dennis L. Meadows，1942~ ）的《增长的极限》（The Limits to Growth，1972）揭示了工业文明的不可持续性。为寻找可持续发展的生存方式而有生态文明的呼吁，从德国生物学家恩斯特·亨利希·海克尔（Ernst Heinrich Haeckel，1834~1919）在其著作《生物形态学大纲》（Generelle Morphologie der Organismen，1866）中提出生态学（Ökologie）到德国真菌学家亨利希·安东·德贝里（Heinrich Anton De Bary，1831~1888）在《共生形态》（Die Erscheinung der Symbiose，1879）提出"共生"（symbiose）概念以及其后一个世纪的发展，都被借鉴为文明建设的指导思想。经英国-美国经济学家和社会学家肯尼思·艾瓦特·博尔丁（Kenneth Ewart Boulding，1910~1993）在其著作《组织革命》（The Organizational Revolution: A Study in the Ethics of Economic Organization，1953）中提出"生态革命"（ecological revolution），美国心理学家和互联网先驱约瑟夫·卡尔·罗伯特·利克里德（1915~1990）发表论文《人机共生》（Man-Computer Symbiosis，1960）和《以计算机为通信工具》（1968），美国作家罗伊·莫里森（Roy Morrison）在其著作《生态民主》（Ecological Democracy，1995）中把"生态文明"（ecological civilization）看作工业文明之后的新文明形式。生态文明建设旨在调节人类的生存方式与自然生态之间的关系。美籍俄裔社会学家皮特灵·亚历山大洛维奇·索罗金（Pitirim Alexandrovich Sorokin，1889~1968）在其著作《爱之道与爱之力：道德转变中的类型、因素和技术》（The Ways and Power of Love：Types, Factors, and Techniques of Moral Transformation，1954）中强调，唯有爱的力量可以把人类的行为提高到更高的道德水准。从法国古生物学家德日进（Pierre Teilhard de Chardin，1881~1955）的《智慧圈的形成》（Die Weisheit Kreis der Bildung，1947）到英国-美国统计学家诺曼·约翰逊（Norman Lloyd Johnson，1917~2004）等的著作《共生智慧》（Symbiotic Intelligence：Self-organizing Knowledge on Distributed Networks, Driven by Human Interaction，1998），人类一直在探索如何发挥"群体智慧"（collective intelligence）。鲁迅（1881~1936）曾经说："地上本没有路，走的人多了就变成了路。"理性创造的第三世界即客观知识世界已发展到没有一个人能脱离它而生存的境地。我们每个人都为它的发展做出了贡献，尽管几乎所有的个人贡献都是微不足道的，但已使它发展到不仅不是任何人而且甚至不是所有的人所能掌握的地步。正如波普尔所说："它对于我们的发展乃至它本身的发展的作用，已变得比我们对它的创造性作用更加重要了。"

8 揭示知识特性

金吾伦

揭示和扩展知识特性是知识战略目标的重要内容之一。由于知识的特性决定了知识战略目标的形成和确立，知识创新具体布局的制定等等重要问题，所以认识知识特性并从而促进新知识的创造，都具有重要意义，因此我们要对知识的特征有一个深入和全面的了解。

关于知识的特性问题，在20世纪学者们讨论知识经济时所进行的论述中就有过许多关于知识特性的论述。例如，由黄顺基教授主编的《走向知识经济时代》一书（我是编委之一）第四章题为"知识经济与教育创新"，其第一部分就是"知识的特点与作用"，该文作者系全国人大常委、民盟中央副主席冯之浚，他根据科学学专家齐曼的理论，认为知识具有以下7个特性：

（1）不可替代性；
（2）不可相加性；
（3）不可逆性；
（4）非磨损性；
（5）不可分性；
（6）可共享性；
（7）无限增殖性。[1]

正是因为知识的这些特征决定了知识与其他一般生产要素相比有其自身本质的区别。知识在经济中的地位也变得特别的重要了。

需要指出的是，联合国于1998年出版一个文件《知识社会：可持续发展的信息技术》（Knowledge Societies: Information Technology for Sustainable Development），它是联合国教科文组织向各国提出的建议，突显出知识社会的伦理框架，并为推动知识社会发展提供具体措施。

美国管理学家德鲁克被人称为管理学的大师，现代组织理论的奠基人。他对知识有许多精到而特别的论述。例如，他在《从资本主义到知识社会》一文中强调："我们现在正在经历这样一场变革。"[2]这场变革创造了一个后资本主义社会——知识社会。在这个社会中，知识将是新社会的主要的资源。知识成为一种资源和一种用途，而且知识已经变成了公共的美德。德鲁克早在1959年就预言了"知识劳动者"将取代"体力劳动者"而成为社会劳动力的核心的重要观点。按德鲁克的意见,知识导致了人类历史上三大革命。它们是:

第一阶段,知识被应用于工具、程序和产品,导致了工业革命,这是第一次革命。

第二阶段,知识被应用到工作上,导致了生产力革命,这是第二次革命。这个阶段开始于1880年。

第三阶段,知识被应用到知识本身,导致了管理革命,这是第三次革命。这个阶段是从第二次世界大战开始。现在,我们正在向第三阶段迈进。从现在起,进步,生产力和社会凝聚力需要的将是把知识运用于知识,这是知识转变的第三阶段,也许是最后一个阶段。[3]

著名的美国未来学家托夫勒在他的《力量转移——临近21世纪时的知识、财富和暴力》一书中强调,知识是力量转移的终点,因为知识是最高质量的力量的源泉。[4]他认为,知识的变化是引起大规模力量转移的原因或部分原因。当代经济方面最重要的事情是创造财富的新体系的崛起,这种体系不再是以肌肉(体力)为基础,而是以头脑(脑力)为基础。"[5]这里的头脑就是知识和知识的力量。

由此可见,充分认识和理解知识的特征具有十分重要的意义。为了深入了解知识的特征,我们还应该从知识的含义入手,下面我们将从知识的含义说起。

8.1 知识的含义

自古以来就有无数的学者对知识进行过不同方面的探索。在西方,对知识的探索和追求可以追溯到古代雅典的苏格拉底时代。苏格拉底是把人类的追求从神和超自然现象引向现实的相关知识的第一人。

苏格拉底的学生柏拉图在全面探索知识的基础上形成了他的世界观——真善美统一的知识观。真善美组成知识的基础,如图8-1所示。

柏拉图建立起关于知识的完善思维结构。他的学生亚里士多德对各方面的知识做了百科全书式的探讨,从而形成了古代西方完美的知识体系。

中国古代思想家孔子、老子也重视对知识的探讨。孔子不但学习知识,而且还传播知识。孔子提出:"学而时习之,不亦说乎?""人不知而不愠,不亦君子乎?""吾十有五而志于学。""温故而知新,可以为老矣。""学而不思则罔,思而不学则殆。""知之为知之,不知为不知,是知也。"老子、道家和禅宗,都认为知识是自我认识和通向澄明、智慧的道路。

无论是西方还是东方,古代的知识观都是有关知识的理论,即关于知识的功

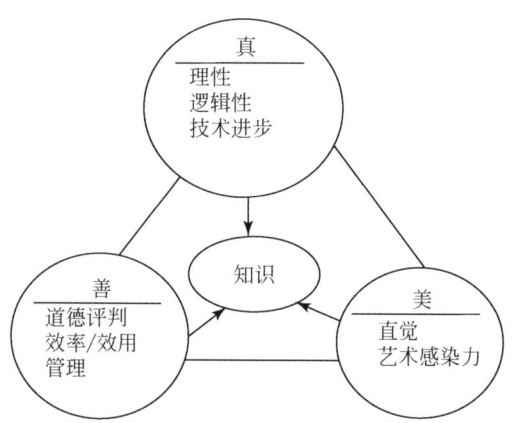

图 8-1　知识的基础（柏拉图的知识观）

资料来源：卡尔特霍夫，野中郁次郎，雷诺. 光与影：企业创新. 张国华，施密特主编.
上海：上海交通大学出版社，1999：20.

能和知识的意义。一种以苏格拉底为代表，认为知识的唯一功能是自我认识，即人的智力、道德和精神生活的成长；另一种以毕达哥拉斯为代表，认为知识的目的是通过使具有知识的人知道他想说什么和怎样说，从而使其行为更有效。在毕达哥拉斯那里，知识指的是逻辑、语法和修辞。中国的老子和庄子思想类似与苏格拉底和柏拉图的知识观，而儒家，则把知识看作是知道什么、怎样说以及关于出人头地和脱凡出俗的学问。

所以，古代的知识观无论是在西方还是在中国都有两类：一类是自我认识、自我发展的知识观，另一类是逻辑、语法和修辞的知识观。两者有一个共同的特征，都集中体现在知识即学问上。而学问，就是指书本知识以及能说会道。这里的知识不是指做事情的能力，也不是指实用知识。

近代所谓的知识是指对真实事实的认识。英国著名哲学家罗素则概括为"知识是属于正确的信念。"[6]这也可以说，知识就是正确的认识，其基础是笛卡儿的主客二分，即知识就是主体对客体（认识对象）的正确认识。这里，对于知识概念本身并没有争论，争论的实质则是知识的来源问题。一方是培根、洛克、贝克来、休谟和穆勒，他们坚持一切知识最终源泉是观察；另一方是笛卡儿、斯宾诺莎和莱布尼茨，他们则坚持认为，知识的终极源泉是对清晰明确观念的理智直觉。

培根的"知识就是力量"中的知识是指人们对事物及其规律的正确认识。他认为，只要掌握了自然规律，人类就可以在认识上获得自由。由此，我们可以说，培根强调的"知识"就是对自然规律的认识，人们对自然规律的认识越多，知识越丰富，那么其行动就越自由。应该说，知识是一种社会资源，是社会的宝贵财富。它对人类的文明进步起着巨大的作用。

英国著名科学哲学家波普尔也非常重视区分知识的两类问题：一是知识的起源或历史问题，另一个是知识的真理性，正当性及其"辩护"问题[7]。

美国著名科学哲学家约瑟夫·劳斯在《知识与权力》一书中提出了知识的两类意义："知识不仅是一种表象（如一个文本、一种思想或一张图表），而且是一种在世的互动模式。这种模式包含了被表象的对象或现象，也包含着情境安排——只有在这些情境之中，表象才是可以理解的，它们与其他表象、实践才能有意义地联系起来。此外，知识主张只有在历史中，只有在对其未来发展的预期中才是有意义的和有教益的。"[8]

关于知识的含义，还有许多的说法。有关知识论著作都有关于知识的讨论，我们在这里列举几种定义如下：

（1）知识是能被交流或共享的经验或信息；

（2）知识是作为一种信念的形式；

（3）知识是一种社会行为；

（4）知识是一种有效行动的能力；

（5）知识是一种结构化的经验，价值，语境化信息和专家洞见之混合体，用以作为提供评价，组成新经验与信息的框架；

（6）知识（当由数据与信息构成）能被想象为对一种情景，关系，因果现象以及在一种给定域或问题下的理论与规则（明晰的与暗含的）更好的理解。

如此等等，我们还可以找出更多的相关知识的定义，恕我不在这里一一列举了。

8.2　知识的价值

如今人类已经进入了建设新文明的时代。按未来学家托夫勒的说法，这个新文明的基础和动力就是知识。托夫勒说：

> 从某种意义上说，知识已成为所有创造财富所必需的资源中最为宝贵的要素。……知识正在成为一切有形资源的"最终替代"，知识的极端重要性，已经或正在改变工业组织，公司结构，商业竞争的形式和内容，以及创造财富的途径，甚至战争的方式。简言之，知识成了商业利润和全球竞争的关键，……知识是第三次浪潮经济的主要资源。[9]

在知识成为社会活动关键的时代里，人类的生产和生活方式都将发生深刻的改变。知识的优势与其他优势如体力的优势相比较，知识的优势是一种具有永久性和根本性的竞争优势。正如马克思·韦伯所指出的那样："虽然科技能扭转竞争模式，但由于最终大家都能取得同样的技术，没有人可以拥有最尖端的技术，因此科技不是能维持长期竞争优势的来源。……只有知识才能提供可以维系的竞争优势。因为它能源源不绝地创造好处和优势。"所以，罗默认为："唯有知识的来源——点子——才具有无暇的成长潜力。"

由于知识的意义越来越重要，以至人们把它与经济、社会的发展紧密联系起来，以至在相当一段时期内，强调以知识为基础的经济，即知识经济；以知识为基础的社会，即知识社会。

为什么知识在今天会变得如此的重要，又为什么以知识为基础的经济成为人们如此关注的焦点和热点？对此问题的回答，见美国学者尼夫（Dale Neef）主编的《知识经济》一书中总序的作者劳伦斯·普鲁萨科在题为"为什么是知识？为什么是现在？"的文章指出的以下四点理由：

（1）经济全球化，它在增加适应性，创新和处理速度方面，正在向企业施加可怕的压力（这压力正是缺少知识的表现）；

（2）专门知识的价值被认识，它已经成为融入组织程序和日常工作中，以应对上述压力；

（3）知识作为独特的生产要素被认识，它的作用使具有工业知识的书籍增加了市场份额；

（4）廉价的计算机网络，最终提供我们相互工作和学习的工具。

这些趋势集中到一点就是，当今社会劳动已逐渐由脑力劳动取代了肌肉劳动。它使人类劳动从硬件（hardware）发展到软件（software），再发展到湿件（wetware）。这里的湿件就是指人类的大脑活动逐渐取代肌肉劳动，并用以表明人力资本，即知识的重要意义。

戴文波和普赛克（Thomas H. Davenport & Laurence Prusak）所著的《知识管理》（Working Knowledge）一书中也强调："本书的核心信息就是要告诉读者，公司全体员工的知识，公司运用知识的效率，以及获得与运用新知识的敏捷程度，是企业持续维持优势的唯一命脉。"[10]

以上这些变化告诉我们，知识的意义已经发生了并且还将发生深刻而重大的变化，它对人类的经济生活和社会活动产生着比以往任何时候都将发挥更加重大的作用。

因此，我们有理由相信，随着知识经济和知识社会的兴起和发展，知识管理的加强和知识社会建设的加速和范围的扩大，知识将越来越成为经济社会发展和变革的本质力量！

8.3　知识的基本特性

我们这里所要讨论的知识，着重指科学技术知识和社会科学知识，也就是有关自然和社会方面的科学技术知识之基本特征，而且特别需要注意信息和知识的区别，不可将知识等同于信息。美国知识管理专家戴布拉·艾米顿在谈到"从信息到知识的转变"时说："信息是有内容的数据，而知识是有意义的信息，智慧则是知识和洞察力的结合……从信息向知识的转变不是有序的变化，而是要求以全新的眼光看待世界。从这种转变中，我们理解了组织中'人'的原动力和人的素质的重要性。然而，使人成为重要性的原因是什么？是什么东西构成了价值的增值？答案就是知识。"

美国著作家维娜·艾莉在她的《知识的进化》一书中有一段精彩的话来说明信息与知识的关系，她这样说道："信息就是可以用来沟通的语言形式将我们的体验表达出来。诗人如米（Rumi）则用另一种方式来表达：'整个世界是形式，而知识是它的灵魂。'"显然，我们可以把这句话理解为："知识已经成为我们这个世界的灵魂，没有知识也就等于没有了有灵魂。"

《第三次浪潮》的作者托夫勒在他的《权力的转移》一书中特别强调了知识的意义和重要性，他这样说道："我们言之有据。知识作为最佳权力正伴随着每一毫微秒的光阴无可争辩地越来越重要的地位。"他认为："正在到来的变革使知识正在取代昔日金钱那至高无上的地位而成为权力的主要象征。过去，暴力无须很多知识，它只是财富的来源和保证。今天，这两者正日益让位于知识的力量。……知识将成为财富的源泉。知识就是财富。"[11] 很显然，在托夫勒那里，知识成为了财富和权力。这就是说，"谁掌握了知识，谁就有了财富和力量，谁就有了支配他人的权力。"[12]

可以说，知识不但加速了经济的运转，同时还加速了政治变革。

有意思的是，托夫勒曾经应中国社会科学院的邀请，在报告厅做讲演，我本人参加了这次会议。那是1998年的一个下午，在我当时的记录中记下了。他一开始就强调："最重大的革命即将到来。而这次革命的核心是知识。作为一种生产资料，知识与一、二次浪潮的土地，工厂不同，它是无形的，是可以再生的，它是在人们的头脑中的……"（《计算机世界》1998年6月15日第22期报道，我本人还留有他做报告时的照片。）

托夫勒夫妇在他们合著的《创造一个新的文明：第三次浪潮的政治》一书中指出：这一新文明的基础和动力是知识（广义上，信息也属于知识范畴）。他们提出："从某种意义上说，知识已经成为所有创造财富所必需的资源中最为宝贵的要素……知识正在成为所有有形资源的'最终替代'。知识的极端重要性，已经或正在改变工业组织，公司结构，商业竞争的形式和内容，以及创造财富的途径，甚至战争的方式。简言之，知识已经成了商业利润和全球竞争的关键。"托夫勒夫妇还强调，以知识为基础新文明的出现还将深刻地影响人类的政治生活，包括制度创新，等等。确实，我们可以有理由相信，伴随着知识的增长和发展，带动社会制度和社会生活的不断改善，人类必定将越来越进步和繁荣。

还有一点需要指出的是，以前曾经有人将"知识"等同于"科学"。例如，吴大猷先生就指出："科学的拉丁文 Scientia 是'知识'之意，也就是把科学等同于知识了。而现在'科学'一词是意指有修理有组织的知识了。最浅显的例子是，'物理学'是一门部门科学；但一本电话簿或积了十年的一大堆报纸，虽然其中包含许多知识，但并不构成为科学。"这意味着，知识的意义已经扩大了，知识不再局限于科学了。[13,14] 这里的意思是说，知识的内涵比科学的内涵要宽广和丰富得多。知识不光是科技知识，还必须包含人文和社会科学知识。

知识一般包含着两类知识，即隐含知识（tacit knowledge）和明晰知识（codify knowledge）。后者也被称为编码知识。编码知识包括以下几类：

（1）关于事实的知识，即 know-what；
（2）关于自然原理和规律方面的科学理论，即 know-why；
（3）关于做某些事情的技艺和能力，即 know-how；
（4）关于是谁做的知识，即 know-who。

……

从以上讨论中，我们可以大致得到以下几点关于知识的基本特征：

（1）知识来自人们的思想，是人们实践经验的结晶；
（2）知识可以被用于指导人们的实践；
（3）知识（尤其是企业的知识资产）可以创造竞争优势；
（4）知识是世界上唯一无限的资源；
（5）知识是推动组织前进（如学习型组织）的原动力；
（6）知识可以被传承，传播，学习和创新。

最后，我们可以说，知识事业是一项社会集体及全人类永续不断的巨大伟业！

关于知识的意义和特征，我们还可以从另一个角度来理解。1995 年，中国社会科学院曾经组织一个由刘吉副院长领队的代表团访问德国，我是代表之一。德国的同事向我们谈到他们对知识社会的看法。他们认为，知识社会中的知识有如下与以往社会所不同的特征：

（1）知识高速地增长和增值；

(2) 知识社会的基础是技术；

(3) 人是知识社会的主体，他们要有创造性思想；

(4) 知识的多样性与趋同性日益趋向一致；

(5) 促进知识经济的发展；

(6) 改变了以往劳动的含义与结构；

(7) 改变了科技与教育的方式；

(8) 社会的生活方式也将相应地发生改变。

……

20世纪末期，在国内大兴知识经济之风时，许多人也非常重视知识特征的探讨。由经济学家李京文任主编的《知识经济概论》一书提出了知识的以下几个主要特征：

(1) 知识是没有重量，不可触摸的，就像光一样；

(2) 知识具有非排他性，可以为多人或社会共同所有；

(3) 知识使用的非竞争性，一个公司使用知识不会减少另一个公司使用该知识的数量；

(4) 知识具有可传播性；

(5) 作为信息的，非竞争性的知识具有外部性。[15]

在那一段时间里，知识经济的研究促进了人们对知识的重视，这应该是当时研究知识经济的一个重要的成果，值得肯定。关于知识社会，当时并没有给予太多的重视。这里需要提到的是国际著名的美国管理思想大师彼得·德鲁克的一本非常有名的著作：《运作健全的社会》。在这本书的最后部分专门论述了知识社会。他认为：

下一个社会也将是一个知识社会。知识是这个社会的主要资源，知识工作者将成为就业市场的主力。知识社会的主要特点将是：

(1) 没有边界，因为知识比钱更容易流通。

(2) 向上流动，通过接受正规的教育，每个人都可以有向社会更高层流动的机会。

(3) 成功和失败的机会并存。每个人都可以获得"生产要素"，也就是就业所需的知识，但是并不是每一个人都能够获得成功。[16]

德鲁克认为，知识社会是一个高度竞争的社会。新知识经济将高度依赖于知识工作者。我们可以把他的观点引申为，知识社会就是知识工作者的社会。从中我们不难看出，知识对人类发展具有何等重大的意义！

关于知识的具体特性，可以概括为以下几个方面：

(1) 知识是渗透于一切的。

不管对学习、智力资本、知识资产、智能、诀窍、洞见或智慧,结论都是一样的,都是有知识渗透于其中的,问题在于如何更好或较差地管理它。管理得好,知识便能充分发挥作用,管理得不好,知识的作用就难以发挥,甚至产生副作用。实际上,凡是产业、教育和其他治理中的创意都力图应用于处理相同的问题、难题和机会,使知识发挥充分的作用。

(2) 知识不能量化但还要尽可能使其量化。

不能被量化,就不能考虑其价值。然而,传统的财会制度没有把企业最重要的资源(它的智力财富,即知识)计算在内。而流行的体制把人的知识当作消费支出而不当作资产。商业必须定义知识,以便使其在企业的人力和社会(即相互作用)资本中确保必要的财务战略的正当性。

(3) 必须建立一种合作研究基础。

为经济的服务功能或服务产业的研究活动还比较少。还没有产业研究所那样的服务产业——经济中成长最快的部门。政府基金少,几乎没有非产业目标的财团。当集体研究到一定程度时,在竞争的基础上,企业正在从事个别的研究与开发——为产业未来发展建立坚实的基础是必要的。

(4) 创意必须设计成"上—中—下"。

上下领导的继续对管理来说是基本的。因为传统等级结构不可能一夜之间就会消失。网络的基层活动能对那些最紧密的销售点有效性之变化具有洞察力。

8.4 知识特性的新扩展

在我写作这一主题的论文时,我想起了我在美国哈佛大学访问时,台湾的好友博大为先生送我的一本书,书名是《异时空里的知识追逐》。他在书的"自序"中有这样的一段话:

> 各种知识人在异时空里作不同的知识追逐。进一步,各种知识、理论、典范、论述在异时空里作另一层次的知识追逐。知识固然追逐着"自然",知识也彼此互相追逐。知识人想象自己在追逐自然,但知识人所驾驭、构成甚或被引导的知识建构却往往互相追逐不已……[17]

这就是说,知识不仅仅是从我们对自然的实践中生成,而且也从知识的相互追逐竞争中发展。知识的生成和发展也促进着知识特性的新扩展。例如,日本学者竹内弘高和野中郁次郎等提出了"知识创造的螺旋"的概念,强调了"隐含知识"与"形式知识"的相互转换以及跨组织的知识创造等,从而达到新知识的突现与生成。知识的突现与生成也可以说是知识的创造。

知识创新战略

野中郁次郎等在他们的著作《知识创造的螺旋：知识管理理论与案例研究》一书（以下称中文译著）中提出的知识创造和知识转换（隐含知识与形式知识之间的转换）有以下4种模式：

(1) 共同化（socialization），从隐含知识到隐含知识；
(2) 表出化（externalization），从隐含知识到形式知识；
(3) 联结化（combination），从形式知识到形式知识；
(4) 内在化（internalization），从形式知识到隐含知识。

这个过程通常被称作 SECI 模型，又称 SECI 螺旋或 SECI 过程，该过程的示意图见图8-2。我们在这里引用野中郁次郎等的简化模型，比较复杂一些的模型可见中文译著第91页图4-2所表达的知识创造的 SECI 模型。比较简单一些的模型可见中文译著第9页图1-2所表达的 SECI 过程，再简化一些就成为如中文译著第64页图3-3知识螺旋所表达的那样。我们这里所引的是中文译著第9页图1-2所表达的 SECI 过程，是由野中郁次郎等提出来的。

整个过程可以作以下描述：

(1) 共同化即群化：透过直接体验分享和创造隐含知识，即认同型知识；
(2) 表出化即外化：通过对话和反思将隐含知识表达出来，即概念型知识；
(3) 联结化即内化：对形式知识及信息进行系统化并加以利用，即运作型知识；
(4) 内在化即融合：在实践中学习和获取新的隐含知识，即系统化知识。

这四个过程或四化之间的相互转换形成如图8-2所示的知识螺旋。

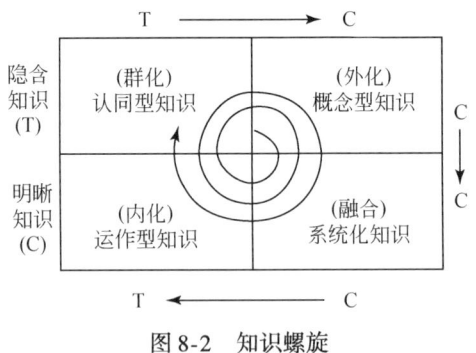

图 8-2　知识螺旋

该图与中文译著第64页图3-3（简化图）是一致的

这样的一个过程也就是野中郁次郎等所提出来的知识创造的螺旋或知识螺旋。

知识特性的扩展可以是知识的创新，即一个新知识从无到有的创造过程，在人类没有出现之前并没有知识，知识是人类创造的。这种创造过程，我们可以从总体上说是知识的生成与突现。如果用生成论的方式来研究知识，我们可以将其称为知识生成论。有关"生成"问题，我在《生成哲学》一书中做过讨论。

以上都是讨论知识突现与生成的新路径和新方法，这些知识突现与生成的新路径和新方法也促进了企业创造品牌能力的提升。在此过程中，使知识特性有了新扩展，从而也产生着知识扩展的新形式。尤其是我们今天正在采取多种形式以实现知识创新。几年来介绍知识创新的书籍，无论国际和国内已经出版了许多。

当然，尽管我们现在获得知识，无论在内容上还是在方法上都已经有巨大的进展，但仍然还有大量未被认识的知识有待扩展。例如：

（1）太空和其他星球的知识、海洋及其深处的各种生物和矿物的知识。

（2）治疗各种疑难疾病以及使人延年益寿的知识。

（3）有效的各种组织管理的知识。

（4）更有效与更充分地发扬民主、自由精神，使每个人的知识得到更加充分的发展。

……

我个人更认为，中国人很聪明，但至今在中国国内的科学家还没有问津诺贝尔科学奖（2012年莫言得了诺贝尔文学奖），而在国外的中国科学家已经有几位获得了诺贝尔科学奖，彪炳史册。因此我们可以说，知识那是不同的人们在不同的环境下努力创造的结果，是知识扩展的重要推动力，而他们又将他们自己的知识传递给了别人。它表明了知识创造和扩展的环境问题非常重要，应该引起我们足够的重视。

我们认为，创造和扩展知识的方法应该是多种多样的。例如：

（1）知识互动：学习与对话。

（2）知识验证：观察与实验。

（3）有组织的新探索。

（4）知识联网。

（5）各种方式的交流与传播。

其中还包括计算机模拟，生物学方法的模拟，等等。这里的关键是知识扩展的环境和方法。

就我个人的看法，知识扩展的环境决非一日之功，也非一人之力。它需要长期的共同努力。扩展知识非常重要。在我看来，扩展知识最根本的方法则是生成和学习。著名的美国学习型组织创始人彼得·圣吉（Peter Senge）提出的生成性学习，值得我们重视。我本人写过一本《生成哲学》的书，有兴趣的读者可以一读。

知识特性的扩展是知识的创新，即一个新知识从无到有的过程。在人类出现之前,并没有知识。知识是由人类创造的。这种创造过程,我们可以从总体上说是知识的生成与突现。

事实上,人类在已有知识的基础上不断创造出新知识,而这些新知识的创造过程,我们也可以看作是一个生成的过程,即某种知识从无到有的过程。从复杂性科学的角度来看,有人称其为突现过程,也有人称其为"自涌行为"。例如,北京大学物理系赵凯华教授曾把这种突现行为(emergent behavior)称为"自涌行为"。

还有的学者将 emergence 称为"涌现",这只是一个名字的翻译问题。我个人一直主张使用"突现"概念,理由是 emergence 具有"突然出现"的意思。

关于扩展知识的重要性,我们可以用德鲁克的话说:"下一个社会的主要特征将是新组织、新学说、新意识形态和新问题。"德鲁克的这句话中用的都有一个新字,这意思是说,下一个社会是知识社会。它将带来的知识与现今社会的知识具有全然不同的新特征!未来的学习方式也必将会有重大的变革!

十年前开始的知识创新到现在已经进入了一个具有关键性洞见的新阶段。从事学科交叉的专家正在探索和确定新的管理实践,以便为在以知识为基础的经济资本化奠定基础。

尽管已有了关于这个课题的大量文章和书籍,但这些书都还只是"半成品"(work-in-process)。20世纪50年代,当斯隆分割通用汽车公司,它提供了一个清晰的、一致的和简明的信息,表明需要大规模的商业管理的技术知识。然而,到今天,由计算机和通信技术加速所驱动以及合作网络价值和真实的竞争优势者——人的天才——提供了企业优势。

今天,已经有一种"实践共同体"出现,它超越了任何功能,任何部门,任何企业或地理位置。参与者包括理论家和实践家,他们来自教育和学习系统、经济和财政系统、检测系统、人力资源、信息网络技术以及 R&D/创新战略等。同步工程、敏捷制造和重组工程创意,都成为探讨新知识的共同课题。

参 考 文 献

[1] 黄顺基. 走向知识经济时代. 北京:中国人民大学出版社,1998:114.
[2] 彼得·德鲁克. 从资本主义到知识社会//彼得·德鲁克. 功能社会——德鲁克自选集. 曾琳译. 北京:机械工业出版社,2009:124-133.
[3] 同[2].
[4] 阿尔文·托夫勒. 力量转移——临近21世纪时的知识、财富和暴力. 刘炳章,卢佩文,张今,等译. 北京:新华出版社,1996.
[5] 同[4]:9-10.
[6] 罗素. 人类的知识. 北京:商务印书馆,1983:191.

［7］卡尔·波普尔．客观知识——一个进化论的研究．上海：上海译文出版社，1987．
［8］约瑟夫·劳斯．知识与权力．盛晓明，邱慧，等译．北京：北京大学出版社，2004：中文版前言．
［9］阿尔温·托夫勒，海蒂·托夫勒．创造一个新的文明——第三次浪潮的政治．陈峰译．上海：上海三联书店，1996：31．
［10］Davenport T H, Prusak L. 知识管理．1999．
［11］阿尔温·托夫勒．权力的转移．刘红，等译．北京：中共中央党校出版社，1991：487．
［12］同［11］：5．
［13］金吾伦编．吴大猷文录．杭州：浙江文艺出版社，1996．
［14］吴大猷．吴大猷科学哲学文集．北京：社会科学文献出版社，1996：339．
［15］李京文．知识经济概论．北京：社会科学文献出版社，1999：5-7．
［16］德鲁克．功能社会——德鲁克自选集．2009：157．
［17］傅大为．异时空里的知识追逐．台北：东大图书公司，1989：2．

9 人的能力充分发展

雷二庆　吴乐山

实施知识创新战略的目的,是创造新文明,迈向新社会。新的文明社会必定是以人为本、并追求人与自然和谐的社会,是人类得到全面升华的社会。在生物学意义上,人是一种高级动物;在文化人类学意义上,人是能够运用文字语言符号、形成复杂社会组织、开展各类文化活动的高等生物。人的全面发展是人类理想社会的目标之一。马克思对未来理想社会的阐述和中国共产党对和谐社会的表述,都提出了要实现人的全面自由发展。在社会整体形态加速向知识社会转型的时代背景下,人能力的充分发展已成为人的全面自由发展的时代内涵。

9.1　充分发展能力的核心内涵

人的全面自由发展至少包括六层含义：人人富有知识与智慧,人的意会知识与言传知识都能得到连续的发展与不断更新,人们不仅有富知识,而且富有智慧;人的能力全面提高,人的素质从德、智、体、美诸方面得到全面持续提升,每个人都向至真、至善、至美、至爱之人发展;人的生命全维健康,人不再仅以生理心理的健康为满足,还要追求科学合理营养、适宜的工作节奏和运动休养,和谐的家庭与社会关系等,追求全维健康和幸福;人格与人性不断完善,人的需求从马斯洛理论的各层次得到充分合理的满足,个人需求与社会需求相互交融与整合,人格与人性不断趋于向善;人的价值充分实现,个人兴趣得到社会充分尊重,个人特长在社会中得到充分发挥与发展,个人思想得到自由地发展,人人对社会做出应有的贡献;人与自然和谐发展,人与社会、自然建立和不断完善和谐关系,人类文明在多样化中交相辉映、共同发展,人类文明与自然生态更加和谐。实现人的全面自由发展,有赖于人类的文化自觉。而这一切都离不开知识创新。知识创新战略从某种意义上讲,就是提高人的学习、认知和创造能力的战略。

人的能力主要是指人进行某种活动所必须具备的功能与力量。视人为一个系统时,人的功能就是其对环境的感知、认知与影响。人的力量主要表现为体力、脑力与权力。人的能力,按外显程度可分为显能和潜能,按发展层次可分为本能、体能、技能、智能，按组织层次可分为个体的能力、组织的能力、社会的能力、国家的能力、人类的能力。人的能力充分发展，既指个人能力的充分发展与提高，也包括组织、社会、国家乃至人类能力的充分发展与提高。人的能力是否得到充分发展，主要判据是其与环境的关系。如果个人、组织、社会、国家、人类能够完全适应所处环境及其变化，则其能力发展是充分的，否则就是不足的。

9.1.1 个人的能力充分发展

马克思在《共产党宣言》中指出：共产主义社会是"自由人联合体"，"每一个人的自由发展是一切人自由发展的条件"。因此，人类能力的充分发展，要以个人能力的充分自由发展为条件。

人是生成的，而不是构成的。同样，人的能力也是生成的，能力虽有结构但不是由诸要素简单构成的。在人的整个生命进程中，能力发展的重点随环境的变化而转换，主要表现为基础能力、专业能力和创造能力的梯次演进。新生儿能力发展的重点是吸吮能力，婴儿能力发展的重点是活动能力，幼儿能力发展的重点是语言能力，学龄儿童和少年能力发展的重点是学习能力，青年人能力发展的重点是专业能力和创造能力，壮年人能力发展的重点是专业能力、创造能力基础上的社会活动能力，老年人能力发展的重点则是维护生活能力，等等。由此可见，人的整个生命进程，其实就是能力不断发展、不断重塑的进程。

人的能力是一个系统，主要通过四个机制生成。

首先，人的本能是生物进化过程中形成的基本生存能力和维护自身安全的能力，通过先天遗传获得。在母腹之中，人发育形成本能；出生之后，通过视、听、触、饮、食、便等活动，人进一步强化本能。人们不同的智商或运动天赋都与本能有关。

其次，人的能力是通过后天学习而形成的。知识就是力量，知识及其创新为人的能力提升提供了无限空间。知识不仅生成和提高人的后天能力，还可以使人的先天能力得以科学和充分地发挥。在家庭、学校、社会等生活与实践空间，人逐步习得各种知识与专业能力，发展创造能力，整体提升能力水平。其中，专业能力主要是指社会各行业的具体工作实践能力。现实中人们所说的各种能力，绝大多数都属于专业能力。随着人类社会的发展和行业分工的细化，人的专业能力及其种类也将越来越多。创造能力主要包括各个领域的科学发现能力、技术与方法的发明能力、应用创新能力等不同层次的创造能力，是最高层次的能力。

再次，人的组织指挥能力是在组织中获得的。组织中各岗位的权力是由组织成员所授予的，责权利一体，组织中授权的成员越多，获授权的人能力就越大，权力的增能效应使担当该岗位职责的人能力倍增。

最后，人的能力是可以被工具平台放大，生成人-机系统能力。放大倍数由基础工具平台决定，具有社会属性。飞行员与战斗机有机结合，共同形成人武器系统，飞行员的个体能力被战斗机放大形成长途奔袭能力、隐身突防能力和精确打击能力等。这些工具平台还具有基础性，每一个人在该平台上都能获得能力的倍增。例如，在飞机、高速铁路、高速公路这些平台上，个人的机动能力就得到最大程度的放大。又如，在新一代互联网、智能手机等平台上，每一个人的信息能力都能得到很大程度的倍增。因此，个人的能力充分发展，就是指全面挖掘先天遗传所获潜能与本能，进一步提升后天习得的专业技能，同时有效倍增并放大个人能力。

个人的能力发展的充足与否是相对其所处环境及环境的变化而言的，既有绝对性又有相对性。在环境相对稳定的情况下，人的能力充足与否具有绝对性；在环境剧烈变化时，人的能力相对不足。例如，在农村环境里农民的耕种能力发展是比较充分的，其能力是充足的，但是当农民来到城市变成工人时，其做工能力就变得相对不足，需要有针对性的专业技能培训。又如，在国内中国人的汉语语言能力是充足的，能够满足日常工作生活需要，但是到了外国需要使用外语时，中国人的语言能力就变得相对不足。

现实社会中，有相当多的因素在不同程度上制约着人的能力的充分发展。在知识化程度越来越高的今天，制约人的能力充分发展的最重要因素是知识及其创新的不足。农民进城变成工人，其能力不足的主要原因，就是其完成该项工作所需的言传及意会知识不足；中国人到美国，语言能力不足的主要原因，就是其言传的语言知识和意会的语言知识不足。在与能力生成相关诸因素与机制中，知识的地位和作用逐渐上升，开始成为主导性因素。父母的优生优育知识直接影响一个人的先天能力与基本素质；教育制度因素，每一个人能否得到公平的受教育机会，特别是高等教育机会，直接影响人能否高效率、高效益地通过学习获得知识并形成能力；组织人事制度因素，决定着每一个人能否得到公平的工作机会与岗位权力。此外，能否有效应用工具平台，即固化、转化了的知识创新成果，也是影响人的能力充分发展的重要因素。因此，人的能力最重要的是学习能力，人的能力生成与提升进程，本质上是人的知识不断积累、更新的过程。人的终身使命，就是充分地发展获取知识、运用知识与创新知识的能力，实现对所处环境的完全认知、与所处环境的完美适应。能力发展的充分程度因人因事而异，但知识及其创新对于充分发展人能力的价值是决定性的。

9.1.2 组织的能力充分发展

组织的能力是以某种方式联系在一起的群体能力或集体能力，是个体能力的整合涌现，同样表现为进行某种活动所必须具备的功能与力量，其衡量尺度仍然是组织与环境的关系。影响组织能力生成的主要因素是文化因素、制度因素、知识因素等，分别决定着组织能力的类型、空间和结构。组织的能力充分发展就是通过文化交融重塑组织能力类型、通过体制机制改革拓展组织能力空间、通过组织学习与知识创新持续优化组织的能力结构，特别是基于知识管理与知识创新形成组织的核心竞争力。

文化因素塑造组织的能力类型。文化对于组织的能力的意义类似于染缸对于白布，文化类型对于能力类型具有整体性、根本性、长远性影响，起着重要的塑型作用。文化具有多样性、多态性，如欧洲文化、北美洲文化、拉丁美洲文化与加勒比地区文化、阿拉伯文化、非洲文化、俄罗斯文化和东欧文化、印度和南亚文化、中国和东亚文化等，因而人的能力同样具有多样性、多态性，如美国人的自由创新、德国人的求实严谨、法国人的浪漫开放、中国人的融合中庸等。世界各种文化间的开放与交流，使得区域文化或民族文化像物种一样，能够在与外界相互影响的接触中得到丰富和加强，即实现文化的进化，进而重塑人的能力类型。在中国近现代史上，一批批留美、留法、留日、留苏学生，经中-美、中-法、中-日、中-苏等不同文化组合的塑造，形成了一个个特色鲜明的留学归国人才群体，成为不同时期推进国家创新发展的骨干力量。

制度因素决定组织的能力空间。制度是导引社会组织发展的软件，是组织能力发展的平台和条件，决定着组织的能力生长空间。在现实社会中，义务教育制度决定着人的能力基础水平，若将九年制义务教育调整为12年义务教育，甚至是大学也施行义务教育，那么人的能力基础水平会大大提升。同样，学历认证制度、资质认证制度、人才评价制度、人才使用制度等相关因素，在不同程度上和不同范围内，显著地影响着人的能力生长空间。同样，现阶段要促进组织的能力发展，也必须从制度入手，突破制度束缚，进行制度创新，努力解决体制改革中遇到的一系列深层次矛盾，消除束缚能力发展的制度弊端，从而最大限度地拓展组织的能力生长空间。

知识因素影响组织的能力结构。学而时习之，持续获取知识、创新知识是人生成能力的重要模式与主要途径。人的能力结构与人生发展阶段有关系，与社会发展阶段有关系。不同的人生阶段、不同的社会阶段需要不同的知识及知识结构。通过学习，实现知识的积累、更新，有助于形成一个不断更新的知识结构，有助于形成一个与人生需求和社会需求相适应的灵活多样的能力结构。同样，在组织的不同发展阶段，也需要通过组织学习实现知识体系的重新构建，使组织在一般能力基础上形成特殊能力，实现能力的普遍化、多元化、个性化、职业化，达到组织能力体系的重新塑造。

目前，最具代表性的组织，就是公司。公司是迄今为止最有效的经济组织形式，被称作是"人类的成就"。公司凝聚了个体，使得血缘、地缘联系之外的陌生人之间的合作成为可能，实现了人类经济生活的新篇章。全球化日渐加速的今天，公司的力量已渗透到人们工作和生活的方方面面。公司的文化建设、制度建设和知识管理已经为组织能力的充分发展提供了许多鲜活生动的经典案例与可资借鉴的深刻经验，形成了具有普适性的规律性认识，即学习型组织。

美国学者彼得·圣吉在《第五项修炼》一书中提出学习型组织这一管理观念，认为企业应建立学习型组织，即为适应剧烈的外在环境变化，组织应力求精简、扁平化、弹性因应、终生学习、不断自我组织再造，以维持竞争力。知识管理就是建设学习型组织的最重要的手段之一。学习型组织不存在单一的模型，它是关于组织的概念和雇员作用的一种态度或理念，是用一种新的思维方式对组织的思考。在学习型组织中的每个成员都要参与识别和解决问题，使组织能够进行不断的尝试，改善和提高组织的能力。学习型组织的基本价值在于解决问题，而与之相对的传统组织设计的着眼点是效率。在学习型组织内，雇员参加问题的识别，这意味着要懂得客户的需求。雇员还要解决问题，这意味着要以一种独特的方式将一切综合考虑，以满足客户的需求。因此，组织通过确定新的需求并满足这些需求来提高其价值。它常常是通过新的观念和信息而不是物质的产品来实现价值的提高。

圣吉指出，学习型组织应包括五项要素。一是建立共同愿景：首先要建立组织成员共同的目标，通过共识凝聚大家的努力方向和意志，以持续激励全体成员为组织目标共同奋斗。二是养成系统思考：培养分析整合系统内外信息和相互作用非线性特性的整体动态思考能力，应透过资讯搜集，掌握事件的全貌，看清楚问题的本质，清楚了解因果关系，以避免以偏概全，培养综观全局的思考能力。三是促使自我超越：个人与愿景之间有种创造性的张力，共同愿景使个人有意愿投入工作，通过个人学习，提高确定个人目标的能力和实现目标的创造能力。四是改善心智模式：组织事业发展的障碍，多来自个人的旧思维，如固执己见、本位主义。唯有培养个人与团队的科学思想方法、创新思维模式以及追求真理的价值观，组织才能有所创新。五是促进团队学习：团队智慧应大于个人智慧的平均值，以做出正确的组织决策。透过集体思考和分析，找出个人弱点，强化团队向心力，形成关系协调、配合默契、充分发挥各成员才智的集体，以提高集体解决复杂问题的能力。组织学习是组织核心竞争力的正向转换和正能量的输入，科技、教学机构或企业如果能够顺利导入学习型组织，不仅能够达到更高的组织绩效，更能够带动组织的核心竞争力生成。

9.1.3 社会、国家与人类的能力充分发展

社会的能力、国家的能力、人类的能力本质上是个人能力和组织能力在不同层次上的整合涌现，正如人类登月第一人阿姆斯特朗的名言：这是个人的一小步，却是人类的一大步。[1] 社会、国家和人类的能力最显著的标志就是生产力，基本要素包括劳动者和劳动资料、劳动对象；最核心的内涵是适应不断变化的社会与自然环境的学习能力，包括认知和创造能力；最关键的就是知识创新能力。充分的发展社会、国家和人类能力，就是全面、充分发展社会生产力，全面、充分地提升全社会的学习能力。但是，就全人类而言，除了认识自然、改造自然的能力之外，顺应自然规律的能力、解决全球性问题的能力渐渐成为全人类能力发展的重点。

在不同的人类社会发展历史阶段，充分发展社会能力的主导模式虽然不同，但知识及其创新在其中的作用越来越突显、越来越发挥着主导作用。知识既是人类文明的表现形态，又是创新主体——人的能力发展核心要素。人类文明的发展历史，实际上是知识及其创新的历史。随着人类文明的发展，社会发展所依赖的人类能力形态发生了多次根本性的转变，已从采摘-狩猎社会的体能型、农耕-游牧社会的体能技能复合型，发展到了工业-商业社会的体能技能智能复合型。信息社会中，智力劳动将成为社会生产活动的主要形式，知识已经形成开放的复杂巨系统。因此，知识将成为人类能力提升的主要因素。知识系统的进化，已使知识从社会发展的重要因素变为决定性力量。

知识及其创新在人的能力生成中发挥关键作用。知识使人理性，使人有自知之明。个人或组织可以清醒地认识到自己能力的长处与短处，通过系统的学习和科学的训练，充分发掘与发展人的潜能；在与社会互动中，个人能够正确选择职业，组织能够正确选择发展战略；个人和组织通过学习增长知识，扬长避短，实现核心竞争能力的有效提升。人类可以清醒地认识到人在宇宙中的地位，在与自然互动中增长知识，选择科学的发展战略，实现与自然的和谐发展。

9.2 充分发展能力的战略价值

个人、组织、社会、国家与人类层次的能力充分发展，均有其相应层次的战略价值。能力的充分发展，将使个人更加自由、平等、智慧，使组织更加有力、灵巧、协调、持续，使社会更加和谐、民主，使国家更加富强、繁荣，使人类更加文明、和平、进步。本节重点讨论充分发展个人能力的战略价值，它是其他层次战略价值的基础。随着组织成员自由程度的增加、成员之间地位更加平等、成

员平均智慧水平的提升，组织的能力必然得到充分的发展，组织就能够充分发挥其功能、实现其价值。组织是社会、国家的器官，组织价值的实现必然助推社会、国家价值的实现，进而促进人类价值的实现。

9.2.1 使人更加自由

自由（liberty）一词源于拉丁文 libertas，原意是"从被束缚中解放出来"，现在的含义，是人可以随意运动的能力或权利。所以，自由的范围，就是人的能力所能及的范围，如某人的自由是其自身力所能及的范围，法律的自由是它自身力所能及的范围。在政治学意义上，自由指在社会关系中受到法律保障或得到认可的、按照自己意志进行活动的权利。19世纪英国 J. S. 穆勒在《论自由》中认为，公民自由或社会自由，也就是"社会所能合法施用于个人的权利的性质和限度"。资产阶级启蒙思想家提出，自由是天赋不可剥夺的权利，并在革命胜利后第一次把自由权确立在法律上。1789年法国的《人和公民的权利宣言》宣告："在权利方面，人们生来是而且始终是自由平等的。"并确认："自由是在不损害他人权利的条件下从事任何事情的权利。"在阶级社会中，自由的权利总是同生产资料的占有和政治上的统治联系在一起的。自由不是绝对的，而是相对的，没有不受任何限制的绝对自由。马克思曾坚决批判过19世纪的无政府主义者蒲鲁东的"不要政党，不要权力，一切人和公民绝对自由"的错误主张。只有随着阶级、私有制和国家的消灭、消亡，人类真正走向了理想社会，"每个人的全面自由的发展"才能逐步真正实现。

马克思对未来共产主义社会的阐述，提出："每一个人的自由发展是一切人自由发展的条件。"西方学者也揭示了世界平坦化的趋势。这些都说明，"人的自由全面发展"是人类向往的理想社会的目标之一，也是未来知识社会的目标。而人的能力全面充分发展，是人的自由全面发展的基础和重要内容，全面提升人的能力自然也是建设知识社会的需要。

荷兰的伟大哲学家斯宾诺莎在其民主和自由的宣言书《神学政治论》中说："自由比任何事物都珍贵。""政治的真正目的是自由。"爱因斯坦深谙并躬行此道，为自由和真理奋斗了一生。在爱因斯坦看来，自由包含外在的自由和内心的自由。

爱因斯坦认为，所谓外在的自由是这样一种社会条件：一个人不会因为他发表了关于知识的一般的和特殊的问题的意见和主张而遭受危险或者严重的损害。这首先必须由法律来保证，其次还要必须使全体人民有宽容的精神。当然，这种外在的自由的理想是永远不能完全达到的，但是要使科学思想、哲学和一般的创造性思想得到尽可能快的进步，那就必须始终不懈地去争取这种自由。除了第一种外在的自由即外在的政治条件外，还有第二种外在的自由即外在的经济条件，唯此一切个人的精神发展才有可能。

科学的发展以及一般创造性精神活动的发展，还需要另一种自由，爱因斯坦称为"内心的自由"：这种精神上的自由在于思想上不受权威和社会偏见的束缚，也不受一般违背哲理的常规和习惯的束缚。这种内心的自由是大自然难得赋予的一种礼物，也是值得个人追求的一个目标。但社会也能做很多事来促进它的实现，至少不应该干涉它的发展。只有不断地、自觉地争取外在的自由和内心的自由，精神上的发展和完善才有可能。由此人类的物质生活和精神生活才有可能得到改进。

爱因斯坦郑重表明，国家和社会虽然有权利指望人们合作起来争取公共利益，但它却无权管辖人们的身体和心灵。即使它一意孤行，天生自由的人也是宁死不屈的，绝不会任人宰割。当然，爱因斯坦理解和追求的自由并非绝对的、任性的自由，而是有必要的、合理的限度的。他说他不相信那种在哲学意义上的自由，这是由于人的行为不仅受外界的制约，而且也要适应内心的必然。他赞同叔本华的说法："人虽能够做他所想做的，但不能要他所想要的。"[2]

网络时代给所有人提供了前所未有的获得更大自由的机遇。如果一个人能够有效运用最新网络信息检索与数据挖掘工具，从海量信息中快速获取定位所需资源、获得有价值数据、汇聚成有用的知识、转化为现实的价值，他必然成为网络时代的超人。2012年9月，中央电视台报道了山东邹城一位名叫孟宏伟的残疾人十年创业的故事。1997年，孟宏伟大学毕业，成为了一位公路系统道路技术人员。但一场车祸导致孟宏伟高位截瘫，只能每天躺在病床上，连吃饭、翻身都要依靠别人。面对如此困境，孟宏伟苦寻出路，在中国农村刚刚露头的网络让他看到了希望。通过搜集网上信息，他了解到济宁周边县市牛羊资源丰富，但养殖方式都是一家一户的散养，销售也仅限于周边地区，他开始跟养殖基地搞合作，在网上卖牛羊。2005~2008年，孟宏伟从第一笔订单开始，建立的养殖户合作社场地从原来的几十亩扩大到200亩，常年合作的养殖户从十几家扩大到3000家，而订单交易量更是做到了每年上千万，经营的范围也从牛羊扩大到了肉驴肉兔等，带动了周边地区1000多个农户增收致富。2010年7月，孟宏伟又与人一起投资500万元，建了一个大型的牛羊驴养殖调拨基地，实现了规模化经营。2011年，孟宏伟的企业年销售值达到1.5亿元。在同年第八届网商大会上，瘫痪的孟宏伟荣膺由中国电子商务协会和阿里巴巴集团共同评选的"全球十佳网商"。

孟宏伟网上卖牛羊这个故事折射出这样一个道理，人类正在进入知识社会，知识获取能力、知识运用能力、知识转化能力、知识创新能力已经成为影响个人自由度的主要因素，缺乏知识能力将是人全面自由发展的最大障碍，而具备知识及其创新与运用能力的人将获得最大程度的自由。

9.2.2 使人更加平等

造成人与人之间差异的因素很多,如家庭因素、政治因素、经济因素、社会因素等外在因素,但从内在因素来看,人的能力因素对人与人之间的平等更加重要、权重更大。个人能力的强弱,不但是每个人发展的基础和前提,而且也是确立各自社会地位的主导因素,能力是人生之本。

从人的自身来看,人的能力既指个体所具备的视力、听力、体力、智力,还包含权力的成分。英文中的"power"一词,不仅有力量之意,更具权力之意。权力能够驱使或禁止他人行动、同时确保自己的意志得到充分体现。暴力、金钱、知识都是权力要素,在人类社会发展进程中相继发挥着权力体系中的主导作用。

但是,根据未来学家托夫勒的观点,知识已经开始逐步取代暴力和金钱,越来越成为最重要的权力因素。知识是形成人的素质、能力的前提和基础,在人的能力体系中占据着核心要素地位,最有可能有效消除出身、金钱、权力等因素造成的不平等。知识创新的主体是人,人通过追求知识来追求力量,人有了知识才能拥有力量。知识必须通过人在实际活动中的实际应用,才能表现、实现和确证其力量。

通过普及大学教育、倡导终身学习理念、构建知识交流平台等一系列战略举措,全社会的知识总量和人均知识量都会大大提高,人们通过学习获取知识的效率就会更高、效益就会更好、效果就会更佳,个人能力的发展就会愈加充分,进而使人与人之间的不平等逐步得到消除,人与人之间更快地趋于平等。

另一方面,知识创新全球化使人的能力发展平坦化,进一步加速了人与人平等的进程。当前,科技与经济全球化的态势,反映知识创新活动正在出现全球化趋势,并且诞生了合作型知识创新生态系统和网络交互式创新模式。在这种创新生态系统和创新模式中,不仅全球的创新人力资源得以利用,而且不同国家、地区和民族之间的知识流动、传播和协作得到加强,这就推动知识创新在全球出现平坦化趋势。既然知识是人后天能力生成的序参量,又是人的能力发展核心要素,知识创新平坦化,必然导致人的能力生成与发展的加速化与平坦化,从而使人更加平等。

9.2.3 使人更加智慧

西方哲学认为,智慧指人的最高思维能力。其原义与希腊语的 Sophia(实践的技艺)相近,后逐渐改变其意义。古希腊柏拉图把智慧看成四主德之一,认为它是整体的知识，既包括科学的知识，也包括实践的知识。亚里士多德区分思辨的智慧与实践的智慧：前者要求有直观的理性和第一因的严格知识，体现于思辨科学中；后者有时也译为"谨慎"，表示过度的小心与鲁莽之间的中庸之道，与生活实践的行为有关。荷兰斯宾诺莎区分理性与直觉，认为理性解释科学规律的知识，而直觉则在实存的特殊事物中直观到共相，智慧与直觉相一致，并认为直觉是生活的永恒的方面。德国康德认为，智慧、至善、哲学三者有密切关系，从实践方面规定至善即智慧，把智慧作为一门学问来看，就是古代所说的哲学。康德强调实践理性高于理论理性，因而其智慧也带有道德性质，认为道德的立法是人类的最高智慧。[3]

智慧也是佛教用语。传统佛教将"智"与"慧"分开，认为"慧"是认知主体，乃"心所法"之一；而"智"则是对于各种理法的掌握。因此"智"以"慧"为体，"慧"依"智"为用。"慧"通常分三种：闻所成慧，指听闻佛法、学习"五明"所得的"慧"；思所成慧，指依前"闻所成慧"而进行深思、融会贯通，即得于自己思索的慧；修所成慧，指依"闻"、"思"而得的慧，亦即修习禅定而证悟的慧。对"慧"作研究总称"慧学"，其内容多复杂、繁琐。"慧"之极便达到了"觉"，成佛或解脱都由此来说明。达到"觉"遂有"般若智"，即最高的成佛之"慧"。此时"智"与"慧"冥合不分，而称"般若"。"般若"是经过"消解"或一系列否定所达到的，它与有具体所取、具体所向的"智"或"慧"不同，是"无知而无所不知"的，是佛教的最高智慧，称做"诸佛之母"。[4]

一般意义上，智慧是人迅速、灵活、正确理解和处理事物的能力，表现为实践中解决问题的洞察力、直觉和经验。没有智慧，人就无法生存。现代社会中，智慧是人类独有的收集加工数据、应用传播信息、灵活运用知识特别是意会知识或隐性知识的能力，主要表现准确前瞻事物发展趋向、正确把握方向重点、采取有效应对措施的能力。尤其是面对具有不确定性、不完整性、随机性事物的时候，智慧的显示度最高。智慧源于个体对事物本质属性的深刻认识，对事物发展基本原理、基本规律的深刻理解，本质上智慧是源于对相关知识的掌握和应用能力。智慧以知识为基础，随着知识层次的提高，人的智慧层次也相应得到跃升。

智慧与数据、信息、知识关系密切。数据是反映客观事物运动状态的信号通过感觉器官或观测仪器感知，形成的文本、数字、事实或图像等形式的记录。数据是最原始的记录，反映了客观事物的某种运动状态。信息是数据的整合涌现，回答who、what、when等问题中的某个特定问题，消除了不确定性。知识则是信息的整合涌现，是真理和信念、视角和概念、判断和预期、方法论和技能等，能够回答how、why等特定问题。但是，单纯拥有现成的知识、信息和数据并不必然生成智慧，善于在实践中联想和领悟，整合、转化和应用知识、信息和数据，才能生成智慧。

在知识经济时代的今天，知识、智力和创造力是财富与权力之源。知识是人后天能力生成的序参量。人的后天能力指人与环境相互作用过程中，通过学习获得的能力；主要指认知能力和创造能力。人类文明的发展历史，实际上是知识创新的历史。随着知识的增长和人们对知识的学习、应用、掌握，人的认知能力和创造能力也在不断提高。可以说，知识增长的过程，既是人类文明进步的过程，也是人类能力提升的过程。因此，基于数据–信息–知识的人的能力充分发展，必然整体提升人的智慧水平，使人更加智慧。

在知识创新战略中，既要全面发展人的能力，又要重点培育创新能力；既要重视培育个人的创造力，又要重视培育团队的创造力。任何创新成果及其价值的实现，都有赖于创新主体——人的创造力的提升。因此，这也是所有知识创新战略不可忽视的重点任务。

9.3　充分发展能力的根本途径

德鲁克、托夫勒对于知识在人类社会发展进程中的重要作用均有深入论述。基于知识在个人、组织、社会、国家与人类层次的能力充分发展中极其重要的地位作用，充分发展能力的根本途径应当是创新知识、学习知识与转化知识。

9.3.1　创新知识

对于创新的概念，仁者见仁、智者见智。苗东升先生认为，广义的创新是指创造有利于人类生存发展的新事物，一切经过人的努力而产生的事物，只要有益于社会和人的存续发展，不论物质的还是精神的，经济的还是政治的，实体的还是符号的，都是创新。[5]我们认为，创新既包括创造新事物，又包括创造新价值，即创新＝创造＋创价。

关于知识创新，也有不同的理解。刘峰松研究员认为应该在更广阔的视野下认识知识创新。区分某种活动是否具有创新的性质，关键是看其是否能够创造价值。[6]这里所说的价值是广义的价值，既包括有助于改善生活质量的经济价值，有助于完善对自然界、人类自身及人同自然关系认识和理解的认知价值，还包括有助于提升道德修养、净化心灵等的文化价值。理想的知识创新应当能形成推动生产力发展、创造经济效益、促进文化发展的价值链。我们认为，与创新的概念近似，知识创新既包括创造新知识，又包括基于知识的新价值创造。

归纳来看，一切创新的核心都是知识的创新。科学创新、技术创新、文化创新的产品都是知识形态的东西；器物、组织、制度的创新尽管最终成果为非知识形态的存在，其灵魂还是知识的创新，新的器物、组织、制度是新知识的物化（物质载体），知识创新是器物、组织、制度创新的先决条件。

在《知识系统论》中，李喜先等坚持生成论与系统论的整合，认为知识的生长类似于生物的个体发育，而知识系统的生成也十分类似于生物的系统发育，也可以理解为知识谱系的发育。在古代时期，科学知识、技术知识和工程知识各自都处于比较分散的状态，彼此之间还难于有密切的、系统的联系；直到近代时期，在经历了很长时间的发展，才基本上形成了各自专门的知识系统；现代知识在整体上得到了迅速地发展，以致形成了庞大的知识系统。这非常类似于生物生成和发展的系统发育演变的历史，即展现出物种在长期进化中种属发展的历程。每一个物种都有共同的起源，要求同一系统内的物种必须起源于共同的祖先，形成自然谱系。知识系统也可被视为知识谱系，既具有连续性、显性及隐性等横向电磁谱系的特性，也具有延续性、生长性、分蘖性等纵向树形谱系的特性。因此，可以从谱系的视角审视知识创新活动，并揭示其谱系特征，这有助于加深对知识创新活动本质与规律的认识，整体提升知识创新的效率、效益、效果。

从知识创新的各个要素出发，可以归纳出多个维度的知识创新谱系，表明谱系也是知识创新的一个基本特征。

（1）知识创新主体谱。我国创新体系建设的主要内容包括以企业为主体的技术创新体系、科学研究和高等教育有机结合的知识创新体系、军民结合寓军于民的国防科技创新体系、各具特色和优势的区域创新体系、社会化网络化的科技中介服务体系。

（2）知识创新过程谱。关于组织的知识创新过程，有一种五阶段的模型在国内外广为流行：①隐性知识共享阶段；②创意产生阶段；③验证与调整阶段；④原型建造阶段；⑤交叉测评与知识转移阶段。[①] 这五个阶段，可以理解为知识创新过程谱。

（3）知识创新形式谱。类似于自主创新，知识创新也可分为知识的原始创新、知识的集成创新、知识引进消化吸收后再创新。其中的知识集成创新可进一步解析为知识单元间的集成、知识单元与知识系统的集成、知识系统间的集成等。

（4）知识创新活动谱。广义理解，人类的所有活动都与知识创新活动相关，或多或少具备一些知识创新的属性。狭义来看，知识创新活动应主要是指科学活动、技术活动、工程活动、人文活动等。

---

① 王众托编著．知识管理．北京：科学出版社，2009：221．

（5）知识创新机制谱：知识系统是一种复杂自适应系统，知识创新主要机制是系统自组织与他组织机制，在从科学知识开始逐层向工程知识涌现的过程中，知识创新的主导机制也由以自组织机制为主导逐渐转变为以他组织机制为主导，因而知识创新机制也应是一个连续的谱。

（6）知识创新控制谱：基于知识机制谱，对于知识创新活动的控制也应是一个谱，即由不可控性到可控性的谱。对于这一点，知识创新的管理者要予以高度重视，不宜在不可控谱段施加控制手段。有学者认为，科学创新活动（元创新）的可控程度不高，与技术创新活动和工程创新活动相比，需要更高的自由度。

（7）知识创新结果谱：知识创新的结果就是知识，其结果的谱系其实也就是知识谱系。知识创新结果谱中最重要元素的就是元知识。

知识创新应特别重视元知识的创新。元知识是揭示自然界和人类社会各类事物运动的本质及其规律，并对知识体的形成、发育和进化具有决定性意义的知识，其本质是人类认识过程中形成的与自然本原或社会发展规律相符合的知识。元知识及其衍生知识构成知识创新结果谱，在宏观上表现为学科。学科是人类认识各类事物形成的独特的知识体系，各学科均有其本领域的元知识及由其衍生而成的知识谱系。

此外，创新知识还需要营造一个良好的知识创新生态系统。知识创新生态系统由知识创新主体、知识创新链、知识创新网络和知识创新环境组成，而知识创新模式是创新主体在认识和创造过程中的组织与行为模式。知识创新的主体是人，人的能力、特别是认知能力和创造能力，直接关系知识创新效率和成果。知识创新战略要最终实现国民知识总量和人均知识量的增长，必须发挥知识创新主体即人的主观能动作用。知识创新战略的内容，就包括通过知识创新生态系统与创新模式的优化，促进客观知识的创新发展。

纯科学知识具有基础性、层次性、隐匿性、遗传性、支配性，是一类重要的元知识。纯科学知识是生成知识的种子，能够促进学科的成熟与转化，能够引导知识创新的进化。其创新动力源自对最基本问题的好奇、质疑和探索。任何知识创新战略都应尊重知识创新的客观规律，与知识创新谱系耦合。重点是真正尊重知识创新的自组织机制，持续营造有利于科学知识非线性相互作用的政策与人文环境。

9.3.2 学习知识

学习是吸收知识、获得信息的过程。需要说明的是，学习包含两方面的含义：一是学，即通过消化吸收获得客观知识（言传知识或显性知识），是知识传承的过程，是世界 3 中的客观知识向世界 2 的转化；二是习，即通过实践形成主观知识（意会知识或隐性知识），是知识创造的过程，是在转化到世界 2 的知识的指导下，人从在世界 1 的实践中获取新知识的过程。不管人们的出身如何、经历如何、工作如何，人们获取知识大都是通过学习，不学习就跟不上时代的步伐。

知识具有谱系特征，学习知识就应当抓住知识的这个基本特征，全面地学习、成体系地学习。应当以知识的全面性实现能力提升的充分性。谱是记载事物类别或系统的表册，如年谱、家谱、曲谱等，光谱、频谱等则是其衍生概念，表示顺序排列、同一类别但又各具明显特征的事物。系的本义是"拴、绑"，引申含义多指有联属关系的事物组成的整体或系统，如水系、派系、银河系等。谱系，专指家谱上的系统（血缘系统），泛指事物发展变化的系统。因此，谱系是与系统相似的一个概念，但其特点是既从结构维度又从演进维度刻画一个系统及其诸要素，有完整、连续、承启、具体、形象等特征。

知识分类体系中至关重要的是二元分类，如个人知识与社会知识、意会知识与言传知识（或称隐性知识与显性知识、非编码知识与编码知识）、主观知识与客观知识、特殊知识与普遍知识、简单知识与复杂知识、自然知识与人工知识等。这些二元分类，都是从广义的知识概念出发而形成的，对于我们理解知识、认识知识有一定帮助。但是，在实际生活中的知识并不能用二分法分成截然对立的两大类，而是在两大类之间有不同程度的过程形态。因此，所有知识都应按照其属性，以二分法的两大类为谱的两极，构成连续的知识谱系，正如连续的电磁波谱。有一种知识分类就比较符合知识谱系的理念，即将知识分为未察觉的知识、觉察到的知识、说出来的知识和写出来的知识。

不但个人要学习知识，组织也要学习知识。有学者认为，组织的学习就是任何组织获取有潜在应用价值知识的过程，是发现和纠正错误的过程，是组织成员积极主动应用知识来指导组织行为以提高组织持续适应环境能力的过程。组织学习主要包括在组织内传播知识、向组织外部学习知识、从过去经验（隐性知识或意会知识）中学习知识、在系统地解决问题中学习知识、在实验试验中获得新知识等内容和环节。

知识有老化现象。知识作为一种意识化的信息，本身不会再变化，但它对世界 2 的意义和价值在逐步降低，这就是知识的老化。环境的选择压力是造成知识老化的决定性因素，科学、技术、社会的进步都会加快知识老化的进程，社会变革越快，知识老化速度越快。[7]

文盲，虽然不属于知识老化现象，但文盲的能力确实难与非文盲相提并论。与文盲近似的是功能盲，功能盲本质上是原有知识相对于新事物的老化，功能盲就是典型的能力退化。例如，人们每换一部手机，就必须扬弃老手机的知识，学习新手机的知识。另一个典型的例子是网络购火车票。随着购票实名制的施行、中国第二代身份证的使用，特别是铁路服务信息化程度的提高，人们购买火车票可以不再去火车站或售票点，而用任何一台能上网的电脑或智能手机购买火车票。这种新的变化，就使得窗口购票知识老化，要求人们学习网络购票知识、自助购票知识、直接使用身份证上车知识等新知识。随着网络购票的普及，又出现了360抢票软件等新手段，人们必须及时更新已有的网络购票知识。

对抗能力退化需要更新知识，实现知识的除旧布新。知识更新是人类为适应科技迅猛发展、知识总量激增、知识陈旧周期缩短而开展的学习新知识、新技能的活动。更新知识、成为知识型劳动者是摆在每位劳动者面前的重要任务，更新知识已成为人类不断适应社会发展的必然要求。人非生而知之，必须"活到老，学到老"。应对知识老化加速，唯一途径就是全民终身学习。交通、通信、供电、供气等基础设施与全民相关，其信息化、智能化必然影响到每一个人，知识化已经成为每一个人生存与发展之必须。因而，仅从日常生活意义上讲，全民学习、终身学习、不断更新知识，就关系到个体、群体与社会生存与发展能力，知识创新对充分发展人的能力具有重要价值。

9.3.3 转化知识

求知是人的本性，但人只有在知识转化中才能真正实现自身发展和充分解放。知识转化不仅是实践和认识问题，更是关系到人的能力充分发展的根本问题。知识转化具有多个维度的内涵，如从无知到有知的转化、从个人知识到组织知识的转化、从组织知识到社会知识的转化等。从知识自身来看，知识转化还包括知识的同化、进化和异化等形式。本章论述的知识转化，一是指知识创造后，在应用中转换为价值；二是指在团队和社会中，促进意会知识与言传知识、个人知识与组织知识相互转化创新。

将一种形态的知识转化为另一种形态的知识，是充分发展个人能力、组织能力、社会能力、国家能力和人类能力所必需。在《知识创造的螺旋》一书中，竹内弦高和野中郁次郎提出关于知识创造的 SECI 螺旋模型（图9-1）。知识的螺旋上升运动以知识创造者获得意会知识（主观知识）为起点。第一步是通过共同化（S）分享知识创造者的体验（使知识开始具有客观性）；第二步是将意会知识表出化（E），转化为言表知识；第三步是使言传知识联结化（C），把概念综合为知识体系；第四步是内在化（I），再将言传知识转化为意会知识。四个步骤一起代表完成一次螺旋式循环上升运动。[8]

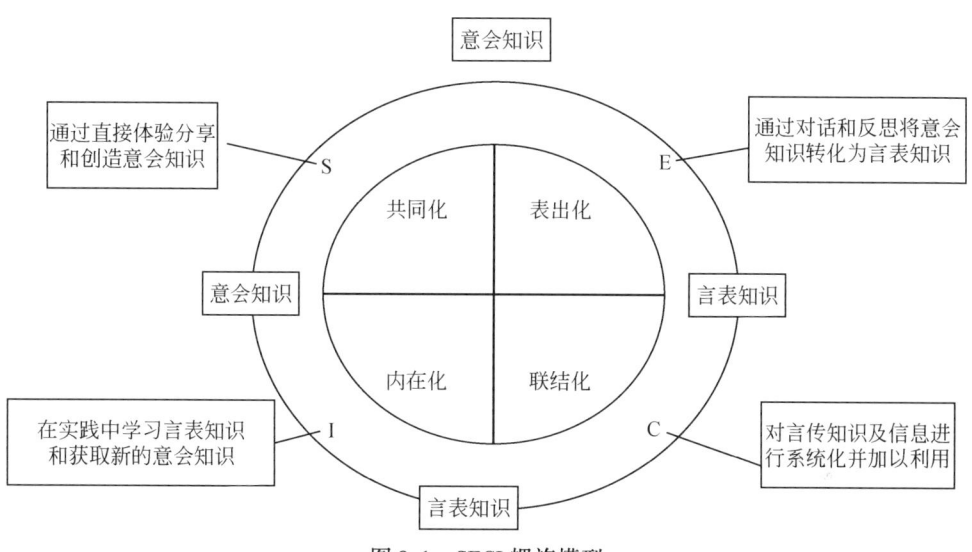

图 9-1 SECI 螺旋模型

资料来源：李喜先等. 知识系统论. 北京：科学出版社，2011：89. 苗东升改绘.

团队和社会中知识创造的 SECI 螺旋，揭示了知识系统中各种要素通过线性与非线性相互作用，形成系统内不断地出现涨落和协同，在反复循环形成的超循环中，通过自组织机制创造新知识。其中，知识创新的主体——人的认知与实践能力得到发展，知识和智慧得以增长。

将知识转化为力量、将知识转化为价值更是充分发展人能力的必需。人类对自然界和社会感知、认知形成的知识，都要经过科学实验、生产劳动和社会改革的实践检验，并体现其价值。其中，自然科学知识，通过向技术、工程知识的转化，形成产品和商品，创造经济价值，最终转化为物质财富；人文社会科学知识，向政策法规、发展战略与规划、管理方法、文学艺术作品等转化，创造社会价值和精神文化价值，形成人类精神财富。在这种通过知识转化创造价值的活动中，个人、组织、社会、国家，以至人类的能力不断地生成和发展，人的智慧不断提升，人类文明不断进步。

实际上，且不说单纯理论意义的知识转化，仅是现实层面正在进行的数据转化就已经极大地增强了人的能力。麦肯锡公司认为，大数据（big data）正构成知识创新的新大陆，从 2012 年开始，人类将进入大数据时代。正如美国总统科技顾问斯蒂芬·布罗布斯特（Stephen Brobst）所说："过去 3 年里产生的数据量比以往 4 万年的数据量还要多，大数据时代的来临已经毋庸置疑。我们即将面临一场变革，新兴大数据将成为企业发展的当务之急，而常规技术已经难以应对 PB 级大规模数据量。作为特指的大数据，按 EMC 的界定，其中的"大"是指大型数据集,一般在10TB规模左右;多用户把多个数据集放在一起,形成PB级数据量;同时这些数据来自多种数据源,以实时、迭代的方式来实现。这一变化所带来的挑战,是成功的企业在未来发展过程中必须面对的。只有那些能够运用这些新数据型态的企业,方能打造可持续的重要竞争优势。"[9]人类已经来到了一个新的分水岭,由此要把农业文明的分散化,与工业文明的集中化,在大数据的解读和运用中融为一体,在知识创新的推动下,创造人类新文明。

总之,通过知识的学习、创新和转化,个人、组织、社会、国家,乃至全人类的能力将得到全面充分的发展,人将变得更加自由、更加智慧,人类社会将更加平等,全社会都将成为知识创新的主体,人类社会将步入新的文明。

参 考 文 献

[1] That's one small step for a man, one giant leap for mankind.
[2] 李醒民. 爱因斯坦关于自由的论述:爱因斯坦的自由观. 史学理论研究,2005,(4): 11-14.
[3] 冯契,徐孝通 主编;刘放桐,范明生,黄颂杰 副主编. 外国哲学大辞典. 上海:上海辞书出版社,2008.
[4] 方克立. 中国哲学大辞典. 北京:中国社会科学出版社,1994:666.
[5] 苗东升. 论战略性创新和创新战略的复杂性//李喜先,等. 国家创新战略. 北京:科学出版社,2011:63-64.
[6] 刘峰松. 知识创新工程//李喜先,等. 工程系统论. 北京:科学出版社,2007:250.
[7] 苗东升. 知识的消失//李喜先,等. 知识系统论. 北京:科学出版社,2011:70-72.
[8] 苗东升. 知识的性质//李喜先,等. 知识系统论. 北京:科学出版社,2011:88-89.
[9] 姜奇平. 大数据时代到来. 互联网周刊,2012,(2):6.

10 迈向知识主义社会*

李喜先

10.1 从人类史洞察社会发展趋势

从无机物中演化出生命，这是地球上事态发展的重大转折。特别是，在更新世时代，地球上出现了6~7次大冰期和5~6次间冰期，急剧的环境变化迫使所有生物必须适应新的环境。接着，各种生物通过突变和自然选择适应各种自然环境而进化，即通过遗传因子适应自然环境而进化着。

对于人类的进化而言，从祖先原人的起源就可追溯到约200万年前，然而在距今约3.5万年时，最终才完成了整个进化过程，从而转变成人类。从此，进化转向相反的方向，不再是遗传因子适应自然环境，而是人类改变自然环境以适应自己的遗传因子，进而在改变自然环境的同时，改变自己的遗传因子。人类大脑的发展与智力的发展是相互影响的，不是先有了人类大脑，然后才开始创造文化，而是创造文化是促进大脑发展的原因，也是大脑发展的结果。

一些人类学家、历史学家认为，人类社会史是自然史的延续，是循着自然规律发展的客观过程，以至将社会史与自然史结合起来。在漫长的自然环境演化中，人类形成了生物适应性；同时，人类要适应自然界、与其发生关系，人类又必须形成相互的社会关系，以致创造出能进行交流的符号（手势、语言、文字等）、创造出预定的环境，从而形成了文化适应性。

人类在有文字记载的文明史之前的史前时期十分漫长，社会发展非常非常缓慢，其中人类在农业革命之前在占80%多的时间中度过。然而，在不足6000年的文明史时期，人类社会则是不断加速地发展着，并呈现出规律性。

10.1.1 人类社会发展的阶段性

一般，历史学家认为，人类社会发展显示出阶段性，尽管各个阶段经历的时间长短、发展的速度都存在着差异。按照不同的标准，可以分出各具特性的阶段

---

* 李喜先等. 国家创新战略. 北京：科学出版社，2011. 第15章构建知识主义社会（续）

性。大体上，按照历史时期可分为古代时期（含中古时期，西欧称为中世纪）、近代时期和现代时期。按照传统的观点，以社会形态划分，可分为原始社会、奴隶社会、封建社会、资本主义社会、共产主义社会5个阶段；但我强调，应分为原始社会、奴隶社会、封建社会、类资本主义社会（凡以资本为支配力量的社会，尽管名称很多）、知识主义社会5个阶段；按照产业可分为农业社会、工业社会、知识（智）业社会3个阶段；按照维系社会的"控制力"（中轴），可分为道德社会、权势社会、资本主义社会、知识主义社会4个阶段。

一些历史学家指出，历史时期不同于社会形态的时期，如近代时期不等同于资本主义社会形态（制度）时期。因为，历史时期与社会形态断限的概念不同。历史时期要以经济、政治、思想相结合而断限，其中经济制度为主，政治制度和思想文化处于从属地位。这样，人类历史应分为3大历史时期：古代时期（含中古时期）、近代时期和现代时期。

10.1.1.1 古代时期

古代时期，上限在农业社会开端，下限在18世纪60年代，即农业社会结束时期。这经历了漫长的历史时期，其中还包含了中古时期（西欧称为中世纪），相当于要跨原始社会形态、奴隶社会形态、封建社会形态和资本主义社会形态的初期。

原始社会始于人类的出现，也就是说，是人类还没有创造出文字的史前时代。后来，在中石器时出现了畜牧业，在新石器时出现了农业。私有制的形成、国家的产生宣布了原始社会的解体。

奴隶社会是农业社会，是以奴隶主占有奴隶为基础的阶级社会，奴隶毫无人身自由，他们主要来源于战俘和破产的贫民。最先在一些文明古国出现，如古代中国约在公元前21世纪就进入了奴隶社会，即夏朝的国家组织已经建立，是进入奴隶社会最早的国家；古希腊约在公元前8世纪已建立起城邦国家；还有古罗马、古巴比伦、古埃及也较早进入了奴隶制社会。

封建社会是以封建主占有大量土地以剥削农民所形成的社会制度，封建主以劳役地租、实物地租和货币地租等形式收取地租。封建制与奴隶制的主要区别在于农民有一定的人身自由，有少量土地，有一定的私有经济。一些历史学家认为，划分奴隶制阶段与封建制阶段十分复杂，往往不易划分。中国的封建制分为封建领主制和封建地主制。前者为初级阶段，公元前11世纪至前221年，即大约从西周、春秋一直到战国；后者为高级阶段，公元前221~公元1911年，即大约从秦朝建立到清末。在西欧，封建制社会大约存在了13个世纪，即从公元476年西罗马帝国灭亡到18世纪。直到18世纪60年代，工业革命为资本主义社的生成奠定了基础。

10.1.1.2 近代时期

近代时期，上限在工业社会的开端，即上接 18 世纪 60 年代，下限在 20 世纪 40 年代，即工业社会结束时期。近代时期的开端，大体上相当于资本主义社会处在自由发展阶段。1640~1648 年，英国资产阶级革命胜利，标志着进入了资本主义阶段。资本主义的继续发展要靠资本的原始积累，包括如英国典型的"圈地运动"的掠夺方式，使得成千上万的人离开了无法直接地满足其生存的土地；以及在"地理大发现"后，葡萄牙、西班牙、荷兰、英国和法国等先后走上殖民掠夺的道路。

第一次技术革命完成，推动了工业革命的兴起。17~18 世纪是资本主义工业化的早期历程，即从工场手工业向机器大工业过渡的阶段，当时也指工业革命，特指 18 世纪中叶始于英国的那场工业革命。实际上，产业革命与工业革命有着区别和密切的联系，工业革命是基础，而产业革命的范围比工业革命要宽泛得多。产业革命是由技术革命引起的，是指国民经济的实际产业结构发生了根本性变革，致使经济、社会等方面都出现了崭新的面貌，真正意义上的产业革命是跨越多个产业的，足以在整个社会层面，包括政治、经济、文化，乃至人类的社会结构和社会行为等等造成深远影响。而且，随着时间的推移和国别的差异，还将不断地发生变化。但是，产业革命之所以能够出现，以致使得资本主义社会得到巩固和发展，应归之于科学革命、技术革命的推动，即知识进步的结果。接着，经过自由资本主义阶段，不断地发展为垄断资本主义等多种形式。

10.1.1.3 现代时期

现代时期，上限在知识经济时代或信息社会的开端，即 20 世纪 40 年代，何时结束尚不清楚。

现代时期出现了多类资本主义社会，其中一些发展到了资本主义的高级阶段或最后阶段，即帝国主义阶段，或者现代新殖民帝国主义阶段，如美国、西方一些国家等。它们力图通过多种手段，主要是跨国公司（multinational corporation），控制第三世界国家或前殖民地，以剥削其自然资源、廉价原材料和劳动力，满足殖民列强的利益，长期延续"新殖民主义"（neocolonialism），它们自称是"核心国家"（core nations）。还有一些类资本主义社会以及社会主义制度与资本主义制度原理相结合的混合型社会，包括一些混合型的市场社会主义和民主社会主义社会，如北欧的瑞典、挪威、丹麦、荷兰等。同时，存在许多"发展中国家"和"边陲国家"（peripheral nations）以及一些半边陲地区。

10.1.2　人类史以知识的进步断限

人类史可以揭示过去、现在、将来之间的有机联系，透过其间的联系可以发现社会发展的规律性，进而推断未来发展的一般趋势。要认识这种趋势不能仅限于物质主义观念或片面的唯物主义观点，仅仅从经济学的视角研究经济形态、社会形态，更要以精神的力量、知识的力量、深邃的智慧，洞察社会的变迁。对于人类社会的发展有着不同的观点，其中最激烈的争论就长期在唯物史观与唯心史观之间发生。其实，二者都是各执一端，从而都各具有片面性。美国历史学家艾伦·布林克利（Alan Brinkley）在所著《美国史》一书中就遇到了类似的问题："近几十年来最激烈的争论产生在受马克思主义观点影响的学者和一些持其他见解的学者之间，前者相信经济利益和阶级的划分是理解历史的关键，后者坚持观念和文化至少和物质利益同样重要。"[1]长期以来，在哲学中就存在着唯物论与唯心论之争，实际上两者也都是各执一词，从而都具有历史的局限性，都是在认识论和方法论上的片面性所致。因此，我们要坚持在唯物论与唯心论之间保持必要的张力，以至在观察和解释人类史时必须持此观点。

早在文艺复兴时期，一批人文主义学者就假以哲学的烛光来直视人类社会，从社会本身的发展状况阐明社会发展的规律性。如意大利学者但丁·亚利基利（Dante Alighieri，1265~1321）认为，无论文明的目的具有怎样的多样性，但一切文明只有一个同一的目的，而这整个人类文明的普遍一致的目的就是全面地、不断地发展着人的智力，使人类在一切学科、艺术方面有所作为，有所创新。对人类整体而言，它的本份工作是不断地行使其智力发展的全部能力。

在"启蒙时期"，法国启蒙思想家、哲学家伏尔泰（笔名）（Voltaire，1694~1778）在《世界各国的风俗与精神》（简称《风俗论》）一书中，开始倡导研究人类文明本身的世界史，第一次把人类精神的进步提到首要的地位。他说："我研究的仅仅是人类精神史。"另一位启蒙运动最杰出的代表孔多塞（Condorcet，1743~1794）在所著《人类精神进步史纲》一书中，努力阐明历史发展规律、阶段和动力。他认为，人类历史的主要动力是科学的发展，科学、知识、人类智力的增长是划分世界历史发展阶段的基础，据此，将世界历史划分为三大时代：其一，自人类起源至语言的发明，尚处于无知无识的境界；其二，文字的发明，知道使用技术，开始出现科学的曙光；其三，历史完全成熟。进而在此基础上又划分了10个时期。这些划分，不是依据政治、经济的变化，而是根据知识的重大进步而断限的。人类的知识水平与生产水平是同步发展的，具有一致性。因此，在生产中，知识占有核心的地位，知识水平决定了生产什么、如何生产，有何等程度的知识水平，才可能建立起相应程度的生产方式。

在近现代社会，知识的进步加快了步伐，导致知识革命包括科学革命、技术革命、产业革命等相继发生，引起人们思维方式的变化，推动社会制度的变革。1997 年，美国国家科学院发表《国家知识评估大纲》，对知识革命做了这样的解释："近几年来，由于科学技术的发展，世界的运行方式发生了根本的变化。长途电信价格下降、计算机的普及、全球网络的出现，以及生物技术、材料科学和电子工程等领域的发展，创造出 10 年前根本不可想象的新产品、新服务系统、新兴行业和新的就业机会。"

按照这种理解，知识革命涉及的内容很广泛：科学技术高速发展导致的知识"大爆炸"，知识爆炸带来的世界运行方式（政治、经济、社会、工作和生活）的根本变化。既然是根本变化，那就是革命性变化。

很多专家认为，现在的知识概念比过去扩展了。我们现在指的知识已经不仅仅指的是事实、原理这方面，而且要知道知识产生的过程。也有人把知识归纳为两类，一类叫做可编纂的知识，用文字、图像、符号可以表达的知识。另外一类叫可意会的知识，不是用文字、图像、符号表示的，而是存在于人类思维、行为、经验中的知识。对于创造精神的培养来讲，后一类知识更重要。

知识革命造成的经济产业和就业结构变化。知识产业比例提高了，高技术产业发展加快了，知识劳动者比例增加了，经济中知识含量和知识价值的比重大大提高了。科技产业、教育与培训业、信息产业、文化产业、知识密集型服务业等，成为增长和就业的明星。虽然世界经济仍然危机不断，但发展前途一片光明。人类生活从物质消费型向知识消费型过渡。

10.1.3 学术发达导致社会极盛时期

精神的巨大力量引发社会革命，以致社会发展出现极盛时期。英国著名科学史家丹皮尔（W. C. Dampier, 1867~1952）在所著《科学史》一书中提出人类史上学术发展与社会发展的关系："值得指出的是，人类史上有三个学术发展最惊人的时期：希腊的极盛期、文艺复兴时期与我们这个世纪。这三个时期都是地理上经济发展的时期，因而也是财富增多及过闲暇生活的机会增多的时期。"[2] 这里，所谓"学术发展"就是指能深入地、正确地认识客观事物的系统知识得到了发展。其中，文艺复兴引起整个欧洲繁荣的极盛时期；我认为，"我们这个世纪"主要指 20 世纪北美洲以美国为典型代表的社会发展达到极盛时期。

10.1.3.1 古希腊极盛时期

古希腊持续了约 650 年之久，即公元前 800~前 146 年。其地理范围以希腊半岛为中心，包括整个爱琴海域和北面的马其顿和色雷斯、亚平宁半岛和小亚细亚等地。

从公元前4世纪起，马其顿逐渐成为希腊北部的重要国家。公元前395年，马其顿成为巴尔干地区首屈一指的军事强国，其后，马其顿取得了对整个希腊的控制权，开始了希腊化时代，即公元前336～前31年。马其顿国王菲利普于公元前336年遇刺身亡，其子亚历山大即位，经过一系列的争斗后，安提柯王朝、塞琉古帝国和托勒密王国便成为希腊化时代主要的三个国家。

特定的地理条件使得古希腊人难以在田地里依靠农耕方式谋生，而是在海上靠经商或到海外开辟殖民地来求生存，造就了古希腊人自由奔放、富于想象力、充满原始欲望、崇尚智慧和力量的民族性格，也培育了古希腊人追求现世生命价值、注重个人地位和个人尊严的文化价值观念。希腊人总是保持着虚心、好奇、多思精神，渴求学习，坚持怀疑精神和批判的眼光。在研究一切事物时，总是将所有的问题都搬到理性的审判台前加以考察。特别是，城邦的出现和持久存在，为文化繁荣提供了制度上的保证；另一方面，早在古希腊文明诞生之前，在西亚的两河流域的峡谷里就连绵不断地产生了苏美尔文明、巴比伦文明和亚述文明，而希腊离最早的这几个文明中心很近，这一切都对希腊文化产生了深刻影响。

古希腊产生了光辉灿烂的文化，特别是在希腊化时代，在科学、技术、教育、文学、戏剧、雕塑、建筑、哲学等诸多方面有很深的造诣，成为当时的教育和科学研究中心，对后世有深远的影响，从而成为人类文明的源泉。

在这一时期，由于学术非常发达，以致古希腊的农业、手工业和商业都很发达：农业大有进展，开发出三种农作物轮种法，使耕地有限的各个古希腊城邦，能够将作物产量发挥到最大；手工业的发展也相当兴盛，科林斯的纺织业，米利都的纺织业、家具业，雅典的冶金业、造船业、制陶业和建筑业的发展规模也很大；商业也颇为发达，输出的商品包括橄榄油、葡萄酒、铜、铅、银、大理石、金属制品和陶器等，以致雅典成了地中海世界最大的商业中心。

10.1.3.2 欧洲极盛时期

文艺复兴是在精神文化上开启人类智慧的一场革命运动，它具有伟大的世界历史意义。这场运动从14世纪开始，以意大利为中心，一直到17世纪遍及欧洲其他国家，如英、法、德等国家，创造了近代文明。在实质上，这场革命就是精神文化创新，包括哲学、科学、文学、宗教、伦理、法律、艺术等领域的创新，发掘、光大古希腊文化，树起理性主义和人文主义大旗，引起了科学革命、宗教改革、政治制度和经济制度变革，从而导致了整个欧洲的繁荣。正是这场精神文化创新具有元创新的性质，能将各种思想的细流汇聚起来，从而形成汹涌澎湃的洪流，导致欧洲历史转折，思想解放，学术发达，巨人辈出，形成了新的世界观；提倡人性，反对神性；提倡人权，反对神权；提倡个人自由，反对封建特权、封建等级、教会统治的束缚；提倡理性，探索自然、追求科学知识。在这个时代，精神文化创新迭起，正如恩格斯所说："是一个需要巨人而且产生了巨人——在思维能力、热情和性格方面，在多才多艺和学识渊博方面的巨人的时代。……这是一次人类从来没经历过的最伟大的、进步的变革。"

在主体上，这场运动的指导思想是人文主义，从而开创了人文文化，并使之与科学文化结合起来。人文文化以人的价值为所追求的最高价值，升华人类的精神境界，引导人类社会进步。正是这场使人文文化与科学文化相融合的精神文化的创新，才使得经受了长达1000年（公元5~15世纪，欧洲称中世纪）之久的宗教禁锢和封建束缚的人在思想上得到了自由，从而智慧和创造力才充分地发挥出来了，创造出空前的精神文化和物质文化，并直接和间接地衍生出了一系列产物：其一，诞生了近代自然科学，以致引发出三次科学革命，在欧洲按意、英、法、德次序出现了4次世界科学中心，这大体上也是政治和经济中心；其二，诞生了近代现实主义文艺，如出现了世界著名的诗歌、绘画、雕塑、悲剧、喜剧和历史剧等；其三，诞生了新的哲学思想，包括归纳法和演绎法等；其四，诞生了新的法学和教育学等；其五，诞生了空想社会主义等。最终，精神文化创新外化到制度和器物层次上，即建立起资本主义制度、实现了工业化，创造了近代文明。

10.1.3.3 北美极盛时期

文艺复兴所引起的精神文化创新，不仅导致欧洲的长期繁荣，而且还不断地向全球扩散，特别是通过人口迁移和流动，传播到美洲和大洋洲，其中，向北美扩散，形成了新兴的美利坚民族和合众为一的美国。

约1.2万~1.5万年前，当时的人类，主要是西伯利亚东北部的蒙古种人，还有少数爱斯基摩人，穿越白令海峡，向这块大陆移居，最终在约公元前9000年就达到美洲南端；还有少数民族从南太平洋诸岛抵达南美洲西岸。估计在15世纪，就有5000万~7500万人在这里居住，包括印第安人、土著印加人、玛雅人和阿兹特克人，他们创造的文明丰富多彩，但无现代意义上的物质文明[3]。然而，1492年，哥伦布重新发现了美洲新大陆后，欧洲开始大规模移民。曾几何时，在北美洲以美国为代表却出现了全面创新的奇迹。

在美国，按公元1790年统计，从欧洲向美国的移民就达到约392万，大多数来自英国，约占移民总数的85%；还有来自德国、法国和丹麦的移民，约占15%。他们带来的不是生产工具、工厂、生产资料等物质文化，而主要带来的却是先进的科学技术知识、生产管理知识、先进的资本主义制度和思想观念，即精神文化。其中的中坚分子是一批反抗旧秩序、旧教会的清教徒，是一批经过资产阶级民主思想熏陶的先进人士，是一批不受封建君主专横统治的反叛者。因此，他们表现出了反封建专制和思想束缚的自由精神和民主思想、艰苦创业精神、求实精神、开拓进取精神，从而创造出美利坚民族的精神文化。1776年7月9日，美国《独立宣言》向世人宣布，确认天赋人权和政府契约学说，人人生而平等，暴君实不堪做一个自由民族的统治者……它对法国革命和拉丁美洲独立革命也有着重大的影响，成为法国大革命《人权宣言》的范本，并被马克思称为第一个人权宣言。1787年，按照分权和制衡学说，美国通过了国家宪法，标志着美利坚合众国的最终建立。

迄今，美国已近3亿人口，除内部人口继续增长外，还从世界约113个国家（1996年统计）不断地移入。这带来的几乎没有什么物质性形式的东西，而主要是高质量知识、新思维、新观念，即崭新的精神文化。这样，美国仅仅在200多年的时期内，就迅速地崛起，成为世界超级大国。这表明了，知识的力量，转变为精神的巨大力量，推动了美国社会发展到极盛时期，并成为了知识的力量导致社会发展达到极盛时期的典型例证。

10.1.3.4 精神与物质上落后互为因果

在人类史上，在不同地区、不同民族或国家之间的发展存在着差距，并有越来越大的趋势。这种差距与其说是在物质上还不如说是在精神上所致。可以说，在精神上的贫困比在物质上的贫困更糟糕。也可以说，物质上的贫困往往是起因于精神上的贫困。1993年，国际科学联合会理事会主席梅农在《世界科学报告》中指出："目前地球上称为第三世界的一些地区落在后面，除了偶然闪现光辉的科学业绩外，仍然苦于缺乏以知识为基础的发展。"托夫勒在《权力的转移》一书中说："知识的分配比武器和财富的分配更不平等。因此知识（尤其是有关知识的知识）的重新分配就更加重要。它能导致其他主要权力资源的再分配。"[4] 这表明，有关知识的知识就是"元知识"，即何以创造出知识来的知识，如战略思想、方针和政策的制定等。只有有了元知识，才能从根本上摆脱贫穷落后的局面，乃至达到后来居上的目的。

10.2 资本主义社会必将衰亡

早在14～15世纪，虽然欧洲地中海沿岸的一些发达城市就产生了资本主义萌芽，然而在1640～1648年英国资产阶级革命的胜利，才标志着人类从封建主义时代进入了新的资本主义时代。在这近400年里，尽管资本主义制度以迅猛的速度推动了社会生产向前发展，但马克思和恩格斯仍然揭露资产阶级占有全部"生产资料"，从而形成"生产社会化与资本主义私人占有形式的矛盾"。因此，在1848年，马克思和恩格斯在《共产党宣言》中，主张被压迫的无产阶级起来推翻资产阶级，并剥夺其占有的"生产资料"，从而建立共产主义社会制度。在160多年后的今天看来，按照社会系统变迁的新理论和大趋势来推断，真正能高于、优于、胜于资本主义社会究竟应是什么样合理的社会制度？究竟谁有力量和智慧来消除不合理的资本主义社会制度？

知识虽然使资本主义社会得以形成，进而发达、兴旺，然而它与任何历史性事物一样，都有其衰亡的时期出现。一般而论，人类已经历了几种从新生到消亡的社会制度，资本主义社会制度也不可能永存，而必然会要衰亡。虽然，资本主义社会为人类创造了所需要的物质财富，创建了工业文明，但同时它也与以前人类所经历的其他社会一样，具有历史的局限性，其弊端已日益显著。它给人类带来了许多灾难，因而越来越显示出不是合理的、合人意的社会制度。

10.2.1 贪婪地追求经济自由化、利润最大化

早在14世纪，在地中海沿岸就出现了新兴的社会群体商人，在封建制度中，他们首先是财富不依赖于继承土地所有权的第一个社会阶层，以致演变生成、壮大成为资产阶级，从而促进了封建制度的衰亡和资本主义社会的兴起。

在17、18世纪，以亚当·斯密（Adam Smith，1723～1790）经济学理论为标志的古典经济学已经形成。斯密是英国古典经济学的杰出代表和理论的创立者。他在所著《国民财富的性质和原因的研究》（简称《国富论》）一书中，把经济学发展成一个完整的体系，分析了国民财富增长的原因和自由竞争的市场机制，并把它看作是一只"看不见的手"支配着社会经济活动。他反对国家干预经济生活，提出自由放任原则。在《国富论》全书中，他贯穿的基本思想就是经济自由主义。经济自由主义理论完全是从所谓人类的本性中导出来的，而且强调"利己乃人之本性"，在每个人从事经济活动时，考虑的只是自己的利益。然而，每个利己主义者又必须依靠其他利己主义者的帮助。而利己主义者之间的帮助，只能靠刺激别人的利己之心，要让别人知道，给别人做事，不是为了别人，而是为了自己。这样，他就从人的利己主义本性中引出交换、分工、价值、利润、资本等一系列经济范畴，形成一整套经济理论。

1817年，大卫·李嘉图（David Ricardo，1772～1823）在《政治经济学及赋税原理》一书中，提出了以劳动价值论为基础、以分配论为中心的严谨的经济理论，并把利己主义看着是经济活动的唯一动力，也就是说，每个人只要能自由地追求个人利益，就能建立起整个社会的普遍幸福。

知识创新战略

在 20 世纪，由于知识的进步，主要是基于接连不断的多次科学、技术和产业革命的推动，形成了不同工业形态的资本主义社会制度，使大规模的工业生产变成了可能，从而为自由地获取最大的利润变成了现实。这包括在国内形成特大公司，以控制更多的原材料和更广阔的产品销路；同时，还在广大的发展中国家形成大规模的跨国公司，掠夺其更多的资源，残酷地剥削其廉价的劳动力，并将环境污染转嫁给许多发展中国家。实际上，它们曾经就是被列强资本主义国家所控制过的前殖民地国家。目前，这些称为第三世界的国家要实现现代化所面临的国际环境与西方国家发展时期曾面临的完全不同。虽然完全明显的殖民主义已经结束，但这些前殖民地国家又在西方资本主义的新世界秩序中陷入困境，"新殖民主义"（neocolonialism）又以新的形式在这些辽阔的殖民地国家长期地延续。弗兰克认为："许多坚持理论的人都把美国看作是现代新殖民帝国主义的组织者和领导者。他们认为，美国通过自己的对外援助和军事政策，来极力阻碍发展中国家在经济上成熟起来。"这些所谓"核心国家"往往以跨国公司等形式控制着许多"边陲国家"和半边陲地区，以为其提供廉价的原材料、劳动力，以及产品市场。而且，在全球经济系统中再形成国际分工，知识化经济国家摆脱物质生产的拖累，向"边陲国家"提供知识、技能，成为"头脑国家"，而"边陲国家"则进行物质生产，变成"躯干国家"。因此，现代新殖民帝国主义不仅在国内而且是在全球范围越来越贪婪地追求利润最大化。

10.2.2 造成阶级、种族和国家间不平等

现代少数新帝国主义集中了全球大量的财富，而且这大量的财富又集中在少数人、集团手中。少数资本主义国家贪婪地消耗着世界资源，加剧了全球两极分化，导致贫困人口增加。科学技术被误用、滥用、恶用，尖端科学技术不断地在强化大规模的尖端杀人武器，极大地威胁着全人类的安全。

10.2.3 给人类带来极大的灾难

特别是，国际垄断资产阶级重新瓜分世界引起的冲突，包括经济上的竞争、殖民地的争夺、疯狂的扩军备战、军事联盟的形成等，导致仅仅在 20 世纪内就发生了两次世界大战，加上发生在伊拉克、阿富汗、科索沃、利比亚和叙利亚的战争，给人类造成极大的灾难。

10.2.3.1 第一次世界大战产生的灾难

第一次世界大战是帝国重新瓜分世界的争斗。1900 年，英国占有殖民地达 3271 万平方公里，法国占有 1098 万平方公里，俄国占有邻国土地达 1728 万平方

公里。也就是说，英、法、俄等协约国占有殖民地和势力范围极为广大；而后起的帝国德、美、日所占的则较少。帝国主义是按资本和实力瓜分世界的，这就必然引起战争。

第一次世界大战的导火线是发生在1914年6月28日的萨拉热窝（波斯尼亚省首府）事件中。当时，奥匈帝国在其吞并（1908年，波斯尼亚被奥匈帝国吞并，居民大都是塞尔维亚人）不久的波斯尼亚邻近塞尔维亚的边境地区，进行军事演习，以塞尔维亚为假想敌。当日是塞尔维亚和波斯尼亚联军在1389年被土耳其军队打败的日子，这样，演习选定在这一天就具有挑衅性的意义。奥匈帝国皇储斐迪南大公亲自检阅了这次演习，演习结束后，斐迪南大公及其妻返回萨拉热窝市区时，被塞尔维亚青年普林西普击中毙命。这就是著名的萨拉热窝事件。德、奥匈帝国立即以此作为发动战争的借口，并于7月28日向塞尔维亚宣战，从而挑起了第一次世界大战。

由于塞尔维亚原是俄所拥有的势力范围，因此，俄为了对德报复，于7月30日发布全国总动员。第2天，德就要求停止动员。当尚未得到答复，就于8月1日向俄宣战。接着，8月3日德向俄的盟友法国宣战。不久，英国也介入了战争。这样，仅在几个月里，欧洲各强国就进入了战争状态。1917年4月，美国也对德宣战，这使英、法、俄协约国取得了决定性的优势。直到1918年，德、奥、意同盟国节节败退，德军大批投降，保加利亚、土耳其接连投降。德政府多次提出停战谈判，在协约国向德提出35条休战条款后，才签了停战协定。1918年11月11日11时，第一次世界大战终于结束了。

第一次世界大战（1914年8月4日至1918年11月11日）历时4年3个月之久。这场战争给人类带来了巨大的灾难：①死于战争的军人达900万，伤员达2000多万，终身残废350万，饿死、疫死者约1000万；②直接经济损失达1805亿美元，间接经济损失达1516亿美元；③协约国和中立国的商船损失总计高达1285万吨，其中被击沉的达1115万吨；④大量的房屋、铁路、桥梁、工厂、农田遭到破坏。在整个战争中，大会战达几十次，每次几乎就是一场大屠杀。参战国由30多个国家，殃及约15亿人，占当时世界人口总数的67%以上，都处于不安和恐怖之中。

10.2.3.2 第二次世界大战带来的极大灾难

第二次世界大战是德意日帝国企图称霸世界之战。德、意、日3个法西斯国家为轴心国，发动了第二次世界大战，卷入了60多个国家，占世界总人口的4/5，战火遍及欧、亚、非三大洲以及大西洋、太平洋和地中海，这是人类有史以来规模空前的一次世界性战争。

知识创新战略

1939年9月1日凌晨4时45分，希特勒按照准备已久的侵略计划，假造证据，借口向波兰发动闪电战。英、法向德提出停止军事行动遭到拒绝，而英、法与波兰是盟友，按照签订的条约于9月3日先后向德宣战。1940年6月，意大利向英、法宣战，接着向北非进攻。德国在西线战场获胜时，于1941年6月22日，对苏联发动突然袭击。这样，第二次世界大战在欧洲全面爆发。1937年7月7日，日本发动侵华战争，仅在中国战场就投入了180万军队，中国成为在亚洲战场上抗日主力，侵华8年日军伤亡130多万。同时，日本还侵略太平洋广大地区，从阿留申群岛到澳大利亚，从关岛到缅甸，遍及东南亚国家。1941年，美国意图保持中立，但迫使美国提出疑问：德国若在法国沦陷后征服英国，以至控制大西洋，是否直到美洲大陆？这迫使美国从援助欧洲战场到试图制止日本侵略太平洋。然而，日本看到欧洲战事的发展为其提供了良机而变得越来越好战。1941年12月7日，日本终于偷袭珍珠港。德意两国也向美国宣战，这样，美国在欧亚完全卷入了战争。1945年5月7日德国在巴黎附近向美国投降、8日在柏林向苏联投降。1945年8月15日，日本宣布投降，9月2日在东京湾的美军舰"密苏里"号上投降签字。在20世纪，德、日为首的两大帝国是短命的，在1945年后都不复存在了。

在第二次世界大战中，结成了反法西斯联盟。1942年元旦，26国在华盛顿举行会议，签署了《联合国家宣言》，由美、英、苏、中4国领衔首签，其他22国则按国名的英文字母顺序依次排列。1945年2月4日，在雅尔塔会议上讨论决定成立联合国等事项。其中，由中、法、苏、英、美5国任安理会常任理事国，还有6个非常任理事国。

第二次世界大战是世界反法西斯战争的胜利，再次证明，以"资本"为基础的资本主义社会发展到最后阶段的弊端已暴露无遗，谋图在世界追求利润最大化的资本主义帝国也必然走向灭亡。但是，列强帝国发动的世界战争给世界人民带来了巨大的灾难。据统计，这次大战伤亡人数达5000万~6000万[1]。其中，苏联人约2000万，中国人达1500万（有数据认为，军民伤亡达2100万[2]），德国人达500万，日本人达250万，英国人和法国人共100万，美国人达30万。最令人震惊的是，约有1000万受害者，因种族、宗教、政治等原因，被当作"不受欢迎的人"而遭灭绝。特别是，纳粹的种族主义政策将东欧民族视为劣等民族，应该被消灭，由日耳曼人来代替。希特勒的东欧新秩序计划，要求消灭

---

[1] 齐世荣主编. 世界史. 现代史编（上卷）. 北京：高等教育出版社，2011：382；数字6000万。
[2] 齐世荣主编. 世界史. 现代史编（上卷）. 北京：高等教育出版社，2011：385；中国人达2100万。

3000万斯拉夫人。最残酷的是希特勒要在所在势力范围之内彻底消灭所有犹太人，采取特别"行动队"作为灭绝班，跟在德军身后，并在1941年后期，还使用流动的毒气车。同时，还建立五大灭绝中心，仅在奥斯维辛集中营，每天杀害12 000人。这样，被杀犹太人约600万，还有新教徒500万，天主教徒300万，吉普赛人50万。为此，创造了一个新词genocide，表示种族灭绝。要让人们记住，纳粹种族主义的野性："纳粹系统地利用了他们的因犯：在他们活着的时候用作劳工，死后用作'原料'。他们下令将火化室里的骨灰运出去用作肥料，死尸的毛发用来制作床垫，骨头敲碎制成磷酸盐，脂肪用来做肥皂，金银假牙被取出存放在第三帝国银行的金库里。"[5]

10.2.4　引致社会畸形发展

军备竞赛依然加剧。2006年6月12日，世界军备控制和裁军问题的权威研究机构公布，2005年，全球军费开支升至约1.12万亿美元，其中美国的增长额占到了全球的80%，造成了增长势头出现的决定性因素，其结果是军火资本家获取暴利。

导致人类社会不可持续发展。①社会资源、财富集中在少数人手中，少数资本主义国家贪婪地消耗着世界资源，加剧了全球两极分化，导致贫困人口增加。②导致环境污染、资源浪费、生态平衡破坏。③人文精神失落、精神萎缩、物欲横流、商品文化和消费文化盛行等。

这一切表明，资本主义社会与其相依的工业化正在严重地威胁着人类社会可持续发展。因此，资本主义社会制度越来越显露出，它是既不合理也不合人意的社会制度。可见，只有建立起知识主义社会制度，才能取代资本主义社会制度；相应地，只有建立起知识业文明，才可能消除工业文明的若干弊端。

10.3　知识社会必然迈向知识主义社会

从根本上说，人类社会发展的阶段性或社会形态取决于所能达到的知识水平，即呈现出智力发展规律性。人类只有依靠不断创造的知识，才能求得生存和持续发展。知识-文化现象的突现，是主宰社会发展的根本力量；由于知识加速创新，才增进社会的加速发展，以致越来越加速社会系统的变迁，迈向知识主义社会。

10.3.1　社会变迁的根源及其理论

社会的变迁极其复杂，许多科学家，特别是社会学家、经济学家、历史学家等，都在研究引起社会变迁的原因及其趋向。一般认为，社会变迁有6种主要原因：①自然环境的巨大变化，如大地震、水灾、致命性疾病等；②人口的变化，主要是数量和质量上的变化，如人口老龄化、大量移民等；③高新技术的发明，如信息技术、生物技术的出现等；④精神文化的变迁，如文化价值观、意识形态的取向深深影响着社会发展，先进的文化会促进社会的发展，而文化堕距（呆滞现象），包括现存的封建文化，呈现负功能的形式，阻碍社会的发展；⑤经济发展水平，与社会物质文化水平密切相关，即与物质生活水平相关；⑥在现代世界中，随着人们对社会发展的知识不断增长，越来越按自己的意愿塑造社会。

尽管罗列了这6种社会变迁的原因，但一些社会学理论家仍在此基础上解释社会变迁的原因，进而提出了4种社会变迁理论：①社会进化论认为，社会变迁类似生物有机体的进化，机体的结构成分不断扩大、日益复杂，进化的主要形态是渐进的和连续的。现代进化论认为，社会的一些部分变得越来越相似，以至一个"世界文化"正在出现。②历史循环论认为，一个社会的历程是起源、成长、衰落、解体的过程，然后，新的文明又循环往复变化。③功能论认为，要把社会理解为一个各部分之间相互依存的体系，其中每一部分对体系的维持做出一定的贡献。正是因为各部分相互依存，所以一个部分的变化必然会引起其他部分的变化。④冲突论认为，社会体系是一个各个部分都被矛盾联结在一起的体系。由于不可调和的冲突，必然导致社会变迁。冲突论以马克思的理论为代表，坚持由经济因素决定社会阶级之间的冲突；而达伦多夫（Dahrendorf）等则认为，根本原因在于权力和权威的不平等分配，社会变迁就要涉及权力的再分配。

10.3.2 知识的性质导致知识主义社会

由于知识所具有的特性，必将引起社会系统剧烈的变迁。知识所具有的独特性质，绝不是自然资源（经济学家所称的"土地"）、也不再是"资本"所能具有的。这只是知识主义社会才可能形成的社会属性，包括一系列特殊属性：知识具有无限的延伸性，取之不尽、用之不竭，不像物质性资源那样含有不可避免的局限性；可以共有、共享、共用，并不像物质性资源那样引起消耗，从而具有很多的优越性；虽有少量知识得到知识产权保护，但这有时效性，最终仍将用于社会；知识无法独占，真理不能垄断，人人通过努力，都可以获得；而且，知识不能够按血缘关系继承，也不能够遗留给后代，谁要获得知识，就必须通过自己的努力，从头学起，因而在知识面前能够实现人人平等；知识在应用中还会不断地生成新知识，在传播中遍及世界各个角落。

实现知识主义社会的国家目标，始于足下；只有引导人类建立起更加人性化、理性化的世界，才能实现真正的和谐世界。知识是最民主的权力之源，只有基于知识的社会，以知识规范经济、政治和法律，才能真正地实现社会平等、公平、公正、民主、和谐。

人类生存在知识世界之中，即生存在人的文化世界之中，这被德国哲学家卡西尔称为"符号的宇宙"之中，而不是再生活在一个单纯的物理宇宙之中，而人的文化生命活动是通过人的文化世界的建构来实现的；人们是通过知识来审视一切的，知识水平上的差异，就会导致认识上的差异；人是知识的主人，又是知识的奴仆。

知识可升华为智慧，使人更加聪明，从而展现出人的"本质力量"。一个国家应以"知识为本"、"能力为本"，才能全面地发挥人的才智。要高扬知识富有、知识胜金的价值观；知识富有才是真正最大的富有，追求知识，以知识富有为荣，确立智慧立地、聪明定天的观念，竭力祛除金钱至上的观念。人类必定会以知识和智慧，追求合人意的、合理的高级知识主义社会。

元知识，即有关知识的知识、高层知识，是指以知识本身作为研究对象而形成总体规律的、更加抽象化的高一级层次上的知识。也就是说，运用在各类专门知识上的元知识，即如何充分地激发和利用专门知识的元知识，例如管理学，泰勒就第一次把管理学知识运用于生产知识中，引起了新的知识革命，以致在18世纪中叶至19世纪中叶的100年间使工业革命成为世界的主流。这表明，元知识的运行占有优先的地位，而专门知识的运行是在元知识控制之下进行的。从抽象意义讲，在一个大的知识处理系统中，存在着多个知识层次，其中仍然要明确，哪些是该层的专门知识以及较高层次的元知识。知识分配比武器、财富分配更不平等，元知识重新分配更加重要。元知识创新形成国家巨大创新能力！因此，我们可以说，元知识对于构建知识主义社会具有决定性的意义。

知识创新隐喻为知识进化，研究问题，形成新问题，生出新意，不停地生成新知识。知识创新要超越国界、权力和金钱枷锁。知识创新必定要有思维方式创新、精神文化创新，特别是要坚持怀疑、批判、自由创新精神，要有外在的和内心的自由、人类精神的自由创造和人类理智的自由发明。因此，知识创新对于建成知识主义社会具有巨大的促进作用。

10.4 知识阶级必然建立起知识主义社会

人类社会面临着急剧的变化，许多学者，特别是社会学家、经济学家、历史学家和管理学家等，都在研究社会发展的动力和趋向。在这一过程中，都共同关注科学和技术加速发展对社会产生革命性的变化，其中特别是信息技术引起的巨大变化。这预示着我们正在进入一个不同于任何历史时期的新社会，学者们在研究之中一直存在着分歧，因而给予了不同的命名：美国社会学家贝尔（D. Bell）坚持技术决定论的观点，把这一将来临的新社会称为信息社会或后工业化社会；而世界著名的美国管理学家彼得·德鲁克（P. F. Drucker, 1909~2005）在对即将出现的社会潜心研究几十年的基础上，发表了一系列著作，提出了世界正进入"后资本主义社会"即"知识社会"这个新命题。1993年，他在所著《后资本主义社会》一书中，强调知识社会不是一个"反资本主义社会"，它甚至也不是一个"非资本主义社会"，资本主义的制度机制将会继续存在，尽管其中的一些机制，如银行，扮演大不相同的角色。这个社会的基本经济资源已经是，将来也是"知识"。他进一步指出，目前价值是由生产力和创新创造出来的，这两者都是将知识应用于工作；知识社会的主要社会团体将是"知识工人"，即知道如何将知识用于创造生产力的知识管理者，其作用就像知道如何利用资本去创造生产力的资本家一样。1995年，在所著《巨变时代的管理》一书中，他论及了后资本主义社会的管理；2001~2003年，出版了《德鲁克管理思想精要》《下一个社会的管理》《功能社会》等著作，其中大量地论及了下一个社会就是知识社会的观点，以致提出：下一个社会将很快就会来临，出现的时间约在2030年。他指出，下一个社会的主要特征将是新机构、新理论、新意识形态和新问题，并含有3种主要特质："①没有疆界，因为知识的传播甚至比资金流通还容易；②向上流动，每个受过正规教育的人，都有力争上游的机会；③成功和失败的几率相等，任何人都可以获得"生产工具"，也就是取得工作所需的知识，但不是每个人都能成功。"[6]

上述的观点，无论是在论述信息社会还是知识社会，往往都依然是在阐述资本主义社会制度的延伸，大多是从技术层面、学术层面上讨论社会的发展，以至趋向科学主义和技术主义。再者，一些学者还在信息社会余兴未尽时，又超前一步地热衷于提出"数字化信息空间"和"后信息时代"两个新概念，如我们周围的越来越多的信息都被数字化了，被简化为同样的"1"和"0"，我们就生活在由"1"和"0"组成的一串串"比特"所代表的数字化信息空间中，并以从"原子"到"比特"的飞跃作为划分信息时代和后信息时代的标志。

我再次强调，知识主义社会之所以不同于知识社会的关键在于，知识社会是后资本主义社会，仍然是资本主义社会的继续或延伸，社会的变化仅仅强调技术层面的变化，因而引起的变化仅仅是社会的局部变化，特别是，社会的统治阶级主体上仍然是资产阶级，"资本"仍然是社会的主要支配力量。因此，我认为，知识社会为迈向知识主义社会奠定了基础。知识主义是知识阶级（knows）的整个思想和理论体系，它坚持以知识为基础才能建立起更加合理的社会制度，并只有通过"共知识"才能构建起高于资本主义社会的知识主义社会制度。知识主义社会制度是指以知识阶级为主体、以"知识"为支配力量的总体社会制度,包括构建合理的社会制度、文明的政治制度、有序的经济制度、高度的智业文明和持续的生态文明,即高于、优于、胜于资本主义社会制度的总体社会形态。

我们还可以设想,在更久远的时代,以至会出现以"人类情感"为最高价值、形成"情感交织"的理想社会。因此,我们应把迄今为止人类创造的近现代文明,称为"前文明"。人类将脱离前文明,开创"后文明"。那时,人类能够进化到摆脱野性的阶段,从而不存在野蛮行为,以强欺弱,而是帮助弱者,进行思想文化交融,求得共同的、和谐的持续发展。这种新的精神文明是多元文明的融合,真正代表人类社会进步的方向,也是人类迈向高等文明的方向。

参 考 文 献

[1] 艾伦．布林克利．美国史．邵旭乐译．海口:海南出版社,2009:8.
[2] 丹皮尔 W C. 科学史．李珩译．桂林:广西师范大学出版社,2001:87.
[3] 艾伦·希林克利．美国史．海口:海南出版社,2011:3.
[4] 阿尔温·托夫勒．权力的转移．刘红,等译．北京:中共中央党校出版社,1991:491.
[5] 斯塔夫里阿诺斯．全球通史．吴象婴,梁东民,董书慧,等译．北京:北京大学出版社,2012:719.
[6] 彼得·德鲁克．下一个社会的管理．蔡文燕译．北京:机械工业出版社,2009:Ⅳ.

下篇　战略举措

11 知识创新的方法、政策和对策

李喜先

知识创新战略必须包括：①战略思想，即战略的理论基础和方针；②战略目标，即能够实现的目的；③战略举措，即为贯彻战略思想和实现战略目标而采取的方法、政策和对策；还有，战略重点以及战略实施等。因此，采用知识创新的多种方法和对策是不可或缺的战略举措，包括制定能够保证实现知识创新的基本政策、具体政策，以及制定相应的规划和计划等；在国家层次上采取知识创新系统工程方法；向知识创新提供充分的条件，建设科学实验和观测设施，如大科学工程、大型观测仪器等；进行战略性的投资，依法保证科研经费在 GDP 中应占的比例等。

11.1 知识创新的方法

知识创新必须采用有效的方法（method），特别是创造新的方法。方法一词最早来源于希腊语，意指沿着正确的道路或方法运动，是关于认识客观事物所采用的步骤、程序、方式、手段、模式、法则等的统称。方法与方法论有着紧密的关系，方法论（methodology）是关于认识客观事物的根本方法的理论，即关于方法的理论或学问。方法论与世界观有着一致性。特别是，方法论来源于认识论，因而与认识论有着密切的联系，以至还可以认为方法论是认识论的一部分。

任何知识或理论等当运用于研究和解决问题时，它们就具有方法的意义。如数学理论当被用于研究其他领域的问题时，就是数学方法。因此，把科学知识或理论的运用视作方法，需要科学知识与科学方法的统一。

科学方法的进步对于知识创新起着重要的促进作用。特别是，科学方法的创新往往会引起知识的加速增长，以至出现突破性的进展。因此，在知识增长的同时，也创造出各种各样新的方法。

按照抽象和适用的程度，方法论具有多层次性：①哲学方法论；②一般科学方法论；③具体科学方法论。同时，还有细分为 4 个层次的方法论。凡抽象程度较高的层次对抽象程度较低的层次来说，都直接或间接地具有方法论的指导意义。

与方法论相对应，相应地就产生出不同层次的多种方法。特别是，对于知识创新来说，针对所研究的问题不同，相应地采用的方法也会不同，但尤其要强调怀疑方法、试错方法、创造性思维方法和非理性方法，以及系统方法等。

11.1.1 普适的哲学方法

哲学方法是在研究自然界、人类社会和思维现象中普遍适用的根本方法。在知识创新过程中，特别是，在哲学创新和元知识创新过程中，往往要采用普适的哲学方法。

11.1.1.1 在分析与综合方法之间持之张力

分析与综合方法是普适性的方法。分析是把认识对象整体分解为各个部分进行研究；综合则相反，是在分析的基础上，把对象的各个部分联结为一个整体，在总和上来把握认识对象的本质。因此，在知识创新过程中，就不能片面地只强调分析方法，或相反地只强调综合方法，必须坚持分析与综合方法紧密地交织在一起，也就是说，应该在分析与综合方法之间持之张力。

11.1.1.2 在归纳与演绎方法之间持之张力

归纳与演绎方法是早已形成的逻辑推理方法，也是基本的和普遍的方法。对事物的认识，就是一个特殊与一般之间矛盾运动，其中从特殊、个别的到一般、普遍的推理，就是归纳方法或归纳逻辑；相反地，从一般到特殊就是演绎方法或演绎逻辑。因此，在知识创新过程中，要使两种方法互相联系、互相补充，也就是说，不能片面地强调一方，而忽视另一方，必须在归纳与演绎方法之间持之张力。

11.1.1.3 在逻辑与历史方法之间保持一致性

历史方法就是依时间顺序再现事物发展规律的方法，而逻辑方法是把事物发展在思维中以逻辑形式表现出来，以"纯粹"的形态再现事物发展的规律性，以摆脱一些偶然现象。因此，这两种方法具有一致性，尽管还有一些差异。就总体而论，它们是互相渗透、互相补充、总的趋势统一的方法。

11.1.1.4 从抽象上升到具体方法

抽象是从事物中舍弃个别的、非本质的因素，而把事物的规定、属性、关系从原来有机的联系中孤立地抽取出来。具体是许多规定性的综合，因而是多样性的统一、普遍和特殊性的统一；认识越发展，概念所包含的具体的规定性的内容就越丰富、复杂，也就越真实、具体。抽象往往导致对事物特定方面的认识或片面的认识，成为较低级的阶段，而具体则成为认识的较高级阶段。这样，在知识创新过程中，善于采取的有效方法就是要坚持，从感性的具体上升到理性的抽象，再从理性的抽象上升到理性的具体。

11.1.2 创造性的系统思维方法

知识系统是极其复杂的巨系统，而知识创新更具有复杂的特征。也就是说，无论方法论如何发展，都总会存在着非普遍的、超现实的或超理性的方法，即创造性的系统思维方法和非理性的方法。我们认为，采用创造性的系统思维方法最为有效，继而，还要采取怀疑方法，以及在波普尔理论意义上的"第三世界研究法"或客观研究法。

11.1.2.1 猜测与反驳"试错法"

实际上，波普尔著名的知识增长"4段图式"

$$P_1 \rightarrow TT \rightarrow EE \rightarrow P_2$$

就贯穿着猜测与反驳的"试错法"。从提出问题 P_1 开始作为知识的起点，经过试探性的假说或理论 TT 的提出，可能部分地或整个地出现错误，不管怎样都有待不断地排除错误 EE，这可由批判讨论或实验检验组成，这就完成了一个阶段。接着，无论如何新问题 P_2 都从我们自己的创造性活动中产生，而这些新的问题一般并不是由我们有意创造的，它们是自主地从新的关系领域中突现的，然后开始新一阶段的循环，知识的增长就这样周而复始地不断地循环下去。经过反复循环后，我们可以通过比较 P_1 与后来的新问题 P_n 来衡量我们取得的进步。这一有效的图式成为借助系统的理性批判，通过排除谬误以发展知识的图式。它成了用理性讨论探索真理和内容的图式。它描述了我们依靠自己的力量提高自己的方式。它对突现进化和我们通过选择和理性批判而自我超越提供了理性的描述。甚至，为了阐明不断地消除错误的试错法的普遍适用性，波普尔竟将最伟大的科学家爱因斯坦与一种低等生物阿米巴变形虫的试错行为进行了类比。面对茫茫宇宙，面临无数的未知问题和难题，爱因斯坦和许多科学家一样，都会在不断地消除错误中前进。

在知识生成的早期，经验方法与逻辑方法是获取知识的最基本的方法。在近现代时期，虽然知识已生成和发展成为复杂系统，但是许多传统的方法，如分析与综合、归纳与演绎等，依然是行之有效的方法。迄今，知识系统不断地向复杂性、动态性和整体性方向发展，相应地也出现了许多新的方法，如创造性的思维方法和非理性的方法等。其中，系统方法成了主流。

11.1.2.2 怀疑方法

在知识的生成和发展中,总是与怀疑方法相伴而行的,以致存在着多种怀疑论,进而形成了科学精神中须臾不可离的、有条理的质疑精神。事实上,知识之所以能不停地增长,就是依赖于怀疑方法和质疑精神。在哲学和科学发展史上,多种怀疑论乃至怀疑主义针对所怀疑的具体对象有所不同,在不同时期各有其特点,同时起着积极的和消极的作用。不过,在哲学发展中,特别是在认识论和知识论的发展中,怀疑方法仍然起到了重要的推动作用,成为学术研究的必要条件,以至成为主要的力量。

在中国,一些现代哲学家都十分推崇怀疑方法,如在中国现代新文化运动中叱咤风云的人物胡适(1891~1962)就大力地提倡怀疑精神和方法,并以此来系统地重新评判中国的传统文化。他认为,凡事都要问一个"为什么",对于历史、社会上公认的教训、遗训、信仰等都要重新考问其存在的价值和合理性。为此,他坚持衷心信服的实验主义方法论总围绕着困惑和疑难。

在西方哲学中,怀疑论和怀疑主义则更多。其中,有古代和中世纪的怀疑论、文艺复兴时期的怀疑论,以及近现代时期的怀疑论。在 17 世纪,法国哲学家笛卡儿就系统地提出了怀疑论的方法论,不过,他只是把怀疑或困惑作为方法或手段,而不是作为目的,继而他强调,之所以要怀疑是因为有许多偏见妨碍我们追求真理,而且我们的感官可能会欺骗我们。在 18 世纪,英国哲学家贝克来(George Berkeley,1685~1753)的怀疑论对知识论有着一种瓦解作用,他认为,物是感觉的复合,从而使主客体两极化。英国哲学家休谟(David Hume,1711~1776)认为,我们很难有资格很自信地说,这些信念就是知识,因为人类获取这些信念的途径或方法并没有同时给我们提供充分的理由展示这些信念是知识,进而又反对在知识论研究中的独断论和专制主义。

胡军所著的《知识论》第一章知识与怀疑论专门对怀疑论进行了研究,并系统地做出了评价。最后,他提出:"怀疑论者的某些结论即便在现在看来还是具有强大的逻辑的或理论的力量,足以将人类从我们自己关于知识论讨论的独断论迷梦中惊醒,促使我们去寻找更充分的理由,拿出更有力量的证据,来推进知识论的研究。"[1]

1942 年,默顿在《科学的规范结构》一文中,第一次把科学的精神气质概括为四种道德规范;1968 年,他在增订版《社会理论和社会结构》一书中,再明确地提出:"四项制度性的规则——普遍性、共有性、无私利性、有条理的怀疑主义——构成了现代科学的精神气质。"[2]他进一步强调:"有条理的怀疑主义(organized skepticism)与科学精神的其他要素之间有着各种各样的相互联系。它既是方法论的戒律也是制度的戒律。"[3]

面对着极其复杂的知识系统，尤其是，面临着知识创新的复杂过程，我们必须采用怀疑方法。实际上，质疑精神或怀疑精神，就可视作怀疑方法，即对于已有的学说、理论和观点，不应盲目信从，特别是，要善于进行修正和批判，从而增进知识的发展。可以说，一切学术的进步都要依赖于怀疑精神和方法。如果对一切都熟视无睹，习以为常，那么思想就会陷于僵化、停顿起来，致使学术研究竟变成一潭死水。因此，我们强调，应有分析地、而不盲目地接受任何东西，坚持"学贵有疑"的精神；科学探索不受其他社会规范的束缚，科学家要勇于向涉及研究对象的各方面的事实提出疑问，探索真理、逼近真理。

11.1.2.3 客观研究法

波普尔强调，世界1、2、3之间的相互作用表明其客观实在性，特别是，通过世界2、3之间的相互作用，使客观知识得以增长，而且知识的增长与生物的发展，即动植物的进化，十分相似。因此，在他研究世界3的方法中，既采用了猜测-反驳的"试错法"，同时又采用生物学方法，并称后者为"客观"研究法或"第三世界研究法"。同时，把研究知识的行为主义、心理学和社会学的方法，称为"主观"研究法或"第二世界"研究法。

实际上，一些生物学家对动物的活动或行为感兴趣，如蜘蛛的行为方式，如何织网，使用的方法；蜜蜂如何采花粉等；这属于第一类问题。而另一些生物学家却对动物行为引起的结果感兴趣，如蜘蛛制造的网，网的结构本身、性质和功能等；蜜蜂酿出的蜂蜜的结构本身，其化学成分、用途，环境引起的变化等；这属于第二类问题。以至这些结构本身与动物的行为倾向的反馈关系也显得十分重要。

然而，第二类问题，即制造出的结构本身比起第一类问题来说，则在许多方面更为基本、更为重要。因为研究第二类问题而引起对第一类问题的了解所获得的知识，比研究第一类问题而引起对第二类问题的了解所获得的知识要多。也就是说，我们研究世界3比研究世界2重要得多，即使是为了理解如何创造知识的行为方式及其采用的方法。

我们还是坚持，从结果求原因的方法。因为从结果去找原因，可以引出问题来，并通过解释性假说来解决提出的问题。通常的科学研究中，往往采用的研究方法都是选用"从果求因"法，更为有效。

11.1.3 一般科学方法

一般科学方法是广泛适用的方法，是哲学方法的具体化和特殊化。同时，还有许多方法在哲学中和一般科学中都适用的方法，一般方法，适于自然科学、社会科学、数学科学等广泛领域，如观察方法、实验方法、经验和逻辑方法、数学方法、系统思维方法，以及创造性思维和非理性方法等；具体方法，适用于各门具体学科的特殊方法，如各种操作程序，通过调查、观察与实验获得资料、数据加工等。实际上，各个层次的研究方法都是相互联系、相互促进的，而且随着认识的发展和知识的增长，新的研究方法也将不断地产生出来。17 世纪下半叶，交叉学科开始萌芽。但是，交叉科学真正的发展是在现代科学时期的 100 多年里。交叉科学不仅形成了若干分支学科，如比较学科、边缘学科、横断学科、综合学科等，而且还发展出了遍及广泛领域的科学交叉的多种方法。

11.1.3.1　系统方法

按照事物本身的系统性，把研究客体放在系统的形式中加以认识的一种方法。即根据系统理论、观点，在系统与要素、要素与要素、系统与环境之间的相互作用中，综合地和整体地认识系统，以掌握系统的运动规律，从而达到可能最优地或满意地处理问题的方法。系统方法从横断面上渗透到广泛的领域，以致成为哲学方法与一般科学方法的中介。

11.1.3.2　信息方法

运用信息的观点，利用信息流来达到目的的方法。首先，把客观事物看做不断地有信息输入、输出的动态系统，并在信息的获取、储存、整理、加工、传输、反馈过程中，不断地进行认识、控制、改造。系统方法遍及广泛的领域，特别是，适于研究信息起支配作用的高级复杂系统，如生命系统、社会系统和决策系统等。

11.1.3.3　数学方法

数学是研究事物的空间形式和数量关系的一门科学，并已成为普遍适用的方法。在某种意义上，高技术在本质上就是一种数学技术。数学因其高度的抽象、应用的广泛性、严格的逻辑性、语言的简明性，从而向各门科学广泛地渗透，为组织和构造知识提供方法，从横断面上把条分缕析的分支学科联结为一个整体。在各门科学，特别是理论科学中，数学化程度日益增高，乃至在社会科学中也广泛地采用数学语言、数学模型和数学方法，从而增强了科学的抽象性、普遍性和统一性。

11.1.3.4 交叉方法[①]

一是辐射方法。类似物理学中辐射的概念，进行浮想联翩的扩散思考，与周围事物发生各种联系：①把某一学科的研究对象或模型向其他学科领域转移的扩散思考；②从研究某一对象的单一过程到研究某一对象的全过程的扩散思考；③从研究某个对象的表象到研究某个对象本质的扩散思考；④在不同的时空范围内对某个研究对象的扩散思考。

二是移植方法。移植的概念分为实物性和非实物性两类：在动物、植物之间的基因移植，属于实物移植；而在几个学科之间的概念、理论、方法的移植，则属于非实物移植。在交叉科学研究中，移植的方法主要有5类：①不同学科领域的平行移植；②多学科领域的交界处的多项移植；③同一学科领域内的不同层次的纵向移植；④不同学科领域间的不同层次的交叉移植；⑤某一学科领域向多门学科领域的普遍移植。

三是辐集方法。在科学研究中，对不同领域、不同层次分别获得的某些知识"集"向某个"结点"集结，以形成某一方面的整体知识，并使之继续成为交叉学科的生长点，主要有3种方法：研究对象的辐集、理论的辐集、研究方法的辐集。

四是比较方法。比较是确定事物之间差异的一种逻辑方法。寻找不同事物之间的共同点，可以抽取出共性；寻找事物之间的差异，可以认识事物的个性。在交叉研究中，可以沿着3个方向进行比较：纵向比较，横向比较，纵、横结合比较。

五是类比方法。通过两类不同现象之间的比较，找出它们在某一方面的类似点，并据此把其中某一对象的有关新知识，推移到另一对象中去，从而获得对后一对象的新知识，这称为类比方法。我们主要论及3种类比：①对象性质特征的类比，如要了解一个陌生的对象时，就与一个已熟悉的对象进行性质特征的类比。②对象结构的类比，即将已知对象的结构，如太阳系的结构，与原子的结构进行对比，当时卢瑟福从而提出了原子结构的核式模型。③数学形式类比，具有性质相同的现象往往也有相同的规律性，必然有相同的数学关系式表现出来，如机械波、电磁波就有相同的数学形式。如类比对象其他性质也相似，且二者数学形式相同，可推知类比对象其他性质也相似；反之，如类比对象主要性质都相似，则两者的数学形式也一定相同。

六是臻美方法。臻美是把对美的追求放在思维的首位，按照美的规律对尚不

[①] 刘仲林. 现代交叉科学. 杭州：浙江教育出版社，1998：第16章交叉方法.

完美的对象进行加工、修改,以至重构。臻美法是将美学方法引入发明创造领域的交叉法,通过求美而达到求真的目的。这种方法不拘泥于简单的归纳法,即使是在无实验根据的情况下,为满足对称美的需要,可以大胆地设想而获得成功。在科学史上,有许多事实证明了这种方法的有效性。例如,门捷列夫大胆预言了当时尚未发现的 4 种元素——亚铝、亚硼、亚硅、亚碲,就是后来发现的镓、钪、锗、镁;又如,在粒子物理学中,上夸克 u 和下夸克 d 具有对称性,而奇异夸克 s 也应有对应的伙伴,后来发现了粲夸克 c 与 s 对称……臻美法强调,科学美的手段已达到"真"的目的,实现美与真的统一,使艺术方法与科学方法交叉。在本质上,臻美法显示出了异种异质交叉的魅力。

11.1.4 专门科学方法

11.1.4.1 自然科学方法

(1) 科学观察方法。科学家根据科学研究的目的,有计划地对研究对象存在各种现象进行观察,以获取有关资料。这种方法对研究客体不进行人工干预,或不能主动地进行干预。因此,这种观察具有直观性,能与研究客体直接联系,并记录所需要的数据;在观察中渗透着科学思想、理论,已有针对性地进行观察,完成预定的研究任务。在实际观察中,有直接和间接的两种方式:直接观察是凭借人的感官直接感知;而间接观察则是利用科学装置、仪器等技术手段来进行观察。直接和间接观察的区别在与是否通过中间环节,即使通过中间环节仪器的间接观察,也只不过是感观延伸的观察。此外,根据研究的需要,可以进行质的观察和量的观测或测量。

(2) 科学实验方法。科学家根据科学研究的目的,运用技术手段、对研究客体或对象进行人为干预和控制,观察和探索其变化以发现新现象和规律的一种基本方法。科学实验也是聚集科学资料、搜集科学事实的必要方法。同时,科学实验又是检验科学假说、形成科学理论的有效方法。这种方法的独特性在于能发挥科学家的主观能动性,在变革认识客体中深化对客体的认识,特别是在设计极端条件(高真空、超高压、超高温、强磁场、变重力等)下,揭示物质变化的规律,增多发现新现象的机会。按照科学研究不同的需要,科学实验的基本类型有三个。一是析因实验。又称"从果求因"实验,即为了揭示引起某些现象的原因。结果已知,而引起结果的原因未能揭晓。为此,要对可能引起的诸因素进行统计和分析,并提出猜测性的结论;对猜测性的结论进行辅助性证实实验。二是对比实验。这可称为比较实验,为了在多种事物之间确定出异同、优异而进行的实验。进而,再可分为相对比较和对照比较实验。三是判决实验。为了检验科学假说或理论是否正确而进行的实验,包括肯定和否定实验:肯定实验为理论提供肯定的证据,对科学理论的形成具有决定性的意义;通过对某些假说的否定实验,对某些常规理论的证伪,从而引起科学的革命性进展。

(3) 理论方法。当科学理论用于解决其他新领域出现的问题时,就成为行之有效的方法,即发挥方法的功能。这表明,任何科学理论既是开拓它所在的知识领域的基础,又是开拓新领域的工具和手段,因而任一科学理论都蕴含着某种一般方法。

(4) 计算方法。计算方法是科学与工程计算中常用的方法,如数值计算。

11.1.4.2 社会科学方法

社会科学方法是社会科学理论的实际应用,就是行动中的理论。由于社会科学的特殊性质,社会科学的一般方法在主体上,特别是在形式上,虽然与自然科学的一般方法基本类同,但在涉及内容时,有自己适宜的方法,这主要包括:

研究课题选择。首先,课题选择是科学研究的出发点。根本上,提出问题是整个科学研究过程的逻辑起点。在社会系统中,科学问题的产生繁多,主要包括:现实社会现象与现有理论之间的矛盾、同一学科中多种理论之间的矛盾、理论内部各种概念不一致、一国内部问题、全球性重大问题和难题等。

研究资料整理。第一,社会科学研究的基本方法之一就是将社会观察和实验所获得的大量资料进行系统的搜集和整理,以提出科学概念,并上升到理论。第二,获得资料和数据的一种方法是社会调查,主要对有关社会现象采取抽样统计法、问卷调查法、访谈法,以收集大量信息。第三,通过搜集各类文献进行研究,特别是,如要研究历史、思想史等,只能利用有关文献资料,别无他途。

定性和定量分析结合。任何事物都存在质与量的关系。因此,一方面,对质的分析,包括识别属性、构成事物诸要素的分析、构成事物的结构分解与整合、与结构相应的功能分析、对事物的归类、判定事物之间的因果关系,如此等等,都必须采取定性分析方法;另一方面,对量的分析,实际上,就是采取数学方法,即对现实世界的数量和空间形式的抽象,包括统计分析、定量描述、决策和计划、趋势预测法(趋势外推法等)……都必须采取定量分析方法。

科学抽象。与自然科学方法类似,社会科学方法也采用抽象方法,即对大量科学事实,包括考察资料、调查资料、文献资料等,通过比较、类比、分析与综合、归纳与演绎,进行理性思维、形成科学概念和判断,最后上升到科学理论。

创造性思维。在科学方法中,存在着复杂的创造性思维和非理性方法,其中直觉思维方法具有重大的意义,主要包括联想、想象、直觉判断、顿悟与灵感。

11.2 知识创新系统工程方法

知识创新战略举措就在于，要在国家层次上大规模地持久地进行，即国家知识创新工程化。在知识创新活动中，中国科学院首先实施了"知识创新工程"，取得了很多经验，在全国产生了很大的影响。不过，这被称为"工程试点"，还只是在技术层面上的举措或对策，即采用知识创新工程方法，显得缺乏整体构思。而且，由于当时对知识创新的概念尚不十分清楚，提出的"知识创新而实际上局限于科学创新"，而知识创新比科学创新的外延要大。因此，要依照国家知识创新战略的整体构思，才能完满地实现。

知识创新具有新的特征。人类社会经历了农业经济和工业经济时代，创造了历史悠久的辉煌文明成果。今天，社会发展正在进入一种新的知识时代。在农业经济时代，拥有更多的土地资源是人们的梦想；在工业经济时代，占有更多的资本是人们的希望；而在知识时代，掌握更多的知识将成为个人、一个国家永恒的追求。

在知识时代，知识创新的重要性越来越凸现。要提高知识创新的效率，就要研究其要采取有效的方法。当我们对知识创新的战略意义有深刻的认识后，就要选择能够实现的目的，即能高效地达到的目标。要高效地实现所能达到的目标，最后就必须采取能够实施的战略举措。其中，采取工程措施就具有普遍的意义。实际上，在各类建设中往往都采用相应的工程措施。我国加速现代化经济、社会、国防等各领域的建设，就是通过有组织、有计划的宏大工程措施来实现的。

11.2.1 系统工程方法促进学科交叉

随着人类文明的发展，经过漫长历史的积累，自 20 世纪后期以来，知识已形成了网络。今天，知识的生产和创造方式已出现了重大的变迁。我们强调，自然科学、社会科学和人文科学等必须交叉融合。尽管社会科学研究极其复杂的社会现象，而且社会科学家具有双重的身份：既是研究的主体，同时又是被研究的客体。但是，现代社会科学研究表明，综合化趋势已变成现实，社会科学、人文科学与自然科学经纬交错，重大的经济问题、社会问题、教育问题、环境问题、国家安全问题和全球问题等，都必须联合多门科学、交叉科学进行研究，才可能有效地解决。迈克尔·吉本斯（Michael Gibbons）等在《知识生产的新模式——当代社会科学与研究的动力学》一书中，系统地探讨了知识生产方式的重大变迁，当代研究视域宽广，不仅包括自然科学和技术，而且还囊括了社会科学和人文学科，实际上浮现出知识生产的新模式 1 和新模式 2：模式 1 中传统的知识生产主要在学科和认知语境中进行，以单一学科为主；而模式 2 则是在跨学科或超学科的应用情境中进行，采用多学科、交叉科学研究方式，从而担当了更多的社会问责而更加具有反思性（reflexive）。[4]

长期以来，我国自然科学、社会科学、人文科学等之间难于交流、渗透，在体制和机制上存在着障碍，如科学基金的分离，管理体制的分离，学术机构的分割，使得自然科学家、社会科学家之间互存戒心，几乎无学术交流的渠道，如此等等。特别是，国家重大的科技活动，如《国家科技中长期规划》的制定等，实际上成为自然科学技术的发展规划，基本上不涉及社会科学和人文科学的发展。这样一来，我国科技就会畸形发展，如《规划》的指标体系，就必然局限在技术层面上，缺乏人文精神、人文关怀；从国家创新体系到创新型国家的提出，其基本概念、定义和发展目标，也都局限于在技术层面上，而不涉及社会发展理论和社会发展指标，如"社会满意度"、"国民幸福指数"等，也不涉及广大民众最为关心的如何缩小"贫富差距"等重大社会难题。

在我国之所以存在这种现象，主要因为：在习惯上认为，自然科学无阶级性，可以大胆研究，而社会科学就具有阶级性，马克思主义为无产阶级服务，从而具有强烈的阶级性，以至在社会科学中推断出，阶级性与科学性具有统一性，等等。这些观念长期存在，十分不利于自然科学、社会科学等之间的交叉融合，不利于社会科学和人文科学的发展，更不利于整个国家的发展。特别是，国家的创新发展、社会的思想变革、政治和经济体制改革等，主要依靠哲学、社会科学、人文科学的创新来推动。

特别是，"人"是最复杂的系统，这正如卢梭所言："人类的各种知识中最有用而又最不完备的，就是关于'人'的知识。"关于"人"本身的知识是体现人类最高智慧的知识，必然需要社会科学、人文科学、行为科学和自然科学等的有机结合，进行交叉研究，才可能达到最佳效果。同时，在科学研究中，无论是自然科学还是社会科学都要求具有客观性和遵守伦理学的要求。现代社会科学家普遍认识到，"在他们的社会科学著作中，他们必须坚持科学的精神，避免政治倾向，他们应该是学者，而不是社会活动家。"[5]如果不这样，他们认为，就会危及本应具有科学性和客观性的社会科学的地位。

从根本上说，知识系统是人类共同创造的精神产品，是意识化、符号化和结构化的信息系统。因此，无论是自然科学还是社会科学，都是知识系统的一部分，无法推断出为何特定阶级服务，从而具有阶级性。由此，可以判断，凡科学，无论是自然科学还是社会科学，都应该无阶级性，而只是在应用时，各个阶级、利益集团引用相关的部分，或者有利于自己所需的部分而已，以致断章取义。总体上说，人类共同创造的知识系统不应该为任何特定的阶级服务，而理应是为全人类谋福利。

11.2.2 工程概念的引申与拓展

关于工程的概念，《现代汉语词典》的解释为："土木建筑或其他生产、制造部门用比较大而复杂的设备来进行的工作，如土木工程、机械工程、化学工程、采矿工程、水利工程等。"《新华字典》的解释为："关于制造、建筑、开矿等，有一定计划进行的工作，如土木工程、水利工程。"显然，就一般意义上而言，所谓工程指的是有计划进行的复杂的大型的生产实践活动。

从科学史的角度看，在19世纪之前，科学活动主要还是个人的事业，科学研究和知识创新是以个体化的小规模研究作为基本特征的，政府对科学研究和技术开发的参与程度很低，投入也较少，所以，这个时期的科学也被人们称为"小科学"时期。但是，20世纪中叶以来，科学和技术研究日益呈现出规模化的工程特征，政府对科学活动的参与程度不断加强，投资越来越大，出现了许多诸如美国的曼哈顿工程、阿波罗登月计划、星球大战计划，欧洲的尤里卡计划，以及范围更加广泛的人类基因组计划等等的所谓大科学工程。科学已经成为一种群体的事业，乃至社会的事业。

我们认为，大科学的出现不是偶然的，是符合科学研究发展规律的必然结果。随着人类对客观世界认识的深入，科学研究所涉及的问题愈来愈复杂，单一学科的研究方法和手段已经不能满足需要，科学研究需要的投入也愈来愈大。正是在这样的背景下，为了更好地集成不同领域的科技人员的智慧，共同解决重大的复杂的科学和技术问题，必须采取一种新的科研活动组织模式，即工程化的组织模式。

工程的含义表明，工程是以价值为取向，整合科学、技术与相关要素，有组织地实现特定目标的实践。在这里，我们提出知识创新工程化的概念，其实质就是以工程化的方法或手段，对知识创新进行组织和管理，扩大和延伸以往通过个人行为获取新知识的方式，转变为群体的、有组织的系统工程化形式，这也许是科学研究组织方式的新进展和新突破，以更加有效地实现经济发展、社会发展、科学和技术自身进步的目的。

换言之，知识创新工程是一种以工程化方式组织进行的，具有特定价值取向和明确目标的，按照系统论方法对科学、技术及其相关要素加以整合集成的创新活动。其合理性和必要性在于，创新是不同行为主体和科研机构之间复杂交互作用的结果，是多个主体之间的协同活动，是一个复杂的系统工程。知识创新是集知识的生成、传播和利用的过程，它需要进行组织和管理，对新知识的生产、传播和应用采取系统工程方法，也是知识创新的新模式。

11.2.3 知识创新工程试点

1998年，中国科学院启动实施了知识创新工程试点工作。目前，已经顺利完成了总体目标中的第一阶段和第二阶段各项任务。2006年，按照计划已进入了第三阶段。中国科学院知识创新工程在理论和实践层面都具有重要意义，作为国内第一个以知识创新工程名义组织的科学技术研究活动，其时间跨度长、涉及范围广、组织规模大，值得进行深入分析和研究，并从实践中不断总结经验，以更好地指导今后的实际工作，这对于中国国家创新体系和创新型国家的建设，都具有典型的示范作用和意义。

按照工程系统论的观点，任何一项工程首先要有明确的目标，有特定的价值取向，并且要紧紧围绕该工程的目标和价值取向，将相关要素加以系统整合。

中国科学院知识创新工程试点的目标和价值取向是十分明确的，就是全面实施科教兴国战略和可持续发展战略，探索形成与国际接轨并具有适合我国运行机制和现代科研院所管理制度；提高我国知识创新能力和效率，培养造就具有创新意识和能力的高素质科技人才，为我国创新能力的不断提高提供坚实基础和源泉；力争在若干重点学科领域取得一批国际公认的重点科技成果，解决一批国家建设中的重大关键科技问题，展示中华民族智慧，为丰富人类知识宝库做出贡献。

自1998年启动以来，中国科学院根据知识创新工程试点工作的总体目标和基本内容，从经济全球化、知识经济和世界科技发展态势出发，始终紧密围绕国家战略需求和世界科技前沿，根据知识创新工程的目标和价值取向，加强战略研究与整体规划，对全院科技布局、体制机制、人才队伍、对外合作、创新文化等相关要素进行必要的系统整合，完成了建院60多年来涉及面最广、意义最为深远的改革与调整。工程试点经过3个阶段：第1阶段，即"启动阶段"（1998～2000）；第2阶段，即"全面推进阶段"（2001～2005）；第3阶段，即"创新跨越持续发展阶段（2006～2010）。目前，试点工作取得的主要进展包括以下几个方面：

（1）科技布局调整有序推进。较大幅度凝练与提升了科技创新目标，部署了一批新的科技生长点，基本完成了对传统学科布局的调整，整体科技布局更加适应我国经济和社会发展战略需求和世界科技发展趋势。

（2）体制机制改革取得突破。进行了大力度的用人制度、分配制度、资源配置制度、评价奖励制度、资产管理制度的改革，使得创新资源向创新能力强、创新效率高的创新单元富集，形成了竞争向上、协调发展的良好局面。

（3）队伍代际转移顺利完成。科技创新队伍结构明显优化，一大批青年学术和管理带头人开始承担重任，队伍整体素质和创新能力显著提升，队伍结构日趋合理。研究生教育规模迅速发展，质量不断提高，初步形成了科研教育紧密结合、良性互动的局面。

（4）对外竞争能力显著增强。开展对外合作是知识创新工程试点工作的重要组成部分，是科技创新成果转化和实现产业化的重要环节，是以高新技术促进传统产业改造的重要手段。坚持对外开放合作，加强与地方、行业、企业和大学的合作力度，加强与社会创新资源的紧密结合，共同推进我国科学技术进步。

（5）创新文化建设初见成效。创新文化建设包括三个层面：①核心是精神层面，包括科学价值观、世界观和科学精神等；②制度层面包括规章制度、行为规范等；③可视层面包括园区环境、形象标志等。目前，全院创新文化建设已经从以可视层面和制度层面为主，逐步转向精神层面的建设。

探讨中国科学院知识创新工程试点工作取得成效的原因，既可以从国家经济和社会发展的大环境入手，也可以从全院各级领导重视和职工努力入手。中国科学院知识创新工程试点既然是一项工程实践活动，并且取得了一定的成效，按照工程系统论的观点，就应该具有系统的特性，包括整体性、有序性、层次性、相关性等属性和特征。我们试图从工程系统论的角度，针对中国科学院知识创新工程试点的实践活动，提出几点值得关注的问题。

第一，知识创新工程的整体性。中国科学院在启动知识创新工程之初，就充分考虑到全院研究所情况的多样性，在全面规划部署的基础上，分别选择包括高技术类、基础研究类、社会公益类等三种不同类型的研究机构率先进行试点，为在全院范围内进行改革摸索经验，保证试点整体性效果的实现。

第二，知识创新工程的有序性。中国科学院在进行知识创新工程试点中，首先根据试点工程的总体目标，将工程实施过程划分为三个阶段，并明确了每个阶段的目标，大幅度地提高创新能力。

第三，知识创新工程的层次性。中国科学院在知识创新工程试点工作中，充分发挥院所两个层面的积极性，明确各自重点。院层面更加重视宏观指导，按照"领域前沿项目、重要方向项目、重大项目"三个层次部署实施了一批创新项目。领域前沿项目以基础研究和高技术前沿探索为主，由研究所自主布局；重要方向项目紧密结合科技布局调整和创新基地建设，开展基础性、战略性和前瞻性研究；重大项目采取顶层设计、统一规划、自上而下的组织方式，发挥中国科学院综合优势，实现多所多学科系统集成。

第四，知识创新工程的相关性。中国科学院在进行知识创新工程试点工作的过程中，始终高度关注涉及知识创新能力各个方面的协调发展，以保证整体创新效能实现最大化。2002年，适时提出全院新时期办院方针，明确了中国科学院在国家创新体系中的战略定位,全院在发展和改革重大问题上形成高度共识。其后又提出了包括"科技创新跨越发展战略"、"科技创新人才战略"、"科技创新可持续发展战略"的新时期三大发展战略,统筹协调部署事关知识创新工程试点成效的各个方面。

知识创新工程是一项全新的工程。中国科学院知识创新工程作为试点,尽管其经验不是完整的,但是无比宝贵。当然,我们对中国科学院知识创新工程试点工作的经验总结并不一定是十分全面和非常确切的,但这些经验已经充分显示出,知识创新工程在工程系统中脱颖而出,成为一枝"新秀",不能不引起我们的足够重视。

11.3 知识创新的政策和对策

一般,政策是指国家领导集团为在一定的时空范围实现其意志或目标的行为准则,并往往表现为政府的政治行为。也可以将政策定义为政府用以规范、引导社会团体和个人行动的准则或指南。政策不同于一般的决策,而是决策的指导方针,高层政策是下层决策的规范。

按照不同标准,可分为不同类型的政策:按时效,可分为长期政策和短期政策;按照调节作用,可分为指导方向的政策——战略性政策、指导行为的政策——策略性政策;按照性质,可分为基本政策和具体政策。

为要实现知识创新的战略思想和目标,就要制定合乎知识创新规律的、有利于激励创新的方针、法律和政策。知识创新是国家长期性战略思想和意志,因而必须有长期性政策来保证。国家长期性政策往往就是基本政策,即一种全面的、广泛实施的政策。其中,包括构建高效而合理的各级领导体制、管理体制,并实时地进行改革,以保证知识创新能力得以充分发挥。为遵循知识创新的规律、构建知识创新的机制或机理,就必须从创新发生的生理、心理中发现其机理,从社会和文化环境、认识论和方法论中探索创新;据此创建优化的环境。

要构建优化环境,就要提供创新所需要的自由空间、充足的资源、法律的保护、制度的保证、管理的支持等,包括:永续地起作用的良好的社会大环境;深层次上影响创新思想和观念的文化环境;建立法律、政策和管理等支撑环境;每时每刻接触到的科研经费、仪器设备等硬环境;产生创新思想所需要的内心自由和外在自由的社会环境。总之,我国要生成创新的"文化基因"。

要坚持整体观和系统观,完整地发展整个知识系统,包括自然科学技术、社会科学技术和数学科学技术等形成的有机整体,以防止畸形发展,改变长期不合理的状态。为此,要持长远的观点、全新的视野,采取一系列重大改革的政策和

对策:

一是重新统一调整国家科技领导体制,社会科学、人文科学和自然科学等不应归属于任何单独部门的管理体制,而都应归入国家统一的领导体制。

二是建立国家统一基金制,首先实现自然科学基金与社会科学基金合一,统称国家科学基金(NSF),并创立知识创新基金。

三是全面地进行中国科学院学部和中国社会科学院学部改革,建立起国家层次上统一的学部,而不再保留人为的部门分离、分割。首先,国家最高学术机构应在学术思想观念上带头实现文理相通、多学科交叉融合。

四是重新常设国家教育和科学统一的领导体制,如设立教育与科学部,简称教科部,以增强教育和科学的结合和协调发展。

11.3.1 坚持社会继续知识化

社会发展的主要动力源于智力,因而社会发展的规律归于智力发展的规律。在人类社会进化中,表现出围绕着起支配作用的、能维系社会发展的"中轴"而不断地转换,从而形成了阶段性:以道德为中轴的原始社会,以权势为中轴的奴隶制和封建制社会,以经济(金钱)为中轴的资本主义社会,以知识为中轴的知识主义社会。在暴力、金钱、知识所构成的"权力金三角"中,知识起着核心的支配作用。

为此,我们必须强调,尽管我国已成为世界第二大经济体,从而增强了实力,但不能满足于指标 GDP,而要追求更加具有重大意义的新指标国内知识总量,以度量精神财富,实现国民知识现代化,以知识化来唤醒国人。我们必须强调,只有优化教育,才能优化国人;只有提高 GDK,提高知识竞争力,才能持续地转换为巨量 GDP;只有形成国家知识创新战略,提升国人的高级智慧水平,我国才能真正地进入世界前列,才可能从根本上改变世界格局。

可以推断,下一个社会,必然是以知识为控制力量的社会,这犹如当年地主阶级依靠土地作为权势而建立起封建社会、资产阶级依靠资本而建立起资本主义社会一样,知识阶级必然要依靠知识作为支配力量,从而构建起高级的知识主义社会(knowledglism society)。

11.3.2 弘扬科学人文精神

在未来世纪里,人类必然要防止科学的异化与技术的误用、滥用和恶用。特别是,要努力弥合科学文化与人文文化的分裂,即将科学文化与人文文化融合起来,形成崭新的科学人文文化:实际上,科学的人文文化,也就是人文文化的科学化;而人文的科学文化,也就是科学文化的人性化。

20世纪最伟大的科学家爱因斯坦就是伟大的人文科学主义者和科学人文主义者,他在"两种文化"之间架起了桥梁,使之有效地沟通,交相辉映,这是包括中国在内的世界科学家仿效的榜样。因此,中国科技就是要沿着科学文化与人文文化相融合的发展道路,实现更加人性化和道德化的远大理想。

参 考 文 献

[1] 胡军. 知识论. 北京:北京大学出版社,2006:44.
[2] 罗伯特·金·默顿. 社会理论和社会结构. 唐少杰,齐心,等译. 南京:译林出版社,2008:712.
[3] 同[2]:721.
[4] 迈克尔·吉本斯,卡米耶·利摩日,黑尔佳·诺沃提尼,等. 知识生产的新模式——当代社会科学与研究的动力学. 陈洪捷,沈文钦,等译. 北京:北京大学出版社,2011:1-14.
[5] 戴维·波普诺. 社会学. 李强,等译. 北京:中国人民大学出版社,1999:57.

12 建立自由开放的知识交流平台

雷二庆　吴乐山

可共享、可传承是知识的基本特性，基于该特性的知识交流为知识创新提供了必要前提与坚实基础。构建并完善自由开放的知识交流平台，能够进一步凝聚知识创新的系统要素与环境因素、优化知识创新的生态系统、提升知识创新的效率效益与效果，是促进知识创新的战略性举措。

12.1　知识交流平台的概念、分类、作用

知识交流是指知识生产者和知识接受者或者使用者之间的双向对话和交流过程，本质上是各类知识主体间的非线性相互作用，表现为意会知识的显性化和言传知识被吸收的过程，具有互动性、迭代性、匹配性。[1]通过知识交流，知识使用者可以获得所需的形式简洁、内容适用的知识，知识生产者可以获得关于知识使用者需求的信息，用知识贡献社会。与知识转移相比，知识交流更加强调双向互动过程。知识转移至少暗含着知识从知识拥有者向知识需求者转移的单向过程，知识交流则通过多元双向互动实现知识创造和创价，即知识的创新。

12.1.1　知识交流平台的概念

一般意义上的平台泛指进行某项工作所需要的环境或条件，本质上是一个功能完备的系统。当前，平台的内涵已经扩展为人类文明发展中进行交流、交易、学习的互动性舞台。

从词源与字源角度看，平台与场的概念相近，均可理解为进行某项工作所需要的环境或条件。常见的平台，有晒台、吧台、舞台、擂台、站台、硬件平台、软件平台等；场，从土从易，"易"意为"播散""散开"，"土"与"易"联合起来表示"晒谷平地"，又指人群集散的平地，如会场、操场、市场、剧场、广场。二者的差别主要在于平台较小，而场较大。

现代平台的概念源于技术平台。技术平台可视为对特定技术产品或技术系统的构建、功能实现与创新发展，起基础支撑与综合集成作用的载体。不同技术产品或系统的技术平台，要求的具体技术不同，但都包括相关的基础共性技术及其

组合工艺、核心的研发仪器与生产设备、研发实验室与生产车间、专业技术队伍（包括科学家、工程师和技术工人）、专业管理技术和技术管理制度等要素。其中，研发仪器与生产设备、研发实验室与生产车间属平台的"硬件"要素，其他为平台的"软件"要素。

任何对系统的构建、功能实现与创新发展，可起基础支撑与综合集成作用的载体体系，都可作平台，其形态包括硬件体系、软件体系、虚拟体系和组织体系等，因而平台是一个带有普遍意义的概念。例如，计算机、手机的硬件就是一个硬平台，而其操作系统就是一个软平台；互联网就是"维基经济"大规模协作的平台；多种形式的产学研用战略联盟，可以成为灵活多变的大范围协同创新的平台。因此，现代意义上平台是由多要素组成的系统，是普遍存在的系统，而且随着系统与环境的发展，平台的组成要素及其组合方式也在发展，但其基础支撑、综合集成和功能扩展作用不变。

基于上述认识，知识交流平台是知识创新主体间进行知识共享、知识转化、知识生成活动所需要的中介、条件或环境，是为知识流通、交叉、融合与创新发展提供基础支撑和综合集成作用的载体体系，其要素应包括知识生产与传播的相关专业人员、知识库、物质基础、组织体制和管理技术等。

知识交流平台有物质硬件、信息软件、网络虚拟、社会组织等多种形态，也是普遍存在的。在某种程度上，知识创新的过程也可以视为知识交流平台构建的过程。随着现代信息科技的充分发展，在一个实在的知识交流平台中，可能同时表现为一种或几种形态，例如多样化的智能手机平台。

12.1.2 知识交流平台的分类

不同层次、不同维度的知识创新主体，都有着相应层次的知识交流平台。它可以是一个物理空间，也可以是一个虚拟空间，或者是一个精神空间。例如，期刊、图书馆、会议、课程、视频、网络等都可被作为知识交流平台。

从知识属性来分，知识交流平台可分为意会知识交流平台和言传知识交流平台，期刊、图书馆是典型的言传知识交流平台，会议特别是研讨会、论证会则是重要的意会知识交流平台，在意会知识交流平台知识的交流需要激发才能实现。虽然可以从多个维度划分知识交流平台的类型，但从知识交流的主客体关系维度进行划分应当更易理解和把握。

一是"一对一"的知识交流平台，即个人对个人的知识交流平台。以往，这一平台的主要形态是书信，许多著名人物的通信集就是这一知识交流平台的重要成果。现在，这一平台的主流形态是电子邮件以及 MSN、QQ、微信等即时通信平台。这类平台仍然在不断更新与完善，第三代（3G）和第四代（4G）移动通信技术的发展已经使"一对一"的实时视频交流成为现实。

二是"一对多"的知识交流平台，即个人对群体的知识交流平台。以往，这一平台的主要形态是私塾、是课堂，主要形式是授课、讲座；现在，这一平台的最新形态是微博、微信、脸谱网、视频网站等。网络数据库是更为规范的、价值更大的知识交流平台，先"聚多为一"，再"以一对多"，本质上也是"一对多"，常用的网络知识库有 CNKI、Web of Knowledge 等。

三是"多对多"的知识交流平台，即群体内部各成员之间的知识交流平台。以往，这一平台的主要形态是学术期刊、各类会议等。会议是一个典型的"多对多"知识交流平台。随着社会的飞速发展和社会信息量的不断增长，会议已成为现代社会开展政务、经济、文化及其他活动特别是知识交流的一种重要方式和平台，其类型极其丰富。例如，就其形式而言，就有圆桌会议、电话会议、网络会议等；就其参与方而言，就有双边会议、多边会议等；就其层次而言，就有国际性会议、地区性会议、全国性会议等。科技会议特别是研讨论证性质的会议更是促使多学科互补融合生成新知识的重要平台。这类的会议平台非常多，各学科、各专业都有，不少已经形成品牌，例如香山科学会议。

香山科学会议是由国家科技部发起，在科技部和中国科学院的共同支持下于1993年正式创办，相继得到国家自然科学基金委员会、中国科学院学部、中国工程院、教育部、解放军总装备部、前国防科工委、中国科学技术协会、卫生部等部门的资助与支持。香山科学会议的宗旨是：创造宽松学术交流环境，弘扬学术民主风气，面向科学前沿，面向未来，促进学科交叉与融合，推进整体综合性研究，启迪创新思维，促进知识创新。基础研究的科学前沿问题与我国重大工程技术领域中的科学问题均可作为会议主题。会议侧重于：探讨科学前沿、展望未来发展趋势、讨论最新突破性进展、交流新的学术思想和新方法、分析新学科的生长点以及交叉学科的新问题。[2]

随着网络技术及其应用的发展，基于因特网的知识交流平台愈发普及，既可以通过网络视频实时双工对话，又可以通过电子邮件等实现异步沟通。知识主体或者知识客体通过网络可以彼此进行各种沟通、交流或者协作性地解决问题，消除了空间和时间的限制，实时收集知识需求、处理知识需求和进行相应的业务处理，提高知识客体获取、吸收、消化知识的速度，节省知识交流的时间。

网络时代，"多对多"平台的一个重要形态就是网络百科全书，它能让人类平等地认识世界，如百度百科。百度百科是百度公司推出的一部内容开放、自由的网络百科全书，其测试版于2006年4月20日上线，正式版在2008年4月21日发布。百度百科旨在创造一个涵盖各领域知识的中文信息收集平台。百度百科强调用户的参与和奉献精神，充分调动互联网用户的力量，汇聚上亿用户的头脑智慧，积极进行交流和分享。同时，百度百科实现了与百度搜索、百度知道的结合，能够从不同的层次上满足用户对信息交流与知识交流的个性化与实时需求。

12.1.3 知识交流平台的作用

知识交流平台都具有对知识创新的基础支撑性和综合集成性特征。平台在知识创新中的功能与作用，必须符合知识创新的内在机制才得以体现。在不同领域、不同层次存在的各种形态的知识交流平台，都表现出独特的知识创新基础支撑与综合集成功能。

一是服务终生学习。有人研究过，18世纪以前，知识更新速度为90年左右翻一番；20世纪90年代以来，知识更新加速到3～5年翻一番。近50年来，人类社会创造的知识比过去3000年的总和还要多。[3]还有人说，在农耕时代，一个人读几年书，就可以用一辈子；在工业经济时代，一个人读十几年书，才够用一辈子；到了知识经济时代，一个人必须学习一辈子，才能跟上时代前进的脚步。终生学习需要依托自由开放的知识交流平台，方能保持学习的高效率、取得学习的好效果、获得学习的佳效益，有效破解"书到用时方恨少"的难题，实现无缝的知识交流与创新。

二是增加知识总量。物质交换与知识交流有着根本不同，正如萧伯纳所言："倘若你有一个苹果，我也有一个苹果，而我们彼此交换这些苹果，那么你和我仍然是各有一个苹果。但是，倘若你有一种思想，我也有一种思想，而我们彼此交换这些思想，那么，我们每人将有两种思想。"[4]知识交流具有同样的特性，能够有效增加知识总量。知识交流平台的效率越高，其增加社会知识总量、提升人均知识量的作用就越显著。互联网就是一个典型的例子，它本质上就是一个自由、开放、高效的全球性知识交流平台。在ARPANET的创建初期，美国国防高级研究计划署的专家就已经强调电脑和电脑网络的根本作用是为人们的交流服务，而不单纯是用来计算。互联网的最大成功不在于技术层面，而在于深刻影响了人与人的交流模式，特别是人与人之间知识的交流模式，进而大大增加了社会知识总量与人均知识量。

三是促进知识创新。知识交流平台作为载体，各种数据、文字、信息在平台上会聚、交流，各种创新要素在平台上产生线性或非线性相互作用，最后在要素协同基础上突现新的有序结构与功能，即生成新知识或含有新知识的方法、流程、产品、软件、集成系统等等。因此，知识交流平台本质上都是服务知识创新的平台，是营造知识创新"场"或"巴"[5]的必要条件。各类创新联合体或战略同盟，是知识交流平台的社会组织形态。联合体或战略同盟的成员，为了共同的利益，不同的创新主体在其中有组织地合作，进行知识互补、交流与融合，创造新的知识和新的价值。国内、国际学术技术会议，各类学术、技术刊物，网络上的学术、技术论坛等，也都是服务知识创新的知识交流平台。这些平台提供了新知识发表的舞台和不同观点碰撞的讲坛，提供了爱因斯坦所说的"外在自由"的条件。例如，学术会议、科技期刊等属于专业人员之间的知识交流平台，信息网络、电视频道等属于大众之间的知识交流平台，博鳌论坛、达沃斯论坛等属于高峰之间的知识交流平台。在这些知识交流平台上，最重要的活动是互动，最重要的成果就是新知识的生成。

12.2 知识交流平台的性质与特征

在推进知识经济发展、创建创新型国家的时代进程中，应当建立自由开放的知识交流平台。自由、开放和进化是知识社会与知识经济形态对知识交流平台的基本要求，也是知识交流平台创新发展的正确方向。在1848年2月出版的《共产党宣言》中，马克思明确指出："代替那存在着阶级和阶级对立的资产阶级旧社会的，将是这样一个联合体，在那里，每个人的自由发展是一切人的自由发展的条件。"即未来社会的真正形态将是一个"自由人联合体"。因此，不管知识交流平台的具体形态是虚拟或实体形式，自由、开放且不断演进的知识交流平台是实现一切人自由发展的基本条件，不仅有利于促使多学科知识互补融合生成新知识，还能够激励不同思路碰撞激发创新思维开拓全新领域，提供各类共享资源提高知识创新的效率和效果。

12.2.1 知识交流平台的自由性

托夫勒认为，第二次浪潮创造出了大众社会，这和批量生产互为表里。批量生产几乎可以作为工业社会的主要特征，但对于第三次浪潮中以脑力为基础的经济而言，这已是过时的模式。[6]非批量生产，亦即针对特定对象的短周期生产，是生产的新制胜要诀。随着生产方式的转变，大众营销也被市场细分及"小众营销"所取代（网络购物的优势之一就是小众营销）。这也就是说，整个社会结构都在改变，第二次浪潮的同质性社会被第三次浪潮的多样性社会所取代，大众化被分众化所取代。

第三次浪潮的多样性社会必然要求知识型劳动者的多样性或劳动者知识的多样性，进而产生劳动者对分众化知识交流的需求，这种分众化的知识交流需求只有自由的知识交流平台才能保障。知识交流平台的自由性，既包括知识的自由交流，也包括知识的自由碰撞和自由融合。任何阻碍人们参与、使用知识交流平台或设置门槛的行为或因素，都是对交流自由的限制，都会降低知识交流平台的自由度。在知识社会,自由度低的知识交流平台将日益衰落,自由度高的知识交流平台将日益繁荣。

知识交流的门槛是指参与知识交流的资质或资格,实质是一种条件或限制。设定门槛的积极意义在于提高知识交流的效率,消极意义在于减少了知识交流的广泛性、降低了知识交流的效益。高水平的科技期刊特别是 SCI 期刊等专业知识交流平台实质上是设置了较高的门槛,而中国科协的"新观点新学说学术沙龙"则是一个不设门槛的、自由交流特色非常鲜明的知识交流平台。

据《中国科协新观点新学说学术沙龙项目管理实施办法》[7],沙龙旨在充分发挥学术交流作为原始创新源头之一的作用,弘扬敢于质疑、勇于创新、宽容失败的精神,倡导自由探究,鼓励学术争鸣,活跃学术思想,促进原始创新,为萌芽时期尚未获得学术共同体主流认可的学术思想、理论观点以及学术灵感提供宽松、自由、平等的交流平台,营造良好的学术环境。沙龙实行领衔科学家负责制。

每期由 1~3 名科学家领衔,沙龙议题、议程、会议形式、召开日期、会议地点和与会人员由领衔科学家自主确定。沙龙会场不设主席台,通常采取圆桌会议或其他合适的形式,与会人员座次按照姓名汉语拼音顺序或姓氏笔画顺序排布。

沙龙不举行开幕式,不请领导讲话,由主持人简要介绍本期沙龙设立背景及讨论内容,并播放中国科协学会学术部制作的沙龙介绍影片后直接进行发言和讨论。与会人员由领衔科学家邀请与自愿报名相结合的方式确定。对与会人员不设门槛,没有框框,不论资历、学历、专业、年龄、性别,只要符合当期沙龙的主题要求,有真正创新性的学术观点、思想,都可报名参加。报名参与者提供相关学术观点摘要并征得领衔科学家同意后即可参会。到 2012 年 12 月,中国科协新观点新学说学术沙龙已经召开了 73 期,其对激励思维碰撞、激发创新思维、开拓全新领域的作用日益突显。

费用是影响知识交流平台自由度的又一重要因素。收费平台的自由度必然低于免费平台,收取高额会议费就会阻止一部分人参会(有厂商资助的临床医学会议规模能达数千人),期刊价格过高就会使部分图书馆退订。在 2013 年 3~4 月关于微信收费与否的争论中,就有网友表示:"若微信收费,就放弃使用。"

微信是腾讯公司于 2011 年 1 月 21 日推出的一款通过网络快速发送语音短信、视频、图片和文字,支持多人群聊的手机聊天软件。用户可以通过微信与好友进行形式上更加丰富的类似于短信、彩信等方式的联系。微信软件本身完全免费,使用任何功能都不会收取费用,微信时产生的上网流量费由网络运营商收取。2012 年 3 月底,微信用户突破 1 亿,耗时 433 天。2012 年 9 月 17 日,微信用户突破2亿,耗时缩短至不到6个月。截至2013年1月23日,微信用户达3亿,时间进一步缩短至5个月以内,而且仍在加速普及中。[8]

12.2.2 知识交流平台的开放性

科学交叉整合的发展趋势和知识创新的内在规律,要求科学共同体以开放的心态制定知识创新战略、政策与举措。知识交流平台的开放性,既包括开放提交,也包括开放获取,合称开放存取。开放存取是知识交流平台的基本特征,特别是在学术交流领域,开放存取已经成为推动科研成果利用网络自由传播的新潮流。

开放存取[9](open access,OA)于20世纪90年代末在国际学术界、出版界、信息传播界和图书情报界大规模地兴起。其初衷是解决学术交流所面临的"学术期刊出版危机",推动科研成果利用因特网自由传播,促进学术信息的交流与出版,提升科学研究的公共利用程度,保障科学信息的长期保存。

开放存取模式下,借助数字技术和网络化通信,任何人都可以及时、免费、不受任何限制地通过网络获取各类文献,包括经过同行评议过的期刊文章、参考文献、技术报告、学位论文等全文信息,阅读、下载、拷贝、传递、打印、检索、超级链接该文献,并用于科研教育及其他活动。任何用户只需在存取时保持文献的完整性,对其复制和传递的唯一限制。

开放存取自出现以来,OA期刊和仓储得以迅速发展。截至2010年,开放存取期刊目录共收录OA期刊4953种,其中2014种提供文章层次的浏览,共收录文章384945篇;在由英国诺丁汉大学和瑞典伦德大学图书馆共同创建的开放获取机构资源库、学科资源库目录检索系统注册的OA仓库已达1620个。

开放存取期刊或OA期刊是一种免费的网络期刊,旨在使所有用户都可以通过因特网无限制地访问期刊论文全文。此种期刊一般采用作者付费出版、读者免费获得、无限制使用的运作模式,论文版权由作者保留。在论文质量控制方面,OA期刊与传统期刊类似,采用严格的同行评审制度。开放存取期刊不再利用版权限制获取和使用所发布的文献,而是利用版权和其他工具来确保文献可永久公开获取。

OA存储也称为OA知识库,包括基于学科的存储和基于机构的存储。学科OA存储最早出现在物理、计算机、天文等自然科学领域,采取预印本的形式在网上进行专题领域的学术交流。于是一些学术组织开始自发地收集这些可共享的学术信息,将其整理后存放于服务器中供用户免费访问和使用。发展至今,很多学科OA仓储仍主要以预印本资源库的形式存在,对某一学科领域或多个学科领域中的所有研究者开放,提供免费的文献存取和检索服务,以供交流、学习。

机构 OA 存储的主体一般为高校图书馆、科研院所或学术组织，存储对象为组织或机构的内部成员在学术研究过程中产生的各种有价值资源，如项目研究成果（包括开题报告、中期报告、结题报告等）、调查研究报告、硕/博士学位论文、会议论文，甚至包括课程讲义、多媒体资料等。这些资料虽不一定曾正式发表出版，但是作为学术研究活动过程中的产出，仍具有一定的学术价值。如能通过积极的存储与管理使其得到有效利用，对促进与推动组织内部其他学者的科研创新活动，也必将起到积极的作用。

统计调查表明，OA 出版可以显著提高论文的被引频次。例如，对 119 924 篇公开发表的计算机科学方面的会议论文调查发现，OA 论文的平均被引次数为 7.03，非 OA 论文的平均被引次数为 2.74。又如，在电子工程学科中，发表于同一种期刊中 OA 论文的平均被引次数为 2.35，非 OA 论文的平均被引次数为 1.56；在数学类论文中，发表于同一种期刊中 OA 论文的平均被引次数为 1.60，非 OA 论文的平均被引次数为 0.84。

开放性是生成知识交流平台价值的源泉。没有开放性，知识交流平台就是无源之水、无本之木。当然，从平台的安全性和有效性角度考虑，开放性是相对的，指的是对知识生产者与使用者的开放，而不是对所有人的开放。

国际著名咨询公司麦肯锡的成功奥秘，并不是因为麦肯锡中的每个人都有很大的本事，而是麦肯锡建立了一个面向全公司开放的知识交流平台"麦肯锡实践发展网络"（PDNet）。进入这个平台，如虎添翼；离开这个平台，虎落平川。

麦肯锡强调：所有的雇员不论其身在何地，都是在为整个公司而工作；而每一位顾客，不论是哪一个分支机构对其提供的服务，整个公司都必须对其负责；利润则在全公司范围内进行分配，而不是由各地的分支机构自负盈亏，以此来确保公司上下团结一致，增强公司的凝聚力。

麦肯锡从 1980 年开始就把知识的学习和积累作为获得和保持竞争优势的一项重要工作，在公司内营造一种平等竞争、激发智慧的环境，形成了一个新的核心理念：知识的积累和提高，必须成为公司的中心任务；知识的学习过程必须是持续不断的，而不是与特定咨询项目相联系的暂时性工作；不断学习过程必须由完善、严格的制度来保证和规范。公司将持续的全员学习任务作为制度被固定下来以后，逐渐深入人心，它逐渐成为麦肯锡公司的一项优良传统，为加强公司的知识储备，提升公司的核心竞争力打下了坚实的基础。

为了进一步促进知识和信息在组织内的充分流通，麦肯锡还打破了以往建立在客户规模和重要性基础上的内部科层组织体系，取而代之的是以知识贡献率为衡量标准的评价体系。这样组织内的每一个部门和每一个成员都受到知识贡献的压力，而不是仅仅将工作重点放在发展客户方面。

麦肯锡把知识管理的重点放在了对意会知识的发掘、传播和利用上，创办了一份内部刊物（麦肯锡高层管理论丛），专门供那些拥有宝贵经验却又没有时间和精力把这些经验整理写成正式论文或著作的专家们，把他们的思想火花简单地概括出来，并与同仁共享。这种不拘形式的做法降低了知识交流和传播的门槛，使许多重要实用的新思想和新经验能够在短短一两页的摘要里面保存下来，并用于传播。在每一篇这样的短文后面，都附有关于作者的详细信息，便于有兴趣的读者按图索骥，找到可以请教的专家。这种灵活的交流方式不仅使有益的知识和经验在公司内得到有效的传播，激励创新和坦诚的交流，而且也有助于提高知识提供者的个人声誉，为他们在公司里的发展提供良好的环境和机会。这种自由选择的方法还有助于甄选真正富有价值的点子和思想。

为了使上述信息在公司内更加有效地交流和传播，麦肯锡还建立了一个储备经验和知识的专门数据库，用以保存在为客户工作过程中积累起来的各种信息资源，还委派全职的专业信息管理技术人员对数据库进行维护，确保库中数据的更新；当咨询专家需要从数据库中寻找信息时，由他们提供相应的检索帮助，提高使用效率。在数据库的内容管理方面，特别重视公司T形专家队伍结构中负责专业领域的专才型专家，从他们那里可获取有关专业领域的知识和经验，加强数据库中专用知识的完善，使数据库成为更为全面的信息资源。经过数月的努力，这个数据库搜集了2000多份文件，为PDNet数据库的正式运行提供了充足的资料储备。

12.2.3 知识交流平台的进化性

知识交流平台既是知识创新的中介，又是知识创新的产物，其自身是一个复杂适应系统，具备进化属性，具体表现为平台的适应性、学习性和扩展性。纸质邮件向电子邮件的转变、纸版期刊向电子期刊的拓展、传统图书馆向数字化图书馆的转型，都是已经或正在发生的知识交流平台进化事件。

数字图书馆（digital library）是用数字技术处理和存储各种图文并茂文献的图书馆，实质上是一种多媒体制作的分布式信息系统。它把各种不同载体、不同地理位置的信息资源用数字技术存储，以便于跨越区域、面向对象的网络查询和传播。它涉及信息资源加工、存储、检索、传输和利用的全过程。通俗地说，数字图书馆就是虚拟的、没有围墙的图书馆，是基于网络环境下共建共享的可扩展的知识网络系统，是超大规模的、分布式的、便于使用的、没有时空限制的、实现了跨库无缝链接与智能检索的知识中心。

数字图书馆是传统图书馆在信息时代的发展，它不但包含了传统图书馆的功能，向社会公众提供相应的服务，还融合了其他信息资源（如博物馆、档案馆等)的一些功能，提供综合的公共信息访问服务。可以说，数字图书馆将成为未来社会的公共信息中心和枢纽。[10]

云计算等最新的信息技术将进一步推动知识交流平台的进化，谷歌的 Gtalk 就是一个较新的例证。

Google Talk 简称 Gtalk，是 Google 的即时通信平台，可以进行文字聊天以及电脑对电脑的语音连接通话。Google 宣称，该软件"可以让你与朋友随时随地，在世界的任何一个角落自由的通话，发送即时讯息"。Google 将 Gtalk 与 Gmail 结合在一起，Gtalk 的聊天记录可以自动保存到 Gmail 信箱。

Google Talk 的一个重要优势，是能够与其他即时通信软件服务进行连接。由于 Google Talk 是基于 Jabber 开源标准，这种标准允许用户和其他即时讯息系统相连，比如苹果电脑的 iChat、GAIM、Trillian Pro 以及 Psi。目前，Google Talk 可以借助第三方软件在多种平台上运行。如果要进行语音通话，用户需要配备麦克风与音箱。聚合在 Gmail 上的 Google Talk 可以通过安装一个插件在 Mac 和 PC 机上进行视频聊天。

Google Talk 还推出了一项新服务 Google Talk Gadget。利用这个服务，可以把 Google Talk 贴到任意您可以编辑内容的网页，如博客、个人网站、个性主页等，实现真正的 Google Talk 在线聊天。所谓"真正"，是因为之前 Google 已经在 Gmail 里加入了 chat 功能，可以直接在 Gmail 邮箱里与 Google Talk 上的好友聊天。[11]

由上可见，随着知识的创新发展，知识交流平台也在不断地创新和发展，总的趋势是形式多样化、功能便捷化和效率最优化。

12.3 知识交流平台的建设与完善

知识交流平台的建设与完善，要适应知识创新目标的要求，遵循知识创新规律，整合交流平台诸要素。从一般意义上来看，东方和西方文化的交融、人文与科技知识的兼收、不同学科知识的交叉融合、意会与言传知识的转化、知识创造与创价的衔接是知识交流平台建设与完善的共性要求。知识交流平台的建设与完善过程，本质上是其进化的过程。

12.3.1 注重东方与西方文化的交融

不同的文化对知识的应用和创新有着不同的影响。由于历史、地理、经济、社会等原因，东西方文化存在着显著差异。[12]在当今全球化的形态下，东西方的文化背景都会深刻影响到知识的交流、创新与管理。

西方文化崇尚个性张扬，追求自我价值的实现，追求卓越，不断进取和发展，信奉自由竞争与机会均等。人与人之间不形成宗法伦理、等级关系，而是平等基础上的契约关系。西方文化的基本特征仍是崇尚科学的理性主义文化。东方文化以中国文化为代表，自强不息、和谐包容、兼收并蓄是其主要特征。中国文化以儒家思想为代表，并融入了道家和佛家思想。东方文化的基本特征是注重人与自我、人与社会、人与自然关系的和谐。

中国持续数千年的文明社会与大一统的政治、经济格局，使文化的积淀显得深厚和凝重。[13]中国的文化发展的背景是农耕经济。以儒家为代表、并融入了道家和佛家思想的关于人的价值、人的理想、人的道德、人际关系以及人与自然的关系的学说，成为中国文化的核心。这种文化非常注重人与人、人与社会的关系的和谐与协调，它通过主体的修养来实现人与人、人与社会之间关系的和谐。

长期延续下来的封建宗族制度构成了传统社会网络中最有价值的媒介，从而派生出中国社会的经济网络、信息网络和交换网络。这种以情为纽带的联系与管理模式，使得内部情感交流频繁，成员之间的认同率高，易于步调一致。但是这种联系由于偏重于人的作用，忽略制度效应和条例管理。人事关系过多而理性精神不足。集权和等级制度的影响深远而忽视了个人的独立存在和价值。在知识运用和创新方面，中国人由于长期的宗法和等级制度的影响，人身依附性较高，把以意会知识形式存在的人际关系看得很重，忽视显性化的制度性知识。个人独立活动的信心和勇气不足，大多数人缺少改变现状的积极要求和愿望。缺少打破成规的勇气，与上级、领导、资深专家的意见有异议，也不敢大胆发表，表现为缺乏创新精神。

正是由于东西方在文化和思维方式上的差异，在对待不同类型知识的态度上也表现出差异。西方重视言传知识的获取、组织和运用，重视逻辑推理；而东方则对建立在经验和悟性基础上的意会知识比较重视。

西方对事物的细节惯做条分缕析的考察，而东方则着重整体和其他部分的关系。西方重视法律制度，因此对以集体言传知识形式存在的规章条例等非常重视。

当然，随着全球化的日益发展，东西方的文化不断交流，双方也都在相互学习对方的长处，形成自己先进的文化。我国在引进西方科学技术的同时也注意到了西方擅长逻辑思维的特点，使其与传统的直观体验相结合，形成新的系统思维模式。对于显性和意会知识的运用也有更加全面的认识，并且注意二者的综合集成。西方也开始重视和吸收东方整体思维和直观体验的长处。东西方文化的交融必将带来人类新的文明内涵。国际网络、国际会议、Web of Knowledge 数据库等均是此类平台。

东西方文化的交融的关键,首先要加强不同文明的沟通,克服各自的文化优越感,通过沟通加强理解、防止误判;其次在技术上要解决语言文字的自动互译,语言文字的不同是不同国家、民族文化交流的常见的障碍。

12.3.2 注重科技与人文知识的并蓄

科技与人文的关系密切。如果科技像一盏明灯照亮整个人类社会,那么人文就像一颗明星指引人类前进的方向。科技与人文的融合是人类真正地认识世界,全面、合理地把握世界,并达到求真、向善、达美相统一的基础。[14]

科技与人文的融合可以追溯到古希腊时期。那时,宗教、神话与医学、化学等自然科学共生于一个知识体系,科技知识与人文知识相互交错、交相发展。法国物理学家普朗克曾经说过:"科学是内在的统一体,它被分解为单独的部门不是由于事物的本质,而是由于人类认识能力的局限性。实际上存在着从物理学到化学,生物学、人类学到社会科学的连续链条。"现代科技的发展趋势越来越证明了普朗克的判定是正确的。[15]

中华文化中人文精神的元典,大抵可以追溯到《周易》。"人文"一词即出于此:"刚柔交错,天文也;文明以止,人文也。观乎天文以察时变,观乎人文以化成天下。"(《周易·贲·彖传》)"观乎人文以化成天下"即人文化成,一语奠定了传统文化的精神基因,即人文的规律。[16]

一个人、一个组织、一个民族的科技素养与其人文素养通常是相辅相成的关系。阿尔伯特·爱因斯坦(1879~1955)既是一名伟大的科学家,又是一个伟大的思想家。早在1948年,梁思成教授就曾呼吁,要走出"半个人的时代",因为文理分化带来了严重的弊病,搞文的不懂理工,搞理工的不懂文,所以只能培养出"半个人"。加强人文教育,是使"半人教育"向"成人教育"转轨的必要环节。[17]

总之,在知识交流平台的构建与完善过程中,应当兼收并蓄科技知识与人文知识,使交流的双方不仅能够交流科技知识,而且能够交流人文知识。科技与人文是从不同方面影响个人和谐幸福指数的重要因素,科学技术培养了人类的"工具理性",解决"方法"的问题;而人文则为人类提供"价值理性",解决"向善"与"审美"的问题。人类的和谐幸福,既得益于科技的奠基,又来源于人文的滋养。[18]

各类平台的知识交流,都是知识创新主体——人的知识交流。新中国成立后,过分强调应用型人才培养和专业化教育,造成大学的院系分化,甚至影响到中学也出现文理分科。这种人才培养过早专业化的模式,造成几十年来培养的我国知识创新主体知识结构的偏失和整体素质的缺陷,极不利于国人在科学前沿的创新。因此，改革教育体制，也是构建和完善科技与人文并蓄的知识交流平台所必需。

12.3.3 注重不同学科知识交叉融合

学科交叉是由科学的统一性和系统的整体性两方面的内在动力驱使的。学科交叉点往往就是科学的新生长点和前沿，这里最有可能产生重大的科学突破，使科学发生革命性的变化。同时，交叉科学是综合性跨学科的产物，因而有利于解决人类面临的社会和全球性的重大复杂科学问题。学科交叉是当代科学发展的趋势，它是在原有的专门学科之间相互渗透、融合，并发生非线性相互作用的结果，体现了科学系统整体演化的必然性。

英国著名科学哲学家约翰·沃特金斯在考察和分析了科学的实际发展状况以后认为："随着科学深入更深刻的层次，科学定律和理论就会越来越不分隔，越来越统一。"知识作为一个整体系统，它必然是由相互联系、相互作用和相互制约的各种要素按一定的规则生成的具有自身运动规律的有机整体。其中，系统的内部要素之间的自组织协同构成了知识创新的内部动力。

从交叉学科产生与发展过程来看，研究主体的交叉基本发生在培育期。首先，科学家的背景和兴趣，对于交叉学科的起源至关重要。DNA 双螺旋结构的发现受益于奥地利物理学家薛定谔对于生命研究的兴趣，他在《生命是什么》中用通俗的语言阐明了用物理学的新观点研究生命现象的重要性，并从生物学已有的研究成果中引申出许多新的课题，并最终认为要靠物理学和化学方法解决这些新的课题。其次，研究团体的竞争与合作对于交叉学科的快速发展起到了重要的推动作用。20 世纪 40~50 年代，用物理化学方法研究生命在当时形成了三个学派：一是结构学派，起源于用 X 射线研究分子的结构，主要关注于生物大分子的结构；二个是信息学派，主要关注于研究基因所决定的遗传信息如何表现出来的过程；三是生化学派，主要关注于生物分子在细胞代谢和遗传中的相互作用。这些学派在相当长的时间内很少来往。但是在涉及生命物质的遗传本质的问题上，他们终于相遇了。1952 年初，赫希和察斯研究成果的公布，使 DNA 作为遗传信息载体成为不容置疑的事实，而此时 DNA 结构的研究进入紧锣密鼓的竞争阶段。竞争的结果是起步较晚而又年轻的沃森和克里克取得了胜利。他们借鉴了弗兰克林的 DNA 分子的 X 射线衍射照片，在美国化学家多纳休的帮助下得到了正确的碱基形式，使他们最终认识到了 DNA 分子的双螺旋结构。不同研究团队和个人的竞争，促进了交叉学科研究的快速发展；不同研究团队和个人的合作，使得交叉学科能够最终实现。

从交叉学科发展的过程来看，研究对象的交叉则是交叉学科发展必然要经过的历程。对于研究目的准确定位,是交叉学科加速发展前提;研究领域的重叠,是交叉学科能够独立发展,逐步成熟的条件。信息科学之所以代替物理学成为推动分子生物学发展的主要动力,主要在于生物客体的复杂性,这种复杂性的一个重要方面是信息复杂性。对于信息的研究是生物技术和信息科学共同的内容;而对于信息的有序化的追求是生物技术和信息科学研究共同的目标。目前生物–信息交叉领域研究的内容和方向也基本反映了这个问题。

从交叉学科发展层次看,研究范式的交叉,导致交叉学科理论和技术体系的完善和成熟。只有具备了成熟的理论体系,交叉学科才可以区别于其他学科和元学科;只有形成了独有的技术体系,交叉学科才具有了独立发展的动力。当某个新研究领域成功地移植成熟学科的研究方法进行探索时,往往有助于促成新学科的产生。1925年薛定谔、海森伯等建立量子力学后,1928年德国化学家海特勒和伦敦就把量子力学中的波函数概念运用到理论化学的研究中,成功地处理了氢分子中的电子运动,他们还利用"电子桥"的概念来阐明氢分子化学键的本质,在理论上论证了共价键及其饱和性的定向性,建立了量子化学。

交叉学科的创新性和科学整体化的发展趋势提示,知识创新必须高度重视构建与完善不同学科交叉的平台。国内外陆续构建的 BIO-X 平台、系统生物学平台、复合材料研究平台、会聚科技平台等等,都将有力地促进知识创新的进展。

12.3.4 注重言传与意会知识的转化

知识可分为言传知识和意会知识。言传知识指可以被编码和度量的、可由计算机处理的知识;而意会知识看不见、摸不着,多为主观洞察力、直觉和预感性知识,根植于个人行为、经验和知识情景中,与人类的思维活动紧密相连,难以编码和度量,是计算机不容易直接处理的知识。

言传知识易于识别、分类和处理,分布式存储管理、群集系统、数据库、群件、文档管理、智能搜索等信息技术都被广泛应用于言传知识的获取、管理、传递和共享利用等方面。企业通过完善的知识库、内部网、E-mail 系统和闭环反馈系统可以有效的实现言传知识的管理和共享。事实上目前的一些知识管理使能工具在言传知识管理方面已做得相当成功。例如,作为企业有形知识库重要组成部分的技术类知识的管理,它包括技术数据参数、结构图纸、原理图和相关科技理论等,通过相应知识管理软件系统可以对它们进行分类、审批、变更和存储,这样不仅可以指导现行生产,还可以在后续维护及研发中随时随地进行追溯和共享,在成员与项目实践的结合过程中,知识管理系统不断地将知识从掌握它的员工那里分离出来,由个体知识转换为组织知识,最后进一步充实,并固化为企业知识库,从而逐渐使企业知识资源得到更新、完善和共享,这是现代制造企业基

知识创新战略

于产品的一种偏重言传知识的管理。由此知识可以在企业组织中广泛传播，不再局限于少数人之间，福特公司的知识复制系统是一个很成功的例子。

然而企业中还有大量的知识是依赖于个体或一定社会和文化背景，处于不断动态变化之下的意会知识。意会知识比外显的知识往往更加有用，因为它们反映了人类个体对周围事物的真正的判断。意会知识和人类个体的思维、智慧是密不可分的。20 世纪 70 年代，在施乐公司的 PaloAlto 研究中心，研究人员发现了图形接口计算机的关键要素，可是施乐公司的经理层对这项可能成型的独立技术研究接触不多，不能正确评价"有用"的知识，进而采取了一种轻视的态度。而苹果公司（Apple Computer Inc.）经理人 Steve Jobs 到该中心参观后，理解到它的重要性和潜在价值，收集了被施乐轻视多年、而且是施乐投资研究的成果用到苹果公司，制造出了 Macintosh 个人计算机。

目前知识管理实践中最困难的也就是对意会知识的共享和管理，它已不单纯是个技术问题，它的交流与共享受到员工价值观念、心理、企业文化和体制等多方面的影响。其实，意会知识的管理就是人才的管理，而人又是如此的复杂，知识管理的困惑也常常在此。从企业对员工雇佣的角度看，员工的劳动、工时和智慧是企业所需要的，其中员工的智慧宝贵却难以管理，目前企业管理只能在对前两者有所作为。但企业在利用员工智慧上的努力是值得的，因为知识经济时代的竞争归根结底是企业智慧的竞争，而员工个体的智慧是企业智慧的源泉，它们往往和开拓创新联系在一起，它们将最终形成企业智慧优势和核心竞争力。

如果言传知识是"露出海面冰山的一角"，那么意会知识则是"潜藏在海面下冰山的大部分"。目前国内外的知识管理反映出对言传知识的偏向，它们易于衡量、控制和过程化，而且很容易储存和在线传输。现代制造企业的知识管理仅仅停留在言传知识是远远不够的，意会知识对于企业的创新具有更重要的意义。只有充分注重意会知识的交流、激发、共享和流动的平台才是真正意义上的知识交流平台。[19]

意会知识是人们在复杂的生活与工作经验过程中，通过直觉和象思维领悟获得的难以精确表达和交流的认识结果，以及难以程序化的技能、技巧。意会知识的产生机制是实践经验与感知的自组织突现。意会知识不是绝对不可交流，其技能和经验往往可以通过个人之间的传授而交流和共享；其知识可以通过个人领悟而认识。但由于概念的模糊性和技能的非程序性，意会知识难以评价，其传承主要依靠家族或师徒关系，不便于规模教学，也很难将意会知识整合为知识系统。

言传知识的精确、清晰与可交流性，便于对其进展进行比较和评价，也便于系统、规模性交流与教学。因此，可以通过学校教育使知识得到继承，通过学者的研究将其整合为知识系统，并使其转化为社会普遍共享的资源。言传知识的发展主要通过生产实践和科学研究中，认识主体对意会知识的整合、顿悟、外显和言传知识自身的系统化而生成。

意会知识与言传知识通过人际间和社会中的传授、共享或交流，相互作用、相互转化，共同构成知识进化的超循环机制和螺旋上升形态。意会知识与言传知识相互转化形成的路径，呈现象思维和逻辑思维二维图像。意会知识与言传知识通过相互作用与相互转化，在知识创新中发挥着互补与相互促进作用，因而都是知识创新及其研究的对象，知识创新平台的构建与完善当然应予以高度重视。

12.3.5　注重知识创造与创价的衔接

按知识提供方与知识接受方的关系，知识交流平台可分为横向交流平台和纵向交流平台。横向交流平台的交流双方是平等、并列、平行、交互、耦合的关系，其知识交流模式近似于知识"交换"，所实现的是交流双方人均知识量的增加；而纵向交流平台的交流双方是上游与下游、传递与反馈的关系，其交流模式近似于知识"接力"，所实现的是知识的继承与发展。知识创新的链式多群体模式，实际上形成了多样化的知识创造与创价衔接的平台。

一般情况下，人们对横向知识交流平台的认识较为清晰，也比较重视，而对纵向知识交流平台认识不够清晰，重视程度也不够高。纵向知识交流平台的交流双方分别是居于上游的知识创造者（或知识生产者）和居于下游的知识创价者（或知识价值创造者），他们之间的关系是知识的创造并向下游传授与价值的创造及对上游的回馈关系，实际上构成了实现知识创新价值的完整链条。近些年不断涌现的产业技术创新战略联盟，本质上就是一类纵向知识交流平台和知识创新接力平台。

产业技术创新战略联盟（简称联盟）[20]是指企业、大学、科研机构或其他组织机构以企业的发展需求和各方的共同利益为基础，以提升产业技术创新能力为目标，以具有法律约束力的契约为保障，形成联合开发、优势互补、利益共享、风险共担的技术创新合作组织。联盟的主要任务是组织企业、大学和科研机构等围绕产业技术创新的关键问题，开展技术合作，突破产业发展的核心技术，形成产业技术标准；建立公共技术平台，实现创新资源的有效分工与合理衔接，实行知识产权共享；实施技术转移，加速科技成果的商业化运用，提升产业整体竞争力；联合培养人才，加强人员的交流互动，支撑企业、行业和区域核心竞争力的有效提升。

尽管每个企业的核心竞争力表现形态不同，但是其中最重要的内涵是意会知识资源的富有和强劲的知识创新能力。推动产业技术创新战略联盟的构建和发展，有利于整合产业知识资源，引导创新人才向企业集聚，构建协同创新模式，是提高产业技术创新能力，提升核心竞争力的有效举措。

总之，通过注重东西方文化的交融、人文与科技知识的兼收、不同学科知识的交叉融合、意会与言传知识的转化、知识创造与创价的衔接，构建并完善自由开放的知识交流平台，能够进一步凝聚知识创新系统的内外要素、优化知识创新的生态系统、提升知识创新的效率、效益与效果，是促进知识创新的重大战略举措。

参 考 文 献

[1] 姚伟，郭鹏，佟泽华，等. 国外知识交流研究进展. 图书情报工作，2011，(2)：112-116.

[2] 香山科学会议. 会议介绍. http：//www. xssc. ac. cn/ConfIntro. aspx ［2013-05-08］.

[3] 习近平. 在中央党校建校80周年庆祝大会暨2013年春季学期开学典礼上的讲话. 人民日报，2013-03-03.

[4] If you have an apple and I have an apple and we exchange apples then you and I will still each have one apple. But if you have an idea and I have an idea and we exchange these ideas, then each of us will have two ideas. —George Bernard Shaw

[5] 日本的野中郁次郎和竹内广孝称为"Ba"。

[6] 托夫勒. 再造新文明. 北京：中信出版社，2006：20-23.

[7] 中国科学技术协会学会学术部. 中国科协新观点新学说学术沙龙项目管理实施办法. http：//www. cast. org. cn/n35081/n35668/n35758/n36870/n11632799. files/n11632800. doc ［2008-06-26］.

[8] 百度百科. 微信. http：//baike. baidu. com/view/5117297. htm ［2013-05-08］

[9] 百度百科. 开放存取. http：//baike. baidu. com/view/798036. htm? fromId = 39873 ［2013-05-08］.

[10] 百度百科. 数字图书馆. http：//baike. baidu. com/view/8181. htm ［2013-05-08］.

[11] 百度百科. Google talk. http：//baike. baidu. com/view/23742. htm ［2013-05-08］.

[12] 王众托. 知识管理. 北京：科学出版社，2009：159-161.

[13] 同［12］.

[14] 刘长明，管雯. 科技与人文和谐发展论. 青海师范大学学报（哲学社会科学版），2009，(1)：19-23.

[15] 同［14］.

[16] 同［14］.

[17] 同［14］.

[18] 同［14］.

[19] 钱亚东，李晓，郑国君，等. 隐性知识管理及基于网络的交流平台的研究. 科研管理，2005，(1)：94-99.

[20] 百度百科. 产业技术创新战略联盟. http：//baike. baidu. com/view/4742932. htm ［2013-05-08］.

13 知识创新的相关环境：历史的检视

董光璧

科学的发展有其内在的动力机制并且受外在的社会条件制约。科学共同体作为小社会是以其位于其中的大社会为存在条件的。一方面科学家为获得研究条件总是以承认占统治地位的社会准则为其代价，另一方面任何社会要想接纳科学并发挥其社会功能，都不得不调整某些社会规范以营造适合科学发展的社会条件，科学进步的程度也是随着这些条件的越来越充分而增长的。这种知识创新的环境相关的最明显的表现就是世界科学中心的形成和周期性的转移现象。

英国科学家、农学家和科学史学家威廉·塞西尔·丹皮尔（Sir William Cecil Dampier，1867~1952）在其著作《科学史及其哲学与宗教的关系》（A History of Science and Its Relations with Philosophy and Religon，1929）中最早使用"世界科学中心"的概念。英国物理学家和科学史学家约翰·德森·贝尔纳（John Desond Bernal，1901~1971）在其四卷本的著作《历史上的科学》（Science in History，1954）中描述了有史以来科学活动中心现象，列出自古至今的十数个世界技术和科学活动中心，巴比伦（公元前600~前400）、埃及（公元前400~前300）、古希腊-古罗马（公元前300~200）、叙利亚-中国-阿拉伯-意大利（公元前400~1660）、英-法-德（1660~1920）、美（1920~   ）。日本物理学家和科学史学家汤浅光朝（Mintomo Yuasa，1909~2005）运用科学计量学的方法揭示了科学活动中心的转移律，发表了论文《16世纪到20世纪中叶科学活动中心的转移》（Center of Scientific Activity: its Shift from the 16th to the 20th Century，1962）。他以占世界科学成果总量1/4为标准界定科学中心，根据两种不同的科学史年表统计发现，近代以来的5个科学中心有平均约80年的兴盛期：意大利（1540~1610，1500~1570）、英国（1660~1730，1620~1690）、法国（1770~1830，1730~1790）、德国（1810~1920，1770~1880）、美国（1920~   ，1880~   ）。

中国地质化学家蒋志（1937~ ）在其《统计认识论》（1986）中发展了汤浅的研究，科学发现的周期除80年汤浅周期外，还有约10年的短周期和约600年的长周期，甚至作为推论还包含有更长的5000年周期。文艺复兴以来的世界科学经历6个80年的周期，各周期相应的高峰分别为16世纪80年代、17世

60年代、18世纪40年代、19世纪20年代、19世纪90年代和20世纪70年代，它们大体分别对应于意大利、英国（连续两次）、法国、德国和美国的世界科学中心地位。新的第7科学周期的高峰预计在21世纪50年代。尽管有袁江洋的质疑论文《科学中心转移规律再检视》（2005）以及王晓文和王树恩的结论性论文《三大中心转移与汤浅现象的终结》（2007），科学发展的准周期现象的研究还是应该受到重视的，并且刘鹤玲的《世界科学活动中心转移的综合环境分析》（1998）之类的研究也需要发展。

科学的地理中心出现在哪个国家或地区，是机遇和条件的巧合而不可能是事先设计的。科学发展的条件是多因素的，条件和机遇组合也是多样的。意大利成为科学的中心，与机遇相匹配的条件是文艺复兴；在英国是宗教改革；在法国是启蒙运动；在德国是哲学革命；在美国是自由主义传统。

下面重点介绍意大利和英国。

13.1 意大利：科学革命与文艺复兴

意大利（Italia）位于欧洲亚平宁半岛，其历史可上溯到公元前2000年，经历伊特鲁里亚（公元前9世纪~前8世纪）、大希腊（公元前8世纪~前6世纪）、罗马共和国（公元前509~前27）、罗马帝国（公元前27~公元476）时代，中世纪的意大利几经分裂和外族入侵，南意大利在11世纪由入侵的诺曼人建立了王国，北意大利在12~13世纪分裂成许多公国、自治城市和小封建领地，包括威尼斯、热那亚和佛罗伦萨等独立共和国。16世纪以降先后被法国、西班牙、奥地利占领，直到1861年维托里奥·埃马努埃莱二世（Vittorio Emanuele II，1820~1878）建立意大利王国并于1870年攻克罗马而完成统一。

意大利作为世界科学中心，在以16世纪80年代为高峰的80年间（1545~1625），表现为从安德列·维萨里（Andreas van Wesel，1514~1564）到伽利略·伽利莱（Galileo Galilei，1564~1642）等的一系列科学成果。维萨里的《人体的结构》（De humani corporis fabrica，1543）以及伽利略的《关于托勒密和哥白尼两大体系的对话》（Dialogo, Sopra i due Massimi Systemi del Mondo, Tolemaico e Copernicano，1624~1629年完成，1632年出版）和《关于两种新科学的对话和数学示范》（Discorsi e Dimostrazioni Matematiche, intorno à due Nuove Scienze，1638）分别在生命的"小宇宙"和物理的"大宇宙"两个领域开启了科学革命。

意大利成为科学革命的策源地和近代以来世界科技的第一个中心绝非偶然，与名为"文艺复兴"（Rinascimento）的新文化运动密切相关。意大利文Rinascimento意为"复活"，文艺复兴打着"复兴"古希腊、古罗马文化的旗帜，旨在发展一种与宗教没有直接联系并且与其对立的城市世俗文化。文艺复兴肇始于14世纪后期的意大利，15世纪后期波及整个欧洲，16世纪达到其鼎盛期。以但丁·阿里吉耶里（Dante Alighieri，1265~1321）的《神曲》（La Divina Commedia）1302~1321）的自然主义为前驱的文艺复兴，发现了人和自然，发现了人的伟大和自然的意义。乔凡尼·皮克·米兰多拉（Giovanni Pico della Mirandola，1463~1494）的《论人的尊严演讲——反对占星的辩论》（De Hominis Dignitate，Oratio de Hominis Dignitate，1486），从科学和历代思想汲取真理，为意大利文艺复兴的自然的人文主义做出了巨大贡献。

在文艺复兴和自然主义影响下，基督教神学和经院哲学的基础动摇，不少神学家及其他学者不再将全部注意力集中在神学上，而逐渐将目光转向了自然界，并且放弃了利用纯粹的神学思辨方式来阐述世界。一些出类拔萃的学者在经院之外建立学会，漠视天启权威而诉诸理性，制造科学仪器、发展科学方法，以探索真理。16世纪60年代吉安巴蒂斯塔·德拉·波塔（Giambattista della Porta，1538~1615）在那不勒斯创建了"探索自然秘密协会"（Academia Secretorum Naturae），1603年费德里克·安结罗·塞西（Federico Angelo Cesi，1558~1630）在罗马创建"猞猁学社"（Academia dei Lincei）。该学社的成员有伽利略、波塔、博学者弗兰西斯科·斯特鲁蒂（Francesco Stelluti，1577~1652）以及其他一些欧洲著名博学家，他们在不定期的学院会议上讨论科学问题。

科学知识以积累为特征，革命也不是完全割断历史。英国分子生物学博士、神学家和历史学家阿利斯特尔·埃德加·麦克格拉思（Alister Edgar McGrath，1953~ ）在其著作《科学与宗教引论》（Science and Religion：An Introduction，1998）一书中指出，中世纪的教会大学、翻译运动和神学-自然哲学构成了近代科学诞生的三大背景要素。文艺复兴复活了古希腊科学，希腊语学家把他们不懂的科学著作译成当时的流行语言，而与自然相接触的工匠又注入使之脱胎换骨的新灵魂。希腊科学的三个传统——数学传统、逻辑传统和实验传统，在理论思维和工匠实践的相互作用中形成了新科学范式。同时这种新范式也是在生机论、神秘主义和机械论三个古希腊思想变型支配的环境中，以机械论思想战胜前两者而形成的。威尼斯的帕多瓦大学和掌控佛罗伦萨的美第奇家族对于科学革命做出了巨大贡献。

帕多瓦大学是一所自由传统深厚的大学，以"为全体帕多瓦人民和全世界的自由而奋斗"（Universa Universis Patavina Libertas）为校训。它是由博洛尼亚大学逃离出来的学生和教授们于1222年创建的，因为他们不满校方限制学术自由。学生们起草了校规、推选了校长、选择老师并决定老师的工资。13世纪的帕多瓦大学由自由公社管理，到了14世纪由凯勒雷斯（Carrarese）家族接管，15世纪由威尼斯共和国管理。1399 年帕多瓦大学分化为两所大学，一所是主要教授民法、宗教法和神学的 Universitas Iuristarum，另一所是主要教授医学、哲学、文法、辩证法、修辞学和天文学的 Universitas Artistarum，1813 年两所大学又重新合并为帕多瓦大学。早期帕托瓦大学的课程只有法学和神学，后来增加了医学、哲学、天文学、文法和修辞学。先后在这里执教的维萨里（1538~1544）和伽利略（1592~1610），改变了学校的风气并带来荣誉。1537 年 12 月维萨里在 Universitas Artistarum 获博士学位后执教母校，正是在这期间完成 7 卷本巨著《人体的构造》(1543)，他的教学经验导致世界第一个解剖学教室的建立（1595），被后人誉为解剖学之父。伽利略在这里发明空气温度计（1593）、论证落体定律（1604）、测光速（1607）、制造望远镜（1609）并用之发现了木星的 4 颗卫星，完成了《星际信使》(1610)。15 世纪和 16 世纪帕多瓦大学培养出很多世界知名的优秀学生，其中包括对科学革命做出重要贡献的两位：一位是《天体运行论》(De revolutionibus orbium coelestium，1543) 的作者尼古拉·哥白尼（Nicolaus Copernicus，1473~1543），他于 1495 年来自波兰；另一位是《关于动物心脏与血液运动的解剖研究》(Exercitatio Anatomica de Motu Cordis et Sanguinis in Animalibus，1628) 的作者威廉·哈维（William Harvey，1578~1657），1602 年来自英格兰。

美第奇家族的祖先原为托斯卡纳的农民，后以经营工商尤其是金融业致富，13 世纪成为贵族，并参加佛罗伦萨政府。1567 年该家族的科西莫（Cosimo I de Medici，1519~1574）获大公称号，为科西莫一世，两年后建立托斯卡纳大公国，佛罗伦萨成为公国首都。美第奇家族在佛罗伦萨的统治一直延续至 1737 年，此后统治该地的为加洛林家族的法兰西斯。佛罗伦萨是文艺复兴的发源地。欧洲金融巨头美第奇家族中的洛伦佐·美第奇（Lorenzo de Medici，1449~1492）由于赞助艺术而被后人称为文艺复兴的教父，列奥纳多·迪·瑟皮耶罗·达·芬奇（Leonardo di ser Piero da Vinci，1452~1519）曾为他的宫廷画家。科西莫美第奇赞助科学。在科学领域是复兴柏拉图主义，科西莫一世于 1562 年在卡尔基别墅（Careggi）建立柏拉图学园，由"文艺复兴第一哲人"马奇里奥·斐奇诺（Marsilius Ficinus，1433~1499）主持。1544 年他邀请维萨里到比萨大学并在那里定居。科西莫二世美第奇（Cosimo II de Medici，1590~1621）聘伽利略为他的宫廷首席数学家和哲学家，伽利略在这里完成《论太阳黑子的信》(Istoria e dimostrazioni intorno alle macchie solari e loro accidenti，1613) 和《试金者》(IL Saggiatore，1622)、《关于托勒密和哥白尼两大世界体系的对话》(1632) 和《关于两门新科学的对话和数学示范》(1638)。

13.2 英国：从科学革命到工业革命与宗教改革

英国全称大不列颠及北爱尔兰联合王国（The United Kingdom of Great Britain and Northern Ireland, UK）位于欧洲西北大不列颠群岛，以英格兰为主，包括相继并入的威尔士（1532年并入）、苏格兰（1707）和北爱尔兰（1801）。其历史可追溯到约公元前3000年来大不列颠的欧洲大陆的伊比利亚人，公元前700年以后又有克尔特人不断移入，公元43~407年为罗马帝国的一个省，中世纪来自北欧的盎格鲁-撒克逊人（Anglo-Saxon）入侵并定居下来，经过七国（肯特、东盎格利亚、诺森布里亚、麦西亚、埃塞克斯、苏塞克斯、威塞克斯）时代，公元927年威塞克斯国王埃塞尔斯坦（Athelstan，约公元895~939）完成了英格兰的统一。1603年苏格兰国王詹姆士六世（James VI, 1566~1625）登基为英格兰国王，自此英格兰国王和苏格兰国王合并为一，继而于1707年两个王国合并为大不列颠王国。经过英荷三次战争（1652~1654，1664~1667，1672~1674）取得海上霸权，由于工业革命（1760~1830）强大而称霸世界达两个世纪(1750~1950)。

英国的世界科学中心地位长达一个半世纪（1625~1785），在17世纪60年代和18世纪40年代有两个高峰。以17世纪60年代为高峰的中心期（约1625~1705），表现为从威廉·哈维（William Harvey, 1578~1657）到伊萨克·牛顿（Isaac Newton, 1643~1727）的一系列科学成果，以18世纪40年代为高峰的中心期（1705~1785）表现为詹姆斯·哈格里夫斯（James Hargreawes, 1721~1778）和詹姆斯·瓦特（James Watt, 1736~1819）等的一系列技术发明。哈维的《关于动物心脏与血液运动的解剖研究》（Exercitatio Anatomica de Motu Cordis et Sanguinis in Animalibus, 1628）和《动物的生殖》（De Generatione Animalium, 1651）以及牛顿的《自然哲学的数学原理》（Philosophiae Naturalis Principia Mathematica, 1687）和《光学》（Opticks, 1703）标志着科学革命的完成。哈格里夫斯发明的珍妮纺织机（1764）和瓦特改良的蒸汽机（1765~1776）是工业革命的标志性的机械发明。

宗教改革（Protestant Reformation）是继文艺复兴之后的又一次文化创新运动（公元151~1648），德国神学家马丁·路德（Martin Luther, 1483~1546）的《九十五条论纲》（Disputatio pro declaratione virtutis indulgentiarum, 1517）、瑞士神学家乌尔里希·茨温利（Ulrich Zwingli, 1484~1531）的《论宗教的真伪》（Kommentar über die wahre und die falsche Religion, 1525）、法国神学家让·加尔文（Jean Calvin, 1509~1564）的《基督教要义》（Institute of Christian Religion,

1536），使宗教改革之火燃遍欧洲并导致教会分裂天主教和新教。在英国有国王亨利八世（Henry VIII，1491~1547）借机创立脱离天主教会的国教会并继而通过《至尊法案》（Supremacy Act，1543）宣布英王是国教会唯一最高权威，那些因信奉加尔文教义和不满国教会教义而遭受迫害的基督徒被称为清教徒（Puritan）。早期的清教徒认为《圣经》是唯一最高权威，要求国教会清除天主教会残余，希望完全按照《圣经》的原则生活。清教徒的先驱是威廉·丁道尔（William Tyndale，1494~1536），他的目标就是让英国每位识字的人都拥有一本《圣经》，他在1524年把《新约圣经》翻译成英文。

英国清教在教理、教制、教仪和世俗生活等方面都有自己的主张。在理论方面主张"宿命论"和"因信得救"，在制度方面反对主教制、要求民主化和信仰自由，在礼仪方面要求纯洁教会，在世俗生活方面提倡勤劳借鉴、厌恶懒惰和邪恶。德国社会学家马克斯·韦伯（Max Weber，1864~1920）的《新教伦理与资本主义精神》（Die Protestantische Ethik und der Geist des Kapitalismus，1920）提出，清教徒的思想影响了资本主义的发展。美国科学社会学家罗伯特·金·默顿（Robert King Merton，1910~2003）的《十七世纪英国的科学、技术与社会》的（Science，Technology and Society in Seventeenth Century England，1938）论述了清教对科学的促进作用。他认为清教为科学的社会化提供了价值基础，使之获得社会的认可并组织起来，而不再是一种游荡的运动。一是清教徒把研究自然现象看做是促进赞颂上帝的一种有效的手段，可以加深对上帝威力的充分赏识；二是他们所持的功利主义原则，知识应按其有用性来评价，能够改善人类的物质生活在上帝眼里就是善行。这两种价值观念导致了人们对科学的赞许，促进了科学的社会化进程。

科学的社会化表现为伦敦皇家学会（The Royal Society of London）的创立和地方"文哲会"（Literary and Philosophical Society）的兴起。对于用"学会"（society），而不用"学院"（academy），科学社会学家默顿认为有其深刻的文化和政治意涵，这种society组织是清教主义的产物。society和academy表达科学社会化的两种不同的形式。society来自民间或私人的动议，其研究经费主要来自社会的资助，独立、自主而少受权力控制，多出现于民主化和分权化的英美等新教国家。academy是基于政府的意图创办的，其研究经费主要来自政府，如1666年创建的巴黎科学院（Paris Academy of Science）、1700年创建的柏林科学院（Preu Bische Akademie der Wissenschaften）和1725年成立的圣彼得堡科学院（Российская Академия Наук）等。

伦敦皇家学会从最初的十几名科学家的聚会发展而来，其主要成员包括牧师和自然哲学家约翰·威尔金斯（John Wilkins，1614~1672），医生乔纳森·戈达德（Jonathan Goddard，1617~1675）、自然哲学家、建筑师和博物学家罗伯特·胡克（Robert Hooke，1635~1703）、天文学家和建筑师克里斯多佛·雷恩（Sir Christopher Wren，1632~1723）、经济学家和统计学家威廉·配第（William Petty，1623~1687）和自然哲学家罗伯特·玻意耳（Robert Boyle，1627~1691）。冠名为"自然知识增进的伦敦皇家学会"（The Royal Society of London for the Improvement of Natural Knowledge），于1660年11月28日在格雷山姆学院（Gresham College）宣布成立，并得到英王查理二世（Charles II，1630~1685）的口头认可。两年后的1662年7月15日收到国王颁发的特许状。数学家威廉·布隆克尔勋爵（William Brouncker，1620~1684））出任会长，语言学家约翰·威尔金斯（John Wilkins 1614~1672）和神学家和自然哲学家亨利·奥尔登伯格（Henry Oldenburg，1619~1677）共同出任秘书。学会虽名"皇家学会"，只表示国王认可而已，并非由王室提供相应的资助。学会活动的经济来源主要靠入会金和会费。会员中半数以上为社会名流，真正从事研究的只有30几人。伦敦皇家学会的科学成果的社会影响，使得其所在地伦敦成为知识和文化的中心。

学会早期的68名会员中，有42名清教徒，占62%，而清教徒在总人口中的比率却不过3%。虽然学会的成员包含了许多与自然哲学没什么关系的贵族、社会活动家、律师、文学家，但当时最著名的科学家的绝大多数都在其中，并且当时英国多数科学成就都与学会有着千丝万缕的联系。在学会的例会上报告或实验演示，在学会编辑和出版《哲学学报》（Philosophical Transactions），发表论文，学者之间直接交谈或私人通信。牛顿的两项划时代科学贡献即引力平方反比定律和光的颜色的研究，都得益于会员之间的交流和竞争。引力平方反比定律的数学证明，是牛顿、胡克和埃德蒙·哈雷（Edmond Halley，1656~1742）共同关注科学问题，胡克请教向心运动问题（1679），哈雷请教数学证明问题（1684），进而推动了牛顿的研究。由于哈雷的资助，《原理》才得以出版。关于光的颜色问题研究，在伦敦皇家学会里有胡克和玻意耳在先，牛顿基于他自己的分光实验（1666）而发表的《关于光和色的新理论》（1672），正是通过他与胡克等之间学术争论而具体化的。

英国地方学会的先驱是1712年创建的诸多"绅士学会"（Gentlemen's Society），到18世纪后半叶都变为单纯的俱乐部，而文哲学会的兴起大体与工业革命偕行。英国的工业革命发生在1760~1830年，17世纪科学革命的突破的作用主要在理解上，而18世纪工业革命的突破则是在实践上。从纺织工业开始的工业进程，沿着机械工业、钢铁和化学工业、煤炭采掘和运输业链条推进。这种工业革命发源在英格兰的中部和北部，而且集中在伯明翰、曼彻斯特、黎芝、纽克斯尔和格拉斯哥。由于发展工业的技术上的需要，1754年在伦敦成立了"工艺、制造业和商业促进会"（The Society for the Encouragement of Arts, Manufactures and Commerce, SEAMC），在新兴工业城市里纷纷组织起讨论科学和技术问题的文哲会。这些学会的特点是制造家、科学家和新兴的工程师水乳交融，联合进行实验和设计。在这个过程中一系列的发明出现了，如托马斯·纽科门（Thomas Newcomen, 1663~1729）发明蒸汽机（1705）、哈格里夫斯发明纺织机（1764），理查德·阿克赖特（Sir Richard Arkwright, 1732~1792）发明了水力纺纱机（1769），萨缪尔·克朗普顿（Samuel Crompton, 1753~1827）发明了纺棉机（1779），埃德蒙·卡特赖特（Edmund Cartwright, 1743~1823）发明了动力织布机（1786）。这些学会中的最著名者是伯明翰的"月光社"和曼彻斯特的"文哲会"。

伯明翰"月光社"（Lunar Society, 1765~1813），因每到月圆之夜聚会而得名。月光社创会的三个核心人物是，制造第一台蒸汽机的工厂主马修·博耳顿（Matthew Boulton, 1728~1809）、医生和博物学家伊拉斯谟·达尔文（Erasmus Darwin, 1731~1802）和钟表仪器制造家约翰·怀特赫斯特（John Whitehurst, 1713~1788），博耳顿的私人官邸（索霍会馆）成为月光社聚会的地点。月光社的成员从未超过14人，都是其所从事领域有突出贡献的人。他们大多专注于交通和蒸汽机的改进，如铁工场主萨缪尔·高耳顿（Samuel Galton, 1753~1832）、约翰·威耳金孙（John Wilkinson, 1728~1808）、化学家和化工企业家约翰·基尔（John Keill, 1671~1721）、陶业工场主亚·韦奇伍德（Josiah Wedgwood, 1730~1795）。更后参加这个学会的有著名化学家和电学家约瑟夫·普利斯特利（Joseph Priestley, 1733~1804）和蒸汽机改良家詹姆斯·瓦特（James Watt, 1736~1819）。瓦特把纽可门蒸汽机的效率提高3倍，发明了真正意义上的蒸汽机。他是在科学家罗比森（John Robison, 1739~1805）和布莱克（Joseph Black, 1728~1799）的帮助下，与企业家罗巴克（John Roebuck, 1718~1794）、博尔顿合作完成的。在他们长达25年之久的合作过程中，经历了瓦特负债千镑、罗巴克破产和博尔顿变卖资产的艰辛和风险。但正如法国历史学家保罗·芒图（Paul Mantoux, 1877~1956）在《18世纪产业革命》（La Révolution industrielle au XVIIIe siècle. Essai sur les commencements de la grande industrie moderne en Angleterre, 1909）中所论，他们的这种合作"开辟了蒸汽机史上的一个时代"。

曼彻斯特文哲会成立于1781年，主要关心科学技术的应用。最初会员的核心是医生，工场主和商人不足三分之一，后来后两者逐渐增多到半数以上。这个学会的会员中有三位科学史上的名人，他们是以发现气体溶解度著名的威廉·亨利（William Henry, 1774~1836）、化学原子论的创立者约翰·道尔顿（John Dalton, 1766~1844）和对能量守恒定律做出过重大贡献的詹姆斯·普雷斯科特·焦耳（James Prescott Joule，1818~1889）。道尔顿在曼彻斯特文哲会上宣读了论文《论水对气体的吸收》（1803），首次报告了他的化学原子论的要点，公布了他所编制的第一个原子量表。

14 建设全民终身学习的学习型社会

雷二庆　吴乐山

学习型社会是人类文明向知识文明与生态文明转型发展所必需的社会形态，其最重要的特征是以全民教育为基础的全民学习和终身学习，即全民终身学习。知识及其创新以及劳动者的知识化，已经成为人类社会加速发展的主要动因，先进社会生产力的中坚力量将不再是体力型劳动者，而是知识型劳动者。全民终身学习的学习型社会是知识创新的重要环境、条件和基础，构建学习型社会是塑造知识型劳动者、建设创新型国家的战略举措，也是全面充分地提升人的能力、迈向知识型社会的需要。

14.1 学习型社会的历史必然

知识在人类与自然和社会的关系中发挥中介作用，使人认识、改造和适应自然，认识自我和社会，从而成为人类生活不可或缺的一部分。知识会陈旧、丢失，从而需要不断更新。因此，社会需要通过终生教育，使人类文明精华得以传承，社会知识不断扩散，人均知识量不断增长；个人需要终生学习，使自己的知识不断更新，素质不断提高，每个人都得到全面自由发展。

在人类文明从采猎文明、农牧文明、工商文明向知识文明与生态文明发展的进程中，知识在社会系统中的作用越来越重要，其主宰或支配作用越发明显。知识作为一种智力资源，比物质资源重要得多，它可代替多种形式的资源。特别是，知识被用来进行系统的再创新，以致引起知识革命，使人人成为知识型劳动者，或者成为被知识产品武装起来的知识化劳动者，人的能力得到全面提升，进而使社会发生根本性的变化，包括创造新的政治、经济活力和崭新的精神文化。马克思曾说，资产阶级在不到100年的时间中创造的生产力比过去一切时代创造的全部生产力还要多。近100年的人类社会发展事实进一步表明，全世界创造的生产力，又比以往一切时代创造的全部生产力还要多。构建学习型社会已经成为全球共识，已经成为顺应历史发展必然趋势的不二选择。

14.1.1 联合国教科文组织积极倡导终身学习

终身学习的思想古已有之，且绵延久远。根据罗树华的研究，终身学习（教育）思想真正成为一种完整的科学体系，成为一种意义深远的教育思潮和教育理念，并在全世界广泛提倡、推广和普及，则是20世纪60年代以后的事，且要归功于联合国教科文组织的大力倡导和积极推行。[1]

1965年12月，联合国教科文组织在法国巴黎召开成人教育促进国际会议。会议主席、法国教育家保罗·郎格朗向会议提交了"关于终身教育"的提案，认为人的发展是终身的过程，教育和学习应该从摇篮到坟墓，从生到死，连续不断。1970年，联合国教科文组织再次讨论终身教育问题，并出版了郎格朗的《终身教育引论》。同年，联合国教科文组织国际教育发展委员会编著了调研报告《学会生存——教育世界的今天和明天》（又称《富尔报告书》），鲜明地提出为生存而学习的观点。至此，现代终身教育、终身学习思想和理论基本形成。

1985年，第四届国际成人教育会议在巴黎召开。《会议宣言》明确指出："今天，承认学习的权利更加成了人类的一项重大事业。"1994年11月，欧洲终身学习促进会在罗马召开了首届全球终身学习大会。会议认为："终身学习是21世纪的生存概念；终身学习是通过一个不断的支持过程来发挥人类的潜能，它激励并使人们有权力去获得他们的终身所需要的全部知识、价值、技能与理解，并在任何任务、情况和环境中有信心、有创造性和愉快地应用他们。"

需要说明的是，教育不同于学习，终身教育与终身学习之间紧密联系但又有明显区别。终身教育，是指社会为了自身的进步和每一社会成员个性的和谐发展与潜能的充分发挥，而设计和提供的涉及各年龄段的各种形式、各种内容的教育活动，其实施主体是社会和政府，体现的是社会和政府的需求和意志；终身学习，是指个体为了承担社会责任和自身的生存发展而进行的贯穿生命始终的各种形式、各种内容的学习活动，其实施主体是个人，体现的是社会和个人的双重意志，是社会意志和个人意志的统一。

终身学习的理念要求我们，要把学习从单纯接受学校教育扩展开来，要把少数人的学习扩展到所有的人，要把阶段性的学习扩展到人的终身，要从被动地学习发展到主动地学习，使学习成为所有人终身的行为习惯和自觉行动，成为不可缺少的生活内容和生活方式，努力将全社会的所有劳动者都转变为知识型的劳动者。

14.1.2 各国立法将终身教育转变为终身学习

在人类社会向知识社会转变的进程中，知识正在取代土地、资本、稀缺自然资源等传统生产要素，成为影响经济和社会发展的最重要因素。那些紧跟潮流并在传播、加工、创造和应用知识方面占优势且劳动者知识化程度较高的地区、城市和国家，在竞争中必然居于最有利的地位；反之，必定会落伍。因此，世界主要创新型国家都非常重视全民终身学习，视终身学习理念为教育变革的基本遵循。使用法律手段强力推进终身教育向终身学习的转变，是美国、欧盟、日本等[2]谋求创新发展的战略举措。

14.1.2.1　美国

美国终身学习的范围非常广泛。对于全体公民的终身学习，美国政府制定的一个目标是，使公民不受原先所受教育和培训的限制，也不管性别、年龄、生理状况、社会、种族背景或经济条件等情况如何，都要使他们通过各种机会有效地参加学习。

美国是对终身学习进行独立立法的发达国家之一。早在1976年修订《高等教育法》时，就以专门的部分规定了终身学习的内容，随后颁布了《终身学习法》并越来越重视终身学习的政策制定。1983年，由时任美国总统里根任命的"美国卓越教育委员会"针对美国教育所面临的困境与未来发展，提出教育改革报告书《国家在危机中》，开始带动美国的教育改革。报告书中提到，在充满竞争与急剧变化的世界中，教育改革的重点应是致力于实现学习型社会的目标。

14.1.2.2　欧盟

20世纪90年代，欧盟发表了3本与终身学习发展有关系的白皮书，即《成长、竞争、就业：面向21世纪的挑战白皮书》（1993）、《欧洲社会政策：欧盟的未来之路》（1994）和《教与学：迈向学习社会》（1995）。

面对信息化、国际化及科技知识的巨大冲击，白皮书提出了两个基本对应策略：一要赋予每个人学习广博知识的机会，二要建立起个体适应就业和经济生活的能力。学习广博知识的机会是终身学习的基础，终身接受教育和培训是个人就业和被社会接纳的关键。获取新知识和对技能的投入是增强竞争力和提高就业能力的基本要素。

2000年，欧盟在里斯本召开高峰会议，强调要促使欧洲成为世界上最具竞争力与活力的知识经济体，而且经济能够持续发展，拥有更多、更好的工作与更完善的社会系统。其中一项重要策略就是促进全民终身学习，使欧洲成为学习型社会。终身学习不再仅仅是教育与训练的一个层面，而是必须全然成为提供和参与继续学习脉络中的指导原则。终身学习将教育和培训纳入一个新的框架，在这个框架中，教育和培训将伴随着一个人的一生。

14.1.2.3　日本

日本中央教育审议会于1981年向文部省提出一篇关于终身学习的报告，标志着日本的教育转向终身学习的发展。1983 年，时任日本首相中曾根康弘发表了《进行教育改革的"七点设想"》，翌年在内阁成立了临时教育改革审议会，负责制定教育改革的具体方案和计划，其中就包括终身学习体制的建立。

1985~1987 年，日本临时教育改革审议会建议，根据各人因素评估各人成就，加强家庭、学校及社区三方面的功能及合作提倡终身学习运动，发展终身学习基础建设。1988 年，日本将文部省的社会教育局改称为终身学习局，成为文部省内的第一大局，作为推动日本终身学习体系建设的组织机构，其下新设生涯学习振兴课，专门负责有关终身学习活动事项。

1990 年，日本内阁通过了由文部省提出的《终身学习振兴法案》，由国会通过了《关于振兴终身学习推进体制的法律》，即《终身学习振兴法》，并同时在文部省设立了终身学习审议会。依据《终身学习振兴法》，日本地方各级政府对发展终身学习规定了明确的资任。各地政府不遗余力地推进体制的建立，包括制定地方性法规，设立专门的行政机构，制定终身学习振兴计划，设立终身学习推进中心和制定地区终身学习发展规划等。

1991 年 4 月，日本中央教育审议会强调学校在终身学习体系中的角色，并且认为学校就是一种终身学习机构。1996 年，日本文部省发表《终身学习社会的优先与展望——多样性与精致化的增加白皮书》，指出日本迈向 21 世纪时，必须创造一种丰富的、动态的社会环境，这需要终身学习社会作基础。

14.1.2.4　韩国

1980 年的 "730 教育改革" 是韩国用政府行为促进终身学习发展的开端。1987 年，直属总统的教育改革审议会在教育改革十大课题中对终身学习做了具体规定。两年后成立的直属总统的教育政策咨询会议，又进一步强调要加强终身学习，提高国民素质，并规定自学学位学士、硕士认可制度，建立各种社会教育机构等。

1995 年 5 月，在韩国教育改革委员会公布的新教育改革方案中，"为创建开放教育社会、终身学习社会奠定基础" 被摆在首要位置。目前在韩国的成人教育、社会教育中，终身学习思想发挥了巨大作用，极大地促进了韩国向学习型社会迈进的进程。

1996 年 8 月，韩国政府发表第四次教育改革方案，将《社会教育法》改订为《终身教育法》。该法实际上包括了社会教育法、成人教育法草案、职业学校法与补习及进修教育法，甚至包括带薪教育假与学习成就认可等方面的法规。其中，学习成就认可以学分银行制及教育账户制为基础。由于《终身教育法》的付诸实施，虚拟大学、企业学院及学分银行等措施已经自 2000 年 3 月开始实施。

14.1.3　中国将全民学习、终身学习列为国策

中国共产党在向执政党转型过程中，高度重视学习问题，并将全民学习、终身学习列为国策。中国共产党在十六大报告中明确提出，要"形成全民学习、终身学习的学习型社会"；在十七大报告中对此目标只调整了两个字，将"形成"改为"建设"；在党的十八大报告中则进一步提出，"完善终身教育体系，建设学习型社会"，要求更高，任务更加明确。《国家中长期教育改革和发展规划纲要（2010—2020年）》确定的战略目标是：到2020年，基本实现教育现代化，基本形成学习型社会，进入人力资源强国行列。

由于中共中央的高度重视并不失时机地推进全民学习、终身学习，全国涌现出了大批创建学习型组织、学习型社区、学习型城市的先进典型，促进了科学发展，取得显著效果。延续了几千年的活到老、学到老的传统思想被赋予时代内涵，正在薪火相传。

2011年，中国的小学教育净入学率达到99.79%；初中教育毛入学率超过100%；全面普及了九年义务教育，这成为中国教育和社会发展史上的重要里程碑；高中阶段教育毛入学率提高到84%；高等教育毛入学率达到26.9%，高等教育大众化水平进一步提高。继续教育也有了很大发展，形成了以学校办学为主体、企业办学为骨干，社会力量共同参与，多层次、多类型推进继续教育的良好格局。深入开展了农村从业人员实用技术培训；大多数转移农民通过多种渠道学习了在城市谋生的技能；大部分新增就业人口接受了提升就业能力的培训；企业职工年培训规模达9000万人次，全员培训率达到45%以上；2011年参加培训的干部达3109万人次。[3]

14.2　学习型社会的目标任务

所谓学习型社会，就是有相应的机制和手段促进和保障全民学习和终身学习的社会形态，其基本特征是全民学习、终身学习，其系统要素层与整体层的目标任务，在更新学习价值观的基础上，既应当包括塑造学习型公民、打造学习型组织，还应当包括建设学习型城市、学习型政党与学习型政府等。本节重点阐述更新学习价值，以及其中较具代表性的学习型公民、学习型组织与学习型政府。建设学习型社会的根本目的，是适应人类生存的社会环境和自然环境变化，通过知识创新实现人与自身、人与社会、人与自然的关系和谐，使人类社会不断进化并创造新的文明。

14.2.1 更新学习价值观

"学习"是很常用的词汇。从古至今,不同学者、流派对"学习"从不同角度有过不同的解读,对其价值也有不同的认识。行为主义心理学家认为,"学习是由经验引起的行为相对持久的变化";认知主义心理学家认为,"学习是人们的倾向或能力的变化,学习的实质不是外在行为的变化,而是内在能力或倾向的变化,这种内在的变化难以直接观察,必须依据外部行为变化来推测";信息论学者认为,"学习是学习者吸取信息并输出信息通过反馈与评价得知正确与否的整体过程"。[4]

关于学习的概念,尽管视角的不同产生了不同认识,但确实存在共识。一是学习具有多种功能,即学习是个体获取知识、发展技能、提高素质的重要手段,个体对环境的适应,对自然、社会的改造都离不开学习;二是学习是主体的一种内在的建构活动,外在的信息只有内化为个体的活动时才能称为学习。

在与自然和社会相处中,人类必须适应不断变化的外部环境,并通过改变自己的认识观念和实践行为来争取自身的持续生存与发展。这种适应环境变化并改变观念与行为的过程,就是学习。可以说学习能力是在人类进化和社会发展同时形成与发展的人的本能。因此,人不仅是受教育者,更是主动学习者。

学习的内涵包括"适应"和"改变",其本质是传承和创造。"传承"指通过学校教育或个人传授、继承前人创造的知识和技能;"创造"指掌握知识和技能的人,通过研究、交流和深入思考等形式,在意会知识与言传知识非线性相互作用下突现新观念、新理论、新技术。因此,学习能力包括获取知识的能力和创造知识的能力。从某种意义上讲,创造力是学习能力的核心。因为求知是人的本性,创造则是人的本能。

关于学习的价值,归纳来看主要有两种价值观:一种是"基于功利"的学习价值观,另一种是"超越功利"的学习价值观。"基于功利"的学习价值观认为,学习的目的完全是功利性的,是升学、就业所必需的准备,因而学习具有明显的阶段性。人生应分为个人学习阶段与工作阶段,绝大多数学习活动应在学校中进行,学习方式应主要采取接受式的、集体性,学习内容应与考试和文凭密切相关。"超越功利"的学习价值观则认为,学习是超越功利的、是为个体一生可持续发展服务的活动,因而学习是终生性的活动,不应分为教育阶段和工作阶段,学习在各种机构和环境中都应进行,学校只是学习的一种场所,学习方式也应是个性化的、自主的、适合自己学习风格的,学习内容应当是广泛、丰富,与个体终身发展需要相连。

历史和现实都告诉我们,事业发展没有止境,学习就没有止境。当前,每一个人都会时刻面临发展中不断出现的新情况新问题。新问题每时每刻都在出现，而且多数又是我们过去不熟悉或者不太熟悉的。要认识好、解决好这些问题的唯一途径就是增强我们自己的本领。增强本领就要加强学习，既把学到的知识运用于实践，又在实践中增长解决问题的新本领。[5]因此，我们每一个人都不应当止步于"基于功利"的学习价值观，应该进一步确立"超越功利"的学习价值观，不仅将学习看成是获得职业、地位的重要手段，更要将学习看成是获得自身完善、成为知识型劳动者不可少的手段，将学习看成是自己获得生活自由、做事自由的重要手段，永远追求真善美、谋求共生发展、共建生态文明。

14.2.2 塑造学习型公民

学习型社会的主体是学习型公民，培育和塑造符合时代特征的学习型公民是营造学习型社会的必备条件。相对于传统型公民，学习型公民是与时代发展相适应的新型公民。他们将培养自我终生的可持续发展作为学习的目标，能根据自身不同年龄阶段的发展任务选择自己的学习内容，并且在长期的学习活动中养成良好的学习习惯，形成个性化的学习风格，这种学习活动在空间上扩展到一切社会领域，在时间上延伸至人的一生。[6]

作为学习型社会的最基本单元，人人都应争当学习型公民，努力成为知识型劳动者。人非生而知之，必须"活到老，学到老"。学习型公民的一个显著特征是，其学习活动并不随着职业生涯的结束而停止，即使在进入了人生的老年期，依然为自己提出新的学习目标。究其原因，除了知识的重要价值外，还有一个重要的原因就是知识的老化加速。

知识有老化现象，知识作为一种意识化的信息，本身不会再变化，但它对世界2的意义和价值在逐步降低，这就是知识的老化。知识作为一种资源的独特之处在于，它一经创造出来，便成为过时的东西。环境的选择压力是造成知识老化的决定性因素，科学、技术、社会的进步都会加快知识老化的进程，社会变革越快，知识老化速度越快。[7]知识的加速老化事实上形成了人们时时感受到的学习压力或动力，使得学习像食物、水和空气一样成为人们生存与发展的必需品。

有关手机的知识老化与知识更新就是一个典型例子。手机软件的老化速度远快于手机硬件，往往硬件还很耐用的时候，操作系统却已过时了，无法运行新的智能应用程序。人们每换一个手机，就必须扬弃老手机的知识，学习使用新手机，手机银行、手机钱包等手机创新应用更是不断加速更新手机知识。交通、通信、供电、供气等基础设施与全民相关，其信息化、智能化必然影响到每一个人。因而，仅从日常生活意义上讲，全民学习、终身学习就是一个关乎个体、群体与社会生存与发展的基本要求。

另外,在国家层面,塑造学习型公民,是国家建设的重要基础。在经历了2008年国际金融危机的冲击后,世界经济正在酝酿新的突破与飞跃,新能源、新材料、节能环保、生物医药、信息网络和高端制造产业等战略性新兴产业飞速发展,正在成为下一轮经济增长的"发动机"。这不仅依赖于尖端科技的突破,而且需要人人通过学习成为知识型劳动者,从而支撑这些产业的发展。

当今世界的综合国力竞争,归根到底是劳动者素质的竞争。所有劳动者都必须不断提高科学文化素质、提高劳动能力和劳动水平,努力成为掌握新知识、新技能、新本领的知识型工人、知识型农民、知识型商人、知识型军人等,即便是普遍印象中不太需要知识的环卫工人也需要转变为知识型环卫工人。2012年9月,哈尔滨市公开招聘环卫系统员工,457个岗位竟引来11 539个报名者。其中,硕士研究生29名。据了解,这次招聘是"为适合新时期'机械化环卫'的需要",工种涉及机扫车驾驶员、汽修员等技术岗位。据统计,在最终报名成功的人员中,拥有大专学历的占58.49%,拥有本科学历的占41.11%。

应对知识老化加速、塑造学习型公民,首要的是普及教育特别是普及大学教育,整体性地提高社会成员的学习素养、培养学习能力,为实现全民终身学习打下良好基础。在当今中国,要使人人具备学习能力,就特别应当坚持教育的公益性和普惠性,保障公民依法享有接受良好教育的机会。《国家中长期教育改革和发展规划纲要(2010—2020年)》认为,教育公平是社会公平的重要基础,要求把促进公平作为国家基本教育政策,其基本要求是要保障公民依法享有受教育的权利,重点是促进义务教育均衡发展和扶持困难群体,根本措施是合理配置教育资源,向农村地区、边远贫困地区和民族地区倾斜,建成覆盖城乡的基本公共教育服务体系,逐步实现基本公共教育服务均等化,缩小区域差距。

为了确保人人具备学习能力,《国家中长期教育改革和发展规划纲要(2010—2020年)》进一步提出,要积极发展学前教育,巩固提高九年义务教育水平,巩固义务教育普及成果,提高义务教育质量,推进义务教育均衡发展,加快普及高中阶段教育,大力发展职业教育,全面提高高等教育质量,大力推进研究生培养机制改革,加快发展继续教育,构建灵活开放的终身教育体系。

14.2.3 打造学习型组织

所谓学习型组织,就是拥有共同学习愿景的组织,它能使不同个性的组织成员凝聚在一起,实施全员学习、终身学习和全过程学习,从而实现组织愿景。知识是学习型组织构建的基础,能够促进学习型组织的形成,对学习型组织的建构产生积极的作用。王淼等在《学习型组织建构的知识基础论阐释》中,论述了知识对学习型组织建构的基础效用模式,给人以深刻的启示。[8]

（1）知识与心智模式转换。心智模式转换是学习型组织建构的根本要求和目的，它有利于克服组织惯性，促进学习型组织的建构。心智模式转变的途径——学习，可以分为个体学习、团体学习和组织学习3个层次。组织领导者个体学习能够有效地实现其心智模式的改善；团体学习与组织学习能够通过组织内部的知识传播机制，实现知识的传播、整合与共享，也可以在一定程度上改善组织领导者（包括其他个体）的认知结构，并最终导致其心智模式的改善。而学习能力本身就是知识的产物，这种知识既包括对传统知识的继承，也包括对新知识的吸纳和创新。心智模式的改善依赖于知识的积累，知识是心智模式转变的客观基础。[9]

（2）知识与组织惯例变异。组织惯例具有僵化特征，是组织惯性演化的重要作用力。加强组织知识学习、促进惯例变异与组织惯性演化是学习型组织建构的基础。学习型组织是在打破传统组织机制后建构的新型组织，这必然与先期积淀成的组织文化、习惯等不相符，因此要有新的组织体系和惯例来支撑。建构新的组织体系和组织文化，必须有新的知识支撑。同时，只有当知识本身不断地得到更新和积累，才可能在理念上打破组织惯例；只有当知识积累满足创新的要求，才可能在技术条件上打破原有的组织惯例。因此，组织无论是要打破惯例的上层建筑（理念上），还是要积累物质基础（技术条件上），都必须依赖于知识，即知识是打破组织惯例的基础。

（3）知识与共同愿景的达成。共同愿景是指组织成员在组织学习过程中具有的共同愿望和目标。它是组织学习得以顺利开展的前提条件，为组织成员的自我超越和心智模式的改善提供了平台，使团队学习得以有效展开，从而进入系统思考状态。因此，共同愿景的培育是学习型组织建构的一项基础性任务。共同愿景的达成，有赖于组织成员共同的理解、共同的希望，而这一切都依存于团队知识的学习与共同分享。因为没有共同的知识分享就不可能有一致的理念，没有一致的理念则必无共同的愿景，没有共同的愿景则无从谈及学习型组织。即共同愿景的形成依赖于知识，知识是共同愿景形成的基础。

（4）知识与自我超越。组织员工自我超越的本身就是一个知识积累的过程。因为任何一个人要想技能娴熟，都需要进行知识的学习和积累；而要实现自我发展，其本身也是一个知识不断累积的过程。从组织的视角看，组织的知识不是组织成员知识的简单累加，而是个体知识经过长时间不断磨合和积累后的质变。因此从自我超越实现的过程看，知识在其中起到了基础性的作用。

（5）知识与团队学习。团队学习是构建学习型组织的基本途径，要实现团队学习：首先，团队内部就需要具有一定的共同知识，如共同的语言、共同的知识背景以及团队成员本身的知识学习能力。其次，团队学习能力的大小也直接关系到学习型组织的建构,而团队学习能力又来自知识的积累。最后,团队学习过程需要一定的条件作保障,如团队成员需要办公室、会议室等工作和沟通场所,需要全球会议系统、电话、网络等技术手段,而这所有的硬件或软件条件都是知识的产物。因此,可以肯定地认为,知识是整个团队学习的基础。

(6)知识与系统思考。系统思考是学习型组织的基石,是"看见整体"的一项修炼。如果没有系统思考,各项学习修炼到了实践阶段,就失去了整合的诱因与方法。首先,系统思考是一个架构,能让人看见相互关联而非单一的事件,看见渐渐变化的形态而非瞬间即逝的一幕,可以使人敏锐觉知属于整体的微妙"搭配"。而敏锐觉知的能力往往来源于知识积累,而且觉知的对象则一般是隐形知识,只可意会而不可言传。因此,系统思考的形成就来源于知识。其次,从系统思考的运用来看,对它运用的好坏,将直接关系到学习型组织能否成功建构。而系统思考运用好坏的本身实际上也是一种知识的运用,具有不同知识结构的人在运用系统思考时的方式并不一样,其结果也将不一样。即知识会直接影响系统思考的运用,这也就充分说明了知识是系统思考的基础。综上分析可知,在我们假定的影响学习型组织建构的6个要素中,知识对它们都起着基础性的作用。

在学习型社会中,学校已经不再是唯一的学习型组织,各种社会机构都应该成为学习型组织,学校要成为学习型的学校,企业要成为学习型的企业,团体要成为学习型的团体,社区要成为学习型的社区,政府机关要成为学习型的政府,等等。建设学习型组织不仅有利于促进学习者自身的发展,也是提高各个组织的工作效率、提升组织文化品质和增强组织竞争力的重要途径。学习型组织是学习型社会的细胞或基本形态,只有学习组织覆盖全社会,才能形成学习型社会。[10]

14.2.4 建设学习型政府

学习型政府是指通过建立完备学习机制、营造良好学习氛围而形成的新形态的政府组织,主要特点是善于获取知识、传播知识、创造知识,并且能够在行政活动中自觉利用知识提升行政管理效能,具有不断创新、自我调整、自我修复、自我完善的能力,保持高效、低耗,时刻充满生机。

20世纪80年代以来,随着知识社会的到来,政府管理效能的提升、政府合法性基础的巩固、学习型社会的形成等等因素都迫切需要创建学习型政府,建设学习型政府是知识经济对一切国家政府的基本要求。许多国家都在寻求新的政府替代模式,美国提出了要成为"人人学习之国""把社会变成大课堂"的"学习型社会";新加坡、荷兰则提出建立"学习型政府"。

建设学习型政府组织是学习型组织理论传入中国后,与中国的政府管理理论相结合的产物。20世纪90年代末，美国麻省理工学院圣吉的《第五项修炼》一书开始传入中国，学习型组织建设理念开始植入人心。圣吉在全面分析了学习型组织的内部结构和运行规律后认为：学习型组织是21世纪企业组织和管理方式的新趋势。世界企业界学会对学习型组织理论高度重视，于1992年授予圣吉最高荣誉——"开拓者奖"。日本管理学教授野原深刻地总结了其中的原因："一个唯一能肯定的东西，就是在什么都无法肯定的经济世界中，保持竞争优势的唯一源泉是知识。"

在中国，建设学习型政府的地位尤为重要。其一，社会主义制度决定了政府在社会中处于更为特别的地位，政府的进步状况对社会发展的意义更为重要；其二，中国的历史文化决定了政府在民众心中的特别地位，学习型政府的建设对其他学习型组织的建设将会具有非常巨大的带动作用；其三，中国是一个人口众多、地域广阔、经济发展不平衡、情况特别复杂的国家，对政府行政能力的要求也就特别高。中国各级政府人员素质参差不齐，政府组织的综合能力还很低，学习对于中国政府而言，本来就是需要强化的课题。[11]

党的十六大报告要求形成全民学习、终身学习的学习型社会，促进人的全面发展。党的十七届四中全会把建设马克思主义学习型政党作为重大而紧迫的战略任务提了出来。国务院和地方各级人民政府紧跟党中央，积极推进学习型政府建设，把政府打造成高效、廉洁、与时俱进、适合时代发展要求的现代形态的政府组织。

相对于过去的政府，学习型政府应具备以下6个方面的特点。[12]①共同的愿景。政府共同愿景所表达的一种景象实际上是组织未来发展的目标、任务、事业或者是使命，是个体价值目标与政府价值目标的理性融合的政府文化，是个人愿景在组织中的整合，有助于提高政府部门的效率效能、革新能力、应变能力和治理能力。②创造性工作。学习型政府适应于创新而不是重复性的任务。公务员在学习中开阔视野，丰富知识，增强能力，与时俱进，不断创新，更好地、更有效地解决改革和发展过程中面临的复杂问题。③善于学习。学习型政府应当注重终身学习、全员学习、全程学习、团队学习。团队学习比个体学习更重要，它更符合学习型政府的本质要求。④组织结构扁平化。从最上面的决策层到下面的操作层，中间相隔层次极少，上层能亲自了解下层的动态，形成互相理解互相学习、整体互动思考、协调合作的群体，增强决策的速度和效率，产生巨大而持久创造力。⑤自主管理。学习型政府要求自主管理，在自主管理的过程中，能形成共同愿景，以开放求真的心态不断学习和创新，从而增加组织快速应变取胜、创造未来的能量。⑥领导者的角色更新。在学习型组织中，领导是设计师、教师、仆人的结合体。其设计工作是对组织的各要素进行整合，不仅设计组织的结构和组织的政策、策略,更重要的是设计组织发展的基本理论和框架;作为教师的重要任务是界定真实情况,协助下属对真实及其组织系统进行正确理解和深刻的把握,促进有针对性的学习;仆人角色表现在对愿景的使命感和责任心,自觉地为实现组织愿景服务。

学习型社会通过更新学习价值观、塑造学习型公民、打造学习型组织和建设学习型政府,营造良好的知识创新生态系统,是实施知识创新战略的根本保证。

14.3　学习型社会的建设要点

若将学习型社会看成一个系统,则学习型组织就是其要素或子系统;将学习型组织视为一个系统,则学习型社会是其环境,学习型个体或公民就是其要素或子系统。国家层面学习型社会的建设,离不开学习型组织的打造和学习型个体的塑造。因此,学习型社会的建设应当在系统理论的指导下实施,重点把握以下建设要点。

14.3.1　确保制度化战略投入

百年大计,教育为本,强国必先强教。何谓教育?常有"授业解惑""教书育人"和"使人成人"之说。教育的基本功能和宗旨,应是传授知识,培育素质和教人文明。知识需要不断更新,素质需要不断提升,文明需要不断发展。因此,人的一生都需要接受教育。教育是民族振兴、社会进步的基石,是提高国民素质、促进人的全面发展的根本途径。只有实施全民教育,特别是普及高等教育,使人人具备学习能力,才能使一个民族、国家兴起,这已由大量事实所证实。

优先发展教育、提高教育现代化水平,对建设学习型社会、建设创新型国家具有决定性意义。教育投入是支撑国家长远发展的基础性、战略性投资,是教育事业的物质基础,是公共财政的重要职能。据测算,在教育发达国家,总教育经费投入应当占到GDP的7%以上,国家公共财政投入和社会投入各占一半。因此,要建设学习型社会,就应当加大教育经费的投入。

2010年发布的《国家中长期教育改革和发展规划纲要(2010—2020年)》提出:"提高国家财政性教育经费支出占国内生产总值比例,2012年达到4%。"2012年3月5日,国务院总理温家宝在向十一届全国人大五次会议做政府工作报告时提出,2012年中央财政已按全国财政性教育经费支出占国内生产总值的4%编制预算,地方财政也要相应安排。这充分表明教育在中国已经被摆了优先发展的战略地位。

除国家财政投入外,社会投入是教育投入的重要组成部分。应当充分调动全社会办教育积极性,扩大社会资源进入教育途径,多渠道增加教育投入。完善财政、税收、金融和土地等优惠政策,鼓励和引导社会力量捐资、出资办学。完善非义务教育培养成本分担机制,根据经济发展状况、培养成本和群众承受能力,调整学费标准。完善捐赠教育激励机制,落实个人教育公益性捐赠支出在所得税税前扣除规定。

14.3.2 实施素质化教育模式

优良的学校教育是塑造知识型劳动者、建立学习型社会的基础。要牢固确立终身学习理念,进一步推进教育改革,使学校的主要职能从单纯传授知识转向为终身学习打基础。人的学习能力(包括创造能力)的形成与发展,与教育有着密切的关系;素质教育的重要内容就是培养人的学习能力,培育向善的个性和文明的价值观。从某种意义上讲,培养人的学习能力比单纯传授知识更重要。符合教育宗旨的教育可以培养人的学习能力,不当的教育(如国内普遍存在的应试教育和诠释研究)也可能扼杀人的学习能力,特别是其中的创造力。因此,教育应把包括学习能力培养的素质教育放在首位。

人的全面自由发展,不仅要以终生教育为基础,更重要的是要通过终生学习才能得以实现。现在人们都说创新能力是国家核心竞争力,其实更全面的表述应是"学习能力是国家核心竞争力"。其中,高层次终生教育可以提高人均知识量,夯实国家核心竞争力的基础;多维度创造则可以提高社会知识总量,彰显国家核心竞争力的功能。因此,实施全民终生学习既是国家发展的需要,又是未来知识型社会的需要。

素质教育不仅是能力教育,还应强调价值观教育,这样才能实现教育"使人成人"的根本宗旨。因此,学校和教师的任务不仅是传道、授业、解惑,而是着眼于学生个性的全面发展,培养其学习兴趣和自主学习的能力,为各类群体提供平等的、能最大限度开发自身潜能的机会和途径,充分发挥各类学校特别是高等学校在建立终身教育体系中的重要作用。

建设学习型社会,还应当突破原来单纯的学校教育制度、学历教育制度,建立能够满足学习者多种需要、开放和灵活的学校教育体系和制度,增强学校教育体系的开放性、灵活性,形成更灵活的教育制度。要以体制机制改革为重点,鼓励地方和学校大胆探索和试验,加快重要领域和关键环节改革步伐。创新人才培养体制、办学体制、教育管理体制,改革质量评价和考试招生制度,改革教学内容、方法、手段,建设现代学校制度。香港在这方面的做法值得借鉴。

中国香港特别行政区政府成立后,大力推行教育改革,进行了两次大规模的

"咨询"。在1999年9月公布的第二轮咨询文件中，提出了"终身学习、自强不息"的21世纪教育蓝图。香港的教育改革强调学习，因为学习带来无穷乐趣，学习创造无限机会。

香港重大的教育改革建议有：幼儿园、幼稚园合并为一个统一体系，逐步取消中学升学测验，把中学会考和高级程度会考合并，不再分文、理科，各大学逐步采用互通学分制，互相承认学分，等等。

这些改革建议试图让教育制度不以筛选和淘汰为终极目标，而是不断提高学生的学习素质，让学生永不放弃，自觉开展全方位的学习，目的是配合知识社会的来临，培养学生终身学习的能力，让他们有兴趣学习，而不是为考试而学习。在基础教育阶段，应为学生创造终身学习的条件。在高等教育阶段，实行"可携学分"，让有志者均有机会按自己的能力进修，推动自主的终身学习。

在推动学校教育改革方面，中国香港特别行政区政府建议从幼年开始培养孩子学习的兴趣。在小学和初中阶段让学生养成学习习惯、学习能力及学习态度，建构基本知识，为终身学习建立良好起点。在高中阶段更让学生在自然科学和人文学科方面为终身学习奠定基础。为此，学校要结合各种活动，改革各科课程，以提供全面学习经历和配合终身学习的需要。同时，还要让教师充分发挥教学工作能力，以提高学生的素质。[13]

《国家中长期教育改革和发展规划纲要（2010—2020年）》提出，要树立全面发展、人人成才、多样化人才、终身学习、系统培养等先进教育观念，适应发展需要，遵循教育规律和人才成长规律，探索多种培养方式，注重学思结合、知行统一、因材施教。推进考试招生制度改革，完善中等学校考试招生制度、高等学校考试招生制度，逐步实施高等学校分类入学考试，完善高等学校招生名额分配方式和招生录取办法。推进政校分开、管办分离，落实和扩大学校办学自主权，完善中国特色现代大学制度。深化办学体制改革，健全政府主导、社会参与、办学主体多元、办学形式多样、充满生机活力的办学体制，形成以政府办学为主体、全社会积极参与、公办教育和民办教育共同发展的格局。

如同终生教育一样，终生学习能力的培育也不仅仅是学校的责任。社会各界都应该在行业的各层次打造学习型组织；国家则应通过政策引导和法律保护积极建设学习型社会。这样，个人的学习能力、特别是创造能力可得到最大程度的发挥与整合，形成国家和民族的创新能力。不仅能大大提高国家的核心竞争力，而且能为世界文明做出更大的贡献。

14.3.3 构建信息化学习平台

终身学习理念与飞速发展信息技术的紧密结合，正在酝酿和引发世界教育领域包括教育理念、内容、模式、方法等一场前所未有的深刻革命。在世界新科技革命推动下，以云计算技术支撑的网络学习、新媒体移动装置学习及其所共同形成的泛在学习，为广大社会成员提供了更加灵活便捷的学习途径和优质学习资源。近年来，包括斯坦福、哈佛、麻省理工等不少著名大学已相继在网络上大规模地推出免费课程。美国可汗学院实行课程教学"游戏化"，还推进"反转式教学"，学生先预习与教学内容有关的短小视频课和学习资料，进入课堂后，由过去教师单纯讲授转变为学生与老师、学生与学生的共同讨论。这些试验和探索激发了学生自主学习的兴趣和能力，促进了学习质量的提高。[14]

《国家中长期教育改革和发展规划纲要（2010—2020年）》提出，到2020年基本建成覆盖城乡各级各类学校的教育信息化体系，促进教育内容、教学手段和方法现代化。应当建立完善覆盖全国城乡的现代远程教育网络和优质教育资源库，促进广播电视大学加快向开放大学的战略转型、加强信息技术与教学的深度融合，努力为全体社会成员提供各种不受时空限制、高质量的教育和学习支持服务，构建先进、高效、实用的数字化教育基础设施或信息化学习平台。

信息化学习平台最大的功用就是支撑人们随时随地展开学习活动。学习活动不应受到空间的限制，解决这个问题，使得处处具备学习的条件，最佳形式就是运用现代信息技术打造等 E-Learning 平台。E-Learning 的兴起和发展是人类教育学习方式、观念转变的最重要的标志之一，E-Learning 是学习型社会的一个重要特征，我们建议将之译为"易–学习"。

例如，中国教育电视台是一个典型的易–学习平台。中国教育电视台是两大国家级电视台之一，是中国最大的公益教育平台。其主要特点：一是专业，二是宽广。中国教育电视台隶属国家教育部，是重要的国家级专业电视新闻舆论机构。它服务学习型社会、服务人力资源能力建设、服务办好人民满意的教育。全力创建全球最大学习型平台，成为国家教育信息的重要交流平台。CETV-1 覆盖全国及亚太地区，是中国唯一与 CCTV-1 享受同等政策支持落地的卫星频道；CETV-2 覆盖全国及东南亚地区，以播出中央广播电视大学课程为主；CETV-3 覆盖北京及周边地区，全天24小时播出。中国教育电视台现拥有5个电视频道和一个全国最大的集卫星广播与地面交互为一体的 IPTV 教育新媒体视频平台。

再例如，随着无线网络的普及以及移动终端的智能化，人们已经可以随时随地接入互联网，实现易–学习。网络知识平台特别是中国国家知识基础设施工程（China National Knowledge Infrastructure，CNKI）于 2012 年 4 月 1 日正式推出的 E-Learning 1.0 正式版，为易–学习提供了一个良好的平台。CNKI 推出 E-Learning 的主要目的，是为用户量身定做探究式学习工具，展现知识的纵横联系，洞悉知识脉络。E-Learning 1.0 正式版的主要特点：为用户有效管理学习资料，通过将文献库中的学习资料按照不同的学习单元进行分类，并通过附件中的引证文献、参考文献和相关资料，理清知识脉络，为用户构建知识地图；为用户提供多种格式文件的管理、阅读、记录笔记等功能的一站式服务，不仅支持常用的文献格式，如 KDH 文件（*.kdh），PDF 文件（*.pdf），NH 文件（*.nh），CAJ 文件（*.caj）和 TEB 文件（*.teb），而且可以将 Word 文件（*.doc，*.docx，*.dot，*.docm，*.rtf，*.dotx）、Html 文件（*.htm，*.html，*.mht，*.mhtml）、PowerPoint 文件（*.ppt，*.pptx）、Excel 文件（*.xls，*.xlsx）、WPS 文件（*.wps，*.wri，*.wpd，*.wpt）和文本文件（*.txt）自动转换为 PDF 文件格式，便于统一管理和记录笔记；CNKI E-Learning 为用户构建便利的文献阅读和笔记管理平台，用户可以在此平台上对多种格式的文献进行深入研读，直接在文献全文上记录知识点、注释、问题和读后感等多种类型的笔记，并作多种形状的标注，将文献越读越少、越读越精；CNKI E-Learning 为论文撰写提供格式化的参考文献及其条目，提供参考文献的样式编辑功能，解决批量参考文献的格式统一问题。

类似的易-学习平台，在各领域、各行业均得到了高度重视，成为各单位、各部门知识与知识创新的重要平台，成为生成核心竞争力的重要源泉。可以预见，随着此类平台的创新发展，个人、组织、政府的学习效率将更高、学习效果将更好、学习效益将更佳。

14.3.4 完善体系化法制保障

构建全民终生学习的学习型社会，首先需要实现对全民的终生教育。必须通过立法将教育职责赋予全社会，必须以立法的形式，除学校以外，明确社会各界的教育责任和规范。这样，才能使社会中每一个人在其人生各阶段都能从不同渠道受到教育，也才能圆满实现教育"授业解惑""教书育人"和"使人成人"的宗旨。

教育的主体首先是学校，学校承担着启蒙、基础和系统教育的职责；其次是各类用人机构（包括企业、机关、军队和其他单位），用人机构承担着继续教育的重要责任；社会应该以立法形式将教育的责任赋予学校和用人机构。但是，仅仅是从业前和从业时的教育，不能覆盖终生教育，绝不能忽视社会各业的行为，对人的价值观、伦理观的教化、引导作用，教育是全社会的责任。

党的十八大报告把继续教育列为教育事业发展的重要组成部分。我国有 7.69 亿从业人员，有 1.2 亿左右的农村富余劳动者需要逐年转移到第二、三产业，每年还有数以千万计的新增和需要再就业的劳动者，还有 1.77 亿老龄者等。上述接受过不同层次学校教育、进入社会的成员是现有学校人数的 3 倍。他们对学习类别、内容、方式、时间的要求十分多样化。为此，推进继续教育既是新时期我国教育事业发展新的增长点，又是一项十分艰巨复杂的社会系统工程。[15]

第一，是完善教育法律法规体系。按照依法治国基本方略的要求，加快教育法制建设进程，完善中国特色社会主义教育法律法规体系。根据经济社会发展和教育改革的需要，按照教育的根本宗旨和规律，修订教育法，形成全社会终生教育和终生学习的法律体系，加强教育行政法规建设。

第二，是完善继续教育的制度建设。当前我国已经初步构建了继续教育体制和相应机制，但其重点往往放在就业岗位需要的职业能力培养和提高上。从学习型社会建设的目标任务来看，继续教育更重要的使命是更新人们的学习价值观，塑造学习型公民，使每个人都得到全面自由的发展，成为各行各业的知识型劳动者。要将继续教育制度升格为终生教育和终生学习制度，大力开展科普行动，建立并完善实施终生教育和终生学习的细则，以适应建设知识型社会的需要。

第三，立法明确社会各界的教育责任和规范。除了高度重视社会各业的继续教育职责外，还需高度重视社会各业的职业行为，对人的价值观、伦理观的教化、引导作用，做到"寓教于业"和"寓教于乐"。全社会及其各行业都是教育主体，教育是全社会的责任。虚假与欺诈广告、庸俗的娱乐节目、不文明的道德行为等等充斥各类媒体和社会的现象，均应依法纠正。要在全社会形成终身进行核心价值观教育氛围，全面提升全体公民的基本素质，塑造学习型公民和知识型劳动者。

通过制度化的战略投入、实施素质化的教育模式、构建信息化的学习平台和完善体系化的法制保障，学习型社会的建设将走入快车道，将使知识创新的主体和创新环境结合形成良好的创新生态系统，激发全社会的创新活力，人类将逐步迈向知识型的文明社会。

参 考 文 献

[1] 罗树华. 终身学习思想发展史略. 山东教育科研, 2001, 4: 18-23.

[2] 张来春. 全面推动终身学习——来自不同国家和地区的经验. 上海教育, 2006, 19: 43-44.

[3] 郝克明, 季明明. 建设学习型社会是全面小康的重大战略决策. 中国教育报, 2013-01-11 (6).

[4] 邵泽斌. "学习型公民"界说. 中国教育学刊, 2004, (2): 44-47.

[5] 习近平. 在中央党校建校80周年庆祝大会暨2013年春季学期开学典礼上的讲话. 人民日报, 2013-03-03 (1).

[6] 同 [4].

[7] 苗东升. 知识的消失//李喜先, 等. 知识系统论. 北京: 科学出版社, 2011: 70-72.

[8] 王淼,苏勇,邓颖懋.学习型组织建构的知识基础论阐释.科技进步与对策,2011,(1):134-137.

[9] 同[8].

[10] 喻少华.学习型社会和终身学习体系的构建.学理论,2011,1:42-43.

[11] 于绒,周憬."学习型政府"的建设.刊授党校,2010,(6):40-41.

[12] 毛正刚,凌恩蓉.创建学习型政府研究.成都行政学院学报(哲学社会科学),2004,(1):13-16.

[13] 同[2].

[14] 同[3].

[15] 同[3].